PRÉCIS ÉLÉMENTAIRE

DE

PHYSIOLOGIE.

AVIS DES ÉDITEURS.

Cette quatrième édition n'est autre que la réimpression de la troisième détruite dans l'incendie de la rue du Pot-de-Fer.

OUVRAGES DU MÊME AUTEUR,

QUI SE TROUVENT CHEZ LES MÊMES LIBRAIRES.

———

Formulaire pour la Préparation et l'Emploi de plusieurs nouveaux Médicamens, tels que la morphine, la codéine, l'acide prussique, la strychnine, la vératrine, l'éther hydrocyanique, le sulfate de quinine, la chinchonine, l'émétine, la salicine, le brôme, l'iode, l'iodure de mercure, le cyanure de potassium, l'huile de croton tiglium, les sels d'or, les sels de platine, le chlore, les chlorures de chaux et de soude, les bi-carbonates alcalins, les pastilles digestives de Vichy, la grenadine, le phosphore, l'acide tactique, l'huile volatile de moutarde, etc. 9e édit. Paris, 1836. 5 fr.

Journal de Physiologie expérimentale. La collection complète se composant des années 1821 à 1830, et des deux premiers numéros de 1831, est de : 126 fr.

Recherches physiologiques et cliniques sur l'emploi de l'acide prussique ou hydrocianique dans le traitement des maladies de poitrine, et particulièrement dans celui de la phthisie pulmonaire. Paris, in-8, br. 1 fr. 80 c.

———◦———

SOUS PRESSE.

RECHERCHES PHYSIQUES ET CHIMIQUES
SUR L'ORIGINE DES BRUITS DU COEUR.

CORBEIL, IMPRIMERIE DE CRÉTÉ.

PRÉCIS ÉLÉMENTAIRE

DE

PHYSIOLOGIE,

PAR F. MAGENDIE,

MEMBRE DE L'INSTITUT DE FRANCE,

Titulaire de l'Académie royale de Médecine, médecin de l'Hôtel-Dieu, professeur de Physiologie et de Médecine au Collège de France; des Sociétés Philomatique et médicale d'Émulation ; des Sociétés de Médecine de Stockholm , Copenhague, Wilna , Philadelphie, Dublin , Édimbourg, Toulouse ; de l'Académie des Sciences de Turin , Stockholm ; de la Société Zoologique de Londres , etc.

QUATRIÉME ÉDITION.

TOME PREMIER.

PARIS.

MÉQUIGNON-MARVIS PÈRE ET FILS,

libraires-éditeurs,

RUE DU JARDINET, N° 13.

BRUXELLES, TIRCHER;—GAND, DUJARDIN;—LIÉGE, DESOER;—MONS, LEROUX.

AOUT 1836.

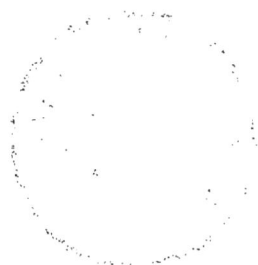

PRÉCIS ÉLÉMENTAIRE

DE

PHYSIOLOGIE.

La *physiologie* ou la *biologie* est cette vaste science naturelle qui étudie la vie partout où elle existe, et qui en recherche les caractères généraux. Elle se divise en *physiologie végétale*, qui s'occupe des végétaux; en *physiologie animale*, qui traite des animaux, et en *physiologie de l'homme*. Cette dernière est le sujet spécial de cet ouvrage.

Division de la physiologie.

NOTIONS PRÉLIMINAIRES.

DES CORPS ET DE LEUR DIVISION.

On nomme *corps* tout ce qui peut agir sur nos sens.

Des corps.

Les corps se divisent en *pondérables* et en *impondérables*. Les premiers sont ceux qui peuvent agir sur plusieurs de nos sens, et dont l'existence est bien démontrée : tels sont les *solides*, les *liquides* et les *gaz*.

Division des corps.

Corps pondérables.

*Corps im-
pondérables.*

Les seconds sont ceux qui n'agissent en général que sur un seul de nos sens, dont l'existence n'est point démontrée, et qui peut-être ne sont que des forces ou qu'une modification d'autres corps ; ce sont le *calorique*, la *lumière*, les *fluides électrique* et *magnétique*.

Les corps pondérables sont doués de propriétés *communes* ou générales, et de propriétés particulières ou *secondaires*.

*Propriétés
générales
des corps.*

Les propriétés *générales* des corps sont : l'étendue, la divisibilité, l'impénétrabilité, la mobilité, l'inertie, et la pesanteur. Quelques physiciens réduisent les propriétés générales des corps à l'étendue et à l'impénétrabilité.

*Propriétés
secondaires
des corps.*

Les propriétés *secondaires* sont partagées entre les différents corps : telles sont la dureté, la porosité, l'élasticité, la fluidité, etc. ; elles constituent, par leur réunion avec les propriétés générales, l'*état* d'un corps. C'est en acquérant ou en

*État
des corps.*

perdant de ces propriétés secondaires, que les corps changent d'état : par exemple, l'eau peut se présenter sous la forme de glace, de liquide ou de vapeur, sans cesser d'être le même corps. Pour s'offrir successivement sous ces trois états, l'eau n'a besoin que d'acquérir ou de perdre quelques-unes de ses propriétés secondaires, bien qu'elle conserve toujours ses propriétés générales.

*Corps
simples.*

Les corps sont simples ou composés. Les corps simples se rencontrent rarement dans la nature ;

ils sont presque toujours le produit de l'art, et même on ne les nomme *simples* que parce que l'art n'est point parvenu à les décomposer. Aujourd'hui, les corps regardés comme simples sont les suivants :

Liste des corpssimples.

L'oxigène, le chlore, l'iode, le brôme, le fluore, le soufre, l'hydrogène, le bore, le carbone, le phosphore, l'azote, le silicium, le sélénium, le zirconium, l'aluminium, l'yttrium, le glucinium, le cadmium, le thorinium, le lithium, le magnésium, le calcium, le strontium, le barium, le sodium, le potassium, le manganèse, le zinc, le fer, l'étain, l'arsenic, le molybdène, le chrôme, le tungstène, le columbium, l'antimoine, l'urane, le cérium, le cobalt, le titane, le bismuth, le cuivre, le tellure, le nickel, le plomb, le mercure, l'osmium, l'argent, le rhodium, le palladium, l'or, le platine et l'iridium.

Corps composés.

Les corps composés se rencontrent partout; ils forment la masse du globe et celle de tous les êtres qui se voient à sa surface.

Certains corps ont une composition constante, c'est-à-dire qui ne change pas, à moii s de circonstances éventuelles; il est au contraire des corps dont la composition change à chaque instant.

Corps bruts ou inertes.

Cette différence des corps est extrêmement importante; elle les partage naturellement en deux classes : les corps dont la composition est constante se nomment *corps bruts, inertes, inorganiques;*

les corps dont les éléments varient continuellement sont appelés *corps vivants, organisés.*

Une habitude scholastique a depuis long-temps consacré l'usage d'établir, dans les ouvrages élémentaires, les différences principales qui existent entre les corps bruts et les corps vivants. Nous nous conformerons à cet usage, tout en faisant remarquer qu'on pourrait s'y soustraire sans grand inconvénient.

Les corps bruts et les corps organisés diffèrent entre eux sous le rapport 1° de la forme, 2° de la composition, et 3° des lois qui président à leurs changements d'état. Le tableau suivant en présente les différences les plus tranchées.

Différences des corps bruts et des corps vivants.

Forme.

Corps bruts.	Forme anguleuse. Volume indéterminé.	Corps vivants.	Forme arrondie. Volume déterminé.

Composition.

Différence des corps bruts et des corps organisés.

Corps bruts.	Corps vivants.
Quelquefois simples. Rarement formés de plus de trois éléments. Constants. Chaque partie pouvant exister indépendamment des autres. Pouvant être décomposés et recomposés.	Jamais simples. Au moins quatre éléments. Souvent huit ou dix. Variables. Chaque partie plus ou moins dépendante du tout. Pouvant être décomposés, mais point recomposés.

Lois qui les régissent.

Corps bruts.	Soumis entièrement à l'attraction et à l'affinité chimique.	Corps vivants.	Soumis à l'attraction et à l'affinité chimique, mais présentant plusieurs phénomènes qui ne peuvent être rapportés ni à l'une ni à l'autre de ces forces.

Parmi ces divers caractères différentiels, il en est qui souffrent de nombreuses exceptions, et d'autres qui peut-être disparaîtront dans peu : par exemple, nous avons dit que les corps vivants peuvent bien être décomposés, mais que l'on ne peut les reconstruire; cependant la chimie est parvenue à reproduire quelques-unes des combinaisons qui ne se rencontrent que dans des corps organisés : il est possible qu'elle aille plus loin.

Les corps vivants se divisent en deux classes : l'une comprend les végétaux, l'autre les animaux.

Distinction des corps vivants en végétaux et animaux.

Différences des végétaux et des animaux.

VÉGÉTAUX.	ANIMAUX.
Sont fixés au sol.	Se meuvent à la surface du sol.
Ont le carbone pour base principale de leur composition.	Ont l'azote pour base de leur composition.
Composés de quatre ou cinq éléments.	Souvent composés de huit ou dix éléments.
Trouvent et prennent autour d'eux leurs aliments.	Ont besoin d'agir sur leurs aliments pour les rendre propres à les nourrir.

Les animaux sont extrêmement nombreux et très-diversifiés. Les grandes différences qu'ils offrent établissent les classes ou leur classification. (*Voyez* le Tableau n° I.)

Classification des animaux.

Cette manière de disposer les animaux n'est fondée que sur des formes et des caractères pour ainsi dire superficiels. Quand on connaîtra mieux les fonctions et les phénomènes physiologiques, il est probable qu'elle subira de nombreuses modifications.

Des mammifères.

Quoi qu'il en soit, l'homme fait partie de la classe des mammifères, classe qui se compose elle-même d'un assez grand nombre de divisions, comprenant chacune des animaux distincts. (*Voyez* le Tableau n° II.)

Des différentes espèces d'hommes.

L'homme, zoologiquement parlant, est donc un mammifère; il en présente tous les caractères, mais il se distingue des animaux de cette classe par des propriétés tranchées, et surtout par la nature de son intelligence et la supériorité de ses instincts.

Cependant, sous ces rapports même, il y a de grandes différences entre les hommes. Ces différences portent soit sur les diverses variétés de l'espèce humaine, soit sur les facultés des individus d'une même variété. Il y a des races d'hommes qui semblent différer peu des animaux. (*Voyez* le Tableau n° III.)

Jusqu'ici la physiologie s'est pour ainsi dire occupée spécialement de la variété dont nous faisons partie. Il serait à désirer qu'elle traitât en général de l'homme, abstraction faite de la variété à laquelle il appartient, ce qui supposerait la connaissance de la physiologie de chaque espèce en particulier; mais nous sommes encore loin de pouvoir tenter une pareille entreprise.

STRUCTURE DU CORPS DE L'HOMME.

Si nous voulons parvenir à connaître les phénomènes que présente l'homme vivant, nous devons d'abord prendre quelques notions sur la manière dont son corps est construit, et acquérir quelques données sur les diverses substances qui le composent.

Structure du corps de l'homme.

Or, l'examen le plus superficiel apprend que le corps de tout animal, de tout être vivant, et sous ce rapport l'homme n'en diffère point, est composé de *fluides* et de *solides*. La proportion des fluides l'emporte de beaucoup sur celle des solides. Si le corps d'un homme du poids de 120 livres est exposé à des causes qui en séparent les fluides, ce poids peut être réduit, par la simple dessiccation, à 10 livres : cette dessiccation pourrait être poussée beaucoup plus loin; car, si on soumettait le résidu à une forte calcination, on le réduirait encore considérablement; peut-être n'en resterait-il pas une livre. Au commencement de son existence l'animal n'est formé que de liquide.

Solides et fluides formant le corps.

Dans l'animal vivant et déjà développé, les fluides sont, pour la plus grande partie, combinés ou simplement imbibés dans les parties solides dont ils déterminent le volume, la forme, et en général les propriétés physiques. Une autre partie des fluides est contenue soit dans les canaux où ils se meuvent, soit dans les cavités plus ou moins spacieuses où ils séjournent.

On n'a eu jusqu'à présent que des connaissances très-imparfaites sur le mode de réunion des fluides et des solides; mais nous devons espérer beaucoup sous ce rapport des progrès rapides de la chimie organique.

SOLIDES DU CORPS HUMAIN.

Solides du corps de l'homme.

Les parties solides du corps affectent une foule de formes différentes; ce sont ces solides qui forment les organes, les tissus, les parenchymes; leur analyse mécanique apprend qu'ils peuvent se réduire en petites fibres, lamelles ou en petits grains. En les regardant au microscope, ils apparaissent comme des assemblages divers de petites molécules dont les dimensions ont été estimées approximativement un 300e de millimètre (1). Ces molécules

---

(1) Il ne faut pas confondre ces molécules visibles avec les *atomes* ou *particules* qui, selon les physiciens et les chimistes, forment tous les corps. Celles-ci sont de simples abstractions commodes pour expliquer plusieurs phénomènes physiques ou chimiques. Dans la réalité, on ne sait rien de la

ont beaucoup de ressemblance avec celles que présentent plusieurs fluides (1).

Si la marche de l'esprit dans les études physiologiques eût été guidée par la raison, on aurait dû d'abord fixer d'une manière précise les propriétés physiques et chimiques des divers tissus et des flui-

Nécessité de la chimie et de la physique pour étudier la physiologie.

disposition intime de la matière dans les corps; elle est hors de la portée de nos sens, comme les animaux infusoires, les globules des fluides, etc., s'y trouvaient avant l'invention du microscope. Celui qui découvrirait un instrument au moyen duquel on apercevrait l'arrangement intime de la matière, agrandirait beaucoup le champ des connaissances humaines, et serait illustre à jamais.

(1) Les anciens croyaient que tous les solides organiques peuvent être ramenés, en dernière analyse, à une fibre simple; ils la supposaient formée de terre, d'huile et de fer. Haller, qui admettait cette idée des anciens, convient que cette fibre n'est visible que pour les yeux de l'esprit : c'est comme s'il avait dit qu'elle n'existe point; et c'est ce dont personne ne doute aujourd'hui.

Invisibilis est ea fibra ; solâ mentis acie distinguimus.
Élém. physiol., tom. 1er.

Les anciens admettaient encore des fibres secondaires, qu'ils supposaient formées par des modifications particulières de la fibre simple. De là, la fibre *nerveuse, musculeuse, parenchymateuse* et *osseuse*.

Chaussier a proposé de reconnaître quatre espèces de fibres, qu'il nomme *laminaire, nervale, musculaire* et *albuginée*.

Toutes ces distinctions subtiles sont à peu près inutiles.

des qui composent notre corps ; une fois cette connaissance acquise, il aurait été plus facile de distinguer et d'étudier les propriétés que la vie ajoute ou enlève à nos éléments. Telle n'a point été la marche suivie ; la physique et la chimie sont demeurées à peu près étrangères aux physiologistes, et plusieurs préjugés nuisibles se sont introduits parmi les bases de la science.

Cependant rendons grâce à Bichat d'avoir fait une tentative en ce genre. Fécondant l'heureuse idée de notre vénérable Pinel, sur la distinction des éléments solides de l'économie animale en systèmes, il a fondé l'anatomie générale, et cherché à reconnaître les propriétés physiques et chimiques des organes et de leurs éléments. Malheureusement à l'époque où il écrivait il n'a pu recueillir que des renseignemens superficiels et insuffisans. Sous ce point de vue, la science a besoin, même aujourd'hui, d'une rénovation complète. Aussi le tableau suivant, qui offre la classification des divers tissus de l'économie animale, ne peut-il, malgré les améliorations qu'il a subies depuis Bichat, être regardé que comme approximatif et provisoire.

Anatomie générale.

TABLEAU DES TISSUS DU CORPS DE L'HOMME.

	Systèmes		
1.	cellulaire.		
2.	vasculaire.	{	artériel. veineux. lymphatique.
3.	nerveux.	{	cérébral. des ganglions.
4.	osseux.		
5.	fibreux.	{	fibreux. fibro-cartilagineux. dermoïde.
6.	musculaire.	{	volontaire. involontaire.
7.	érectile.		
8.	muqueux.		
9.	séreux.		
10.	corné ou épidermique. . . .	{	pileux. épidermoïde.
11.	parenchymateux.		glandulaire.

Organes et appareils.

Ces systèmes, en s'associant entre eux et avec les fluides, composent les *organes* ou les *instruments* de la vie. Quand plusieurs organes tendent, par leur action, vers un but commun, on nomme leur ensemble *appareil*. Le nombre des appareils, leur disposition, leurs usages, établissent les principales différences qui existent entre les animaux.

Propriétés physiques des organes.

L'examen des propriétés physiques des organes montre qu'ils possèdent la plupart de celles qui se voient dans les corps inorganiques : les divers degrés de dureté depuis celle des silex jusqu'à la mollesse prononcée, l'élasticité, la transparence, la

Propriétés physiques des organes.

réfringence des couleurs et des formes extrêmement variées, etc., toutes ces propriétés jouent un rôle important durant la vie; celle-ci même, dans certains cas, repose sur leur intégrité.

Envisagé sous le même rapport, le corps de l'homme offre plusieurs arrangements qui ne laissent point douter de la nécessité des connaissances physiques pour se livrer à l'étude de la vie. On y voit une véritable lunette assez compliquée dans sa construction; un instrument de musique; un appareil acoustique; une machine hydraulique des plus ingénieusement disposée pour mouvoir circulairement un fluide; une mécanique admirable par la multiplicité des pièces qui la composent, sa solidité, et la diversité des mouvements qu'elle permet, etc.

Parmi les propriétés physiques des tissus organiques, il en est qui méritent une attention spéciale, parce qu'elles sont communes à tous les tissus, qu'elles sont continuellement en jeu durant la vie, et qu'elles président à l'exercice de plusieurs fonctions. Il est d'autant plus nécessaire de les signaler à l'étude des commençants, qu'elles sont révoquées en doute par la plupart des physiologistes actuels.

Imbibition, propriété commune à tous les tissus vivants.

L'une des plus remarquables, et sur laquelle j'ai appelé naguère l'attention des physiologistes, est la propriété de *s'imbiber*, qui existe dans tous les tissus de l'économie. Que l'on mette un liquide quelconque en contact avec un organe, une membrane, un tissu, dans un temps plus ou moins court le liquide aura passé dans les aréoles de l'organe ou du tissu, comme il aurait pénétré dans les cellules d'une éponge ou dans celles d'une pierre poreuse. Il y aura des variations pour la durée de l'imbibition, qui dépendront de la nature du liquide, de sa température, de l'espèce de tissu qui doit s'imbiber, mais dans tous les cas l'imbibition aura lieu. Sous ce rapport, il y a des tissus qui sont de véritables éponges, et qui absorbent avec une grande promptitude : tels sont les membranes séreuses et les petits vaisseaux ; d'autres tissus résistent quelque temps avant de se laisser pénétrer, par exemple, l'épiderme.

Cette propriété physique appartient non-seulement aux animaux, mais à tous les êtres organisés ; elle exerce une influence évidente sur la plupart des phénomènes de la vie.

M. Dutrochet a observé un fait curieux relatif à l'imbibition : qu'une membrane soit mise en contact par ses deux faces avec deux liquides de viscosité différente, le liquide le moins visqueux passe à travers la membrane, et va se mêler avec le liquide le plus visqueux, jusqu'à ce que la viscosité de celui-ci soit très-diminuée ; alors une partie de liquide, dont la viscosité est diminuée, passe à son tour en sens inverse à travers la membrane, et les deux liquides acquièrent une viscosité égale. M. Dutrochet appelle le premier phénomène *en-*

dosmose, et le second *exosmose*. Ces phénomènes
ont besoin d'être soumis à de nouvelles recherches ;
car l'auteur de cette découverte s'en est exagéré
l'importance, et s'est engagé dans des suppositions
qui l'ont détourné de la marche expérimentale qu'il
n'aurait pas dû abandonner.

M. Chevreul a fait, touchant l'imbibition, une
observation intéressante : plusieurs de nos tissus
doivent leurs propriétés physiques à l'eau qu'ils retiennent, c'est-à-dire à l'eau dont ils sont imbibés.
Si cette eau leur est enlevée, ils changent, et deviennent impropres aux usages qu'ils remplissent
durant la vie. Ils récupèrent aussitôt leurs propriétés dès qu'ils sont mis en contact avec de l'eau, et
qu'ils s'en pénètrent. Ils peuvent ainsi perdre et
reprendre un grand nombre de fois leurs propriétés
physiques.

Une autre propriété à laquelle les physiologistes
ont donné peu ou point d'attention appartient aux
membranes. Les lamelles qui les composent sont
tellement disposées que les gaz les traversent sans
éprouver beaucoup d'obstacle. Si vous prenez une
vessie, et que vous la remplissiez de gaz hydrogène
pur, et qu'ensuite vous la laissiez en contact avec
l'atmosphère, au bout de très-peu de temps l'hydrogène aura perdu sa pureté, et sera mêlé d'air
atmosphérique qui aura pénétré dans la vessie. Ce
phénomène est d'autant plus rapide, que la membrane est plus mince et moins dense. Il préside à l'un

des actes les plus utiles de la vie : la respiration. Il persiste après la mort.

Il est encore une propriété physique que nos tissus et notre corps tout entier partagent avec les corps qui ne sont pas doués de la vie. Je veux parler de l'évaporation de la partie liquide de nos organes : dès que nous nous trouvons dans les circonstances favorables à l'évaporation, aussitôt ce phénomène se montre comme cela arriverait à tout composé solide et liquide; l'eau de nos humeurs est réduite en vapeur, et la perte que nous faisons de cette manière est d'autant plus forte, que les conditions physiques environnantes sont plus favorables à l'évaporation. Cet effet tout physique a une telle influence sur la vie de certains animaux, qu'ils meurent en quelques instants si l'évaporation de leurs liquides se fait avec trop de rapidité.

De quelle manière nos tissus se comportent-ils relativement au magnétisme, à l'électricité et à la chaleur? Sont-ils bons ou mauvais conducteurs de ces principes, et à quels degrés? Comment se fait la distribution de ces corps impondérables dans nos divers parenchymes? Ce sont autant de questions à résoudre, et qui méritent l'attention des physiciens et des physiologistes instruits.

Évaporation
du liquide
des tissus.

Propriétés chimiques des organes.

Examiné sous le point de vue chimique, notre corps offre une foule de phénomènes où l'on ne peut méconnaître ce caractère; ici, comme dans les organes digestifs, c'est un arrangement qui est presqu'en tout semblable à ces appareils que l'on monte dans les laboratoires de chimie pour obtenir certains produits. Là, comme dans les poumons, c'est un appareil de combustion, un véritable fourneau, où, par un artifice très-simple, le combustible est brûlé lentement de manière à produire une chaleur uniforme et constante; ailleurs, ce sont des productions variées de composés, utiles, soit comme réactifs, soit comme résidus devant être expulsés, etc., etc.

Propriétés chimiques des organes.

Si nous envisageons la composition chimique de notre corps, nous remarquerons qu'il est formé d'éléments qui forment par leurs diverses combinaisons tantôt des composés semblables à ceux de la nature inorganique, tels que l'eau, l'acide carbonique, les chlorures de sodium et de calcium, etc., et tantôt des composés qui ne se rencontrent que dans les corps organisés.

Éléments qui entrent dans la composition chimique des organes.

Seize corps simples ou éléments ont seuls la propriété d'entrer dans la composition des animaux. Les autres éléments, dans certaines circonstances, peuvent bien traverser l'organisation animale, mais ils ne s'y arrêtent point, ou y deviennent bientôt nuisibles.

Corps simples qui forment les organes.

Éléments solides.

Phosphore, soufre, carbone, fer, manganèse silicium, magnésium, calcium, aluminium, potassium, sodium, iode.

Éléments gazeux.

Oxigène, hydrogène, azote, chlore.

Éléments incoërcibles.

Le calorique, la lumière, les fluides électrique et magnétique.

Éléments. incoërcibles.

Ces divers éléments, combinés entre eux trois à trois, quatre à quatre, etc., suivant des lois encore ignorées, forment ce qu'on nomme les *principes immédiats des animaux.*

I.

2

Principes immédiats du corps de l'homme.

Principes
immédiats
du corps de
l'homme.

Les matériaux ou principes immédiats sont distingués en *azotés* et non *azotés*.

Principes
azotés.

Les principes azotés sont : l'albumine, la fibrine, la gélatine, le mucus, le caséum, l'urée, l'acide urique, l'osmazôme, le principe colorant rouge du sang, le principe colorant jaune.

Principes
non azotés.

Les principes non azotés sont : l'oléine, la stéarine, la matière grasse du cerveau et des nerfs, l'acide acétique, l'acide benzoïque, l'acide lactique, l'acide oxalique, l'acide rosacique, le sucre de lait, le sucre des diabètes, le picromel, la cholesterine, les principes colorants de la bile et des autres liquides ou solides qui deviennent colorés accidentellement.

Composition
chimique
des principes
immédiats.

Les principes immédiats organiques sont en général formés de trois ou quatre éléments, l'oxigène, l'azote, l'hydrogène, le carbone. Les trois premiers, étant gazeux à l'état libre, tendent continuellement à abandonner la forme solide, et cette tendance est encore augmentée par la température propre au corps vivant, et par l'affinité qui sollicite l'hydrogène et l'oxigène à s'unir pour former de l'eau, l'oxigène et le carbone, pour former de l'acide carbonique, et l'azote et l'hydrogène, pour produire de l'ammoniaque. D'un autre côté, le carbone et l'hydrogène, ne trouvant pas dans l'organisation assez d'oxigène pour se convertir en acide carbonique, ces corps ont une tendance évidente à absorber l'oxigène de l'atmosphère, et cette disposition s'accroît encore par l'élévation de température du corps et par le contact de l'eau, qui diminue la cohésion des composés, et favorise ainsi leurs nouvelles combinaisons. De ces diverses causes résulte ce fait, connu depuis long-temps, que le cadavre des animaux a une grande disposition à se décomposer, par l'effort continuel que font ses éléments pour reprendre l'état qui leur est départi d'après les lois générales de la nature.

Tendance à la décomposition.

DES FLUIDES OU HUMEURS.

Les *fluides* du corps des animaux, et particulièrement ceux du corps de l'homme, sont en proportions très-considérables, relativement aux solides : dans l'homme adulte ils sont :: 9 : 1. Chaussier mit dans un four un cadavre pesant cent vingt livres, après plusieurs jours de dessiccation, il se trouva réduit à douze livres. Des cadavres ensevelis depuis long-temps dans les sables brûlants des déserts de l'Arabie présentent une diminution de poids extraordinaire.

Des fluides du corps de l'homme.

Les *fluides* du corps de l'homme sont tantôt contenus dans des vaisseaux, où ils se meuvent de diverses manières; tantôt dans des aréoles ou vacuoles, où ils semblent être en dépôt; d'autres

Des fluides
du corps de
l'homme.

fois ils sont placés dans de grandes cavités, où ils font un plus ou moins long séjour. Enfin dans le plus grand nombre des cas ils sont imbibés dans le tissu des solides, dont ils sont alors une partie essentielle.

Listes des liquides ou *humeurs du corps de l'homme.*

Énumération
des fluides
du corps
de l'homme.

1°. Le *sang.* } Le plus utile de tous les liquides par sa quantité, sa nature, ses propriétés vitales; source de toutes les autres humeurs ; sa privation entraîne immédiatement la mort, et ses altérations sont suivies de troubles graves dans l'exercice des fonctions.

2°. La *lymphe.* } Sorte de sang imparfait qu'on trouve fréquemment en petite quantité dans un ordre particulier de vaisseaux, et dont les usages sont peu connus.

3°. Le *liquide céphalo-spinal.* } Entoure le système nerveux central et en remplit les cavités.

4°. Les *humeurs aqueuses et vitrées de l'œil.*
5°. Le *cristallin.*
6°. L'*humeur noire de la choroïde.* } Servent à la vue, par leurs propriétés physiques.

7°. *Liquide labyrintique de l'oreille.* } Usage inconnu.

8°. La *graisse.* } Entoure les organes et les protége par ses propriétés physiques.

9°. La *moelle et le suc médullaire.* } Remplit les cavités et les cellules des os.

10°. *Synovie..* } Favorise les mouvements, en diminuant les frottements des surfaces mobiles en contact.

11°. *Sérosité du tissu cellulaire.* } Usage analogue à celui de la synovie.

12°. *Sérosité des membranes séreuses.* } Lubrifie la surface de ces membranes.

13°. Le *liquide qui s'évapore à la surface de la peau ou la sueur.* } Contribue à maintenir égale la température du corps.

14°. L'*humeur onctueuse de la peau.* } Favorise ses contacts répétés avec les corps extérieurs.

15° Le *mucus.* } Revêt les membranes muqueuses et les garantit des contacts nuisibles.

16°. Le *suc gastrique.* | Dissout les aliments dans l'estomac.

17°. L'*humeur de la transpiration pulmonaire.* | Concourt à la respiration.

18°. *Liquide qui remplit les cellules du thymus.*
19°. *Liquide du corps thyroïde.* | Usage inconnu.
20°. *Liquide qui remplit la cavité des capsules surrénales.*

21°. *Chassie.* | Facilite les mouvements des paupières et de l'œil.

22°. *Cérumen.* | Protége le conduit auditif.

23°. L'*humeur de la racine des poils.* | Entretient leur flexibilité.

24°. *Humeur sébacée de la surface extérieure des organes de la génération.* | Favorise les frottements, s'oppose aux effets des pressions qu'ont à supporter les organes génitaux.

25°. Les *larmes.* | Protégent l'œil, sont un moyen d'expression.

26°. La *bile.*
27°. Le *suc pancréatique.* | Concourent à la digestion.

28°. L'*urine.* | Résidu des opérations chimiques du corps.

29°. Le *chyle.* | Fluide nutritif extrait des aliments.

Tous ces liquides et quelques autres qui ne sont pas indiqués sont communs aux deux sexes.

Les fluides propres à l'homme sont :

1°. L'humeur de la prostate. | Contribue à la fécondation.

2°. Le fluide des glandes sous-prostatiques. | Usage inconnu.

3°. Le sperme. | Fluide fécondant.

Les fluides particuliers à la femme sont :

Fluides propres à la femme.

1°. Le *lait*. Ce fluide, nourricier de la première enfance, se voit quelquefois chez l'homme.

2° Le fluide des vésicules de l'ovaire.
3° Le liquide du corps jaune.
4° *Id.* du chorion.
5° *Id.* de l'amnios.
6° *Id.* de la vésicule ombilicale:
\} Utiles à la génération.

De tout temps, on a mis une grande importance à classer méthodiquement les fluides ; et, selon que telle ou telle doctrine florissait dans les écoles, on créa des classifications, fondées sur ces doctrines. Les anciens, qui donnaient une grande importance aux quatre éléments, disaient qu'il y avait quatre humeurs principales : le *sang*, la *lymphe* ou *pituite*, la *bile jaune*, la *bile noire* ou l'*atrabile;* ces quatre humeurs correspondaient aux quatre éléments, aux quatre saisons de l'année, aux quatre parties du jour, aux quatre tempéraments.

Diverses classifications des fluides.

A différentes époques, on a substitué d'autres divisions à cette classification des anciens. Ainsi on a établi trois classes de liquides : 1° le *chyme* et le *chyle;* 2° le *sang;* 3° les *humeurs émanées du sang.* Quelques auteurs se sont contentés de former deux classes : 1° liqueurs *premières, alimentaires* ou utiles; 2° liqueurs secondaires ou inutiles. Par la suite on distingua : 1° des humeurs *récrémentitielles,* c'est-à-dire des humeurs desti-

nées, après leur formation, à servir à l'alimenta-
tion du corps; 2° *excrémentitielles*, ou humeurs
qui doivent être chassées de l'économie; 3° des
humeurs qui ont à la fois les deux caractères par-
ticipant des deux classes, et que, pour cette raison,
on nomma *excrémento-récrémentitielles*. Plusieurs
habiles chimistes ont classé les humeurs d'après la
considération de leur nature intime : ils ont établi
des humeurs *albumineuses*, *fibrineuses*, *savon-
neuses*, *aqueuses*, *alcalines*, *acides*, etc. L'une des
meilleures classifications des liquides du corps de
l'homme est celle de Chaussier (1) ; elle est particulièrement fondée sur le mode de leur formation.

Voici cette classification :

1°. Le *sang*.

2°. La *lymphe*.

3°. Les fluides *perspiratoires*, qui comprennent
les humeurs de la transpiration cutanée, la transpiration des membranes muqueuses, séreuses, sy-
noviales, du tissu cellulaire, des cellules graisseu-
ses, des membranes médullaires, de l'intérieur de
la thyroïde, du thymus, de l'œil, de l'oreille.

4°. Les fluides *folliculaires* : l'humeur graisseuse
de la peau, le cérumen, la chassie, le mucus des

(1) Voyez la *Table synoptique des Fluides*, par Chaussier.

glandes et des follicules muqueux, celui des amygdales, des glandes du cardia et des environs de
l'anus, celui de la prostate, etc.

Fluides des glandes. 5°. Les fluides *glandulaires* : les larmes, la salive, le fluide pancréatique, la bile, l'urine, le
fluide des glandes de Cowper, le sperme, le lait,
le liquide contenu dans les capsules surrénales,
celui des testicules et des mamelles des nouveau-
nés.

Fluides de la digestion. 6°. Le *chyme* et le *chyle*.

Mais le nombre de nos humeurs n'est pas assez
grand pour qu'une classification soit indispensable; il n'y a aucune difficulté à les étudier isolément; une fois connues individuellement, toute
classification devient superflue; car les classifications ne sont utiles qu'en facilitant l'étude des
détails particuliers.

Propriétés physiques des fluides.

Propriétés physiques des fluides. Les propriétés physiques des fluides sont pour
beaucoup dans la vie; nous devons y donner une
attention spéciale, et nous ne manquerons pas de
le faire dans l'exposé de chaque fonction. Les propriétés que nous signalerons ici comme devant
être remarquées sont la *viscosité*, la *transparence*,
la *couleur*, *l'odeur*, etc.

Viscosité. Les fluides visqueux se rencontrent partout
où il y a des membranes à préserver, des frot-

tements à diminuer et des surfaces polies à lubrifier.

La transparence se voit particulièrement dans les fluides de l'organe au myen duquel nous agissons sur la lumière; cependant plusieurs autres fluides présentent aussi ce caractère à un degré plus ou moins prononcé.

Les couleurs des fluides sont peu variées, plusieurs même n'en ont point. Le rouge, plus ou moins foncé, le jaune et le noir, telles sont les couleurs les plus généralement répandues; encore ces couleurs appartiennent-elles seulement à deux matières colorantes qui, par leurs diverses modifications, produisent toutes les autres nuances.

Les odeurs des fluides sont au contraire très-nombreuses et très-variées.

Certains fluides offrent au microscope un spectacle remarquable : ce sont des myriades de globules dont la forme est régulière, et la grandeur sensiblement constante. Ces globules se rencontrent particulièrement dans le sang, la lymphe, le chyle et le lait. Un autre fluide, le sperme, présente un phénomène encore plus étonnant : si on en place une goutte au foyer d'un microscope, on y voit un grand nombre de petits animaux qui s'y meuvent avec agilité; mais l'existence de ces êtres singuliers est loin d'être aussi constante que celle des globules dont nous venons de parler. Ils ne se rencontrent que durant un certain temps

Marginal notes:

Transparence.

Couleurs des fluides.

Odeurs.

Globules.

Animalcules.

de la vie, et en général pendant l'état de santé.

Propriétés chimiques des fluides.

Propriétés
chimiques
des fluides.

Il est d'un haut intérêt pour le physiologiste de connaître les qualités chimiques des fluides : plusieurs actes principaux de la vie dépendent immédiatement de ces propriétés ; malheureusement cette partie de la science est encore peu avancée. Cependant la chimie nous a déjà fourni un assez bon nombre de renseignements précieux sur cette question capitale.

Nous savons que la composition des fluides ne diffère pas essentiellement de celle des solides : on y trouve les mêmes principes immédiats et les mêmes éléments. En chassant par l'évaporation une partie de l'eau que contiennent plusieurs fluides, on obtient une matière demi solide qui a la plus grande analogie de composition avec les solides véritables ; ceci n'a rien qui doive surprendre, puisque l'un des phénomènes propres aux corps vivants est la continuelle transformation des fluides en solides, et des solides en fluides.

La plupart des fluides exhalent de l'acide carbonique et absorbent l'oxygène de l'air ; en général les éléments des fluides ont une plus grande tendance à la décomposition que les solides ; aussi est-ce parmi les principes immédiats des fluides que se rencontrent ceux qui contiennent le plus

d'azote, tels que le caséum, l'urée, et qui se décomposent le plus rapidement.

PROPRIÉTÉS VITALES.

Outre les propriétés physiques et chimiques que
présentent les solides et les fluides de l'économie,
plusieurs phénomènes dont on n'observe aucune
trace dans les corps inertes, s'y laissent aisément
remarquer et forment les caractères essentiels de
la vie. Il eût été sage d'étudier isolément chacun
de ces phénomènes, et d'acquérir ainsi une notion
exacte des attributs spéciaux des corps vivants;
mais pour obtenir un pareil résultat, qui aurait été
la source d'une infinité d'utiles applications, il aurait fallu que l'on eût séparé avec soin dans l'être
vivant ce qui est physique ou chimique, de ce qui
est purement vital; or, cette distinction n'a jamais pu être faite, en raison de l'imperfection des
moyens d'analyse physique; et même aujourd'hui
que ces moyens ont acquis une certitude et une
précision plus grandes qu'à aucune autre époque,
cette distinction serait encore une très-grande
difficulté, et demanderait, pour être exécutée, un
esprit doué d'un génie particulier. Cette marche
n'a donc pas été suivie : on a établi ou plutôt *imaginé des propriétés vitales*, et on n'a rien moins
qu'affirmé qu'au moyen de ces propriétés les corps
vivants *étaient en lutte perpétuelle avec les lois gé-*

*Propriétés
vitales.*

nérales de la nature; absurdité des plus fortes qu'ait jamais enfantées l'esprit humain.

Prétendue
lutte entre
les corps
vivants
et les lois
physiques.

Comment les anciens, qui ont admis cette prétendue lutte du *microcosme* ou petit monde contre le *macrocosme* ou grand monde, pouvaient-ils en avoir la moindre notion, eux qui ignoraient à la fois et les lois de la nature inorganique et celles de la nature vivante? Aujourd'hui que les sciences physiques existent, et qu'elles nous enseignent plusieurs lois naturelles très-importantes, nous voyons au contraire que ces lois exercent évidemment leur influence sur les animaux. A la vérité les organes vivants présentent des phénomènes qui ne peuvent point s'expliquer par les lois physiques; mais il ne s'ensuit pas qu'il y ait lutte entre les uns et les autres; qu'y a-t-il d'opposé entre la sensibilité et la pesanteur, entre la contractilité et l'affinité chimique? Ces choses sont différentes, voilà tout.

Propriétés
vitales.

Les propriétés vitales, généralement admises, ont reçu des noms différents :

1°. *Sensibilité organique,* végétative, nutritive, moléculaire.

2°. *Contractilité organique* insensible, nutritive, fibrillaire, ton, tonicité.

3°. *Sensibilité cérébrale,* animale, percevante, de relation, etc.

4°. *Contractilité organique sensible,* irritabilité, mouvement vermiculaire.

5°. *Contractilité volontaire*, animale, de rela- tion, etc.

De ces propriétés, les unes sont présentées comme si elles étaient communes à tous les corps vivants, les autres sont particulières à quelques parties des animaux.

Si elles existaient réellement, les premières mé- riteraient seules le nom de propriétés vitales, puis- qu'elles signaleraient la vie partout où elle existe; mais, bien loin d'avoir ce caractère, les propriétés vitales, dites *sensibilité organique* ou moléculaire, *contractilité* organique, *sensible*, n'existent point. Elles ont été imaginées par les physiologistes pour donner raison de phénomènes hors de la portée de nos sens, et par conséquent inconnus. Nos or- ganes se nourrissent ; nous ignorons comment cet acte vital est accompli : pour le savoir, il faudrait faire des expériences, et inventer des instruments qui soumettraient à notre examen des choses que nos sens n'atteignent pas; on a trouvé plus simple et surtout plus facile de faire un roman. « Les or- » ganes, dit-on, sont composés de *molécules* ; ces » molécules sont *sensibles* (supposition gratuite), » elles *distinguent* dans les fluides nourriciers qui » les approchent les éléments qui peuvent réparer » les pertes (voilà les molécules n'étant plus seule- » ment sensibles, mais doués de discernement). » Mais en supposant les molécules capables de *discer- ner* les matériaux réparateurs, il n'y avait que la

moitié des phénomènes expliqués; il fallait qu'elles
pussent s'en emparer. La difficulté a été levée en
inventant la *contractilité insensible*. Au moyen de
cette seconde propriété, la molécule complète sa
nutrition, bien qu'il ne soit pas facile de comprendre
par quels genres de mouvement une molécule peut
saisir des éléments nutritifs.

Qui ne voit dans cette petite histoire une simple
métaphore de l'histoire d'un animal ou de l'homme
lui-même. C'est l'anthropomorphisme des philosophes appliqué aux molécules : le plus curieux, c'est
que l'esprit puisse se contenter de semblable mysti-
fication.

Ce n'est pas tout, le roman va plus loin : il
faut expliquer les maladies qui ne sont que
l'*exaltation* des propriétés vitales ou leur *affaiblissement* ou leur *perturbation ;* de là la thérapeuti-
que qui a pour objet de *ramener les propriétés
vitales à leur type normal*. Et voilà sur quels fondements repose la médecine systématique. Les
jeunes gens appelés par leur génie à perfectionner
la science ne sauraient trop, en débutant dans les
études, se garantir de pareilles erreurs. Il faut qu'ils
s'accoutument de bonne heure à savoir se dire à
eux-mêmes, *je ne sais pas* : c'est le premier pas de
la plupart des découvertes.

Les autres propriétés vitales sont particulières à
quelques animaux, et même seulement à quelques-
unes de leurs parties : telle est la *contractilité orga-*

nique sensible, qui se voit au cœur, au canal intestinal, à la vessie, etc., mais qui ne s'observe point dans d'autres parties de l'économie.

La sensibilité cérébrale ou animale, comme disait Bichat, ainsi que la *contractilité volontaire*, n'ont été comptées au nombre des propriétés vitales que par un abus de mots ; il est évident que ce sont des fonctions ou des résultats de l'action de plusieurs organes, qui ont, en agissant, un but commun.

Nous ne disons rien de la *force de résistance vitale*, de *situation fixe*, de l'*affinité vitale*, de la *caloricité*, parce que ces prétendues propriétés, quoique proposées par des hommes de mérite, n'ont point excité l'attention des physiologistes, et qu'elles n'ont pas d'ailleurs plus de réalité que la plupart de celles dont nous venons de parler.

On n'a point heureusement appliqué aux fluides la doctrine des propriétés vitales, et cependant on est d'accord maintenant pour les considérer comme vivants. Mais on a été beaucoup plus sage pour les fluides que pour les solides ; car on n'a établi qu'ils étaient doués de la vie, que sur les phénomènes sensibles qu'ils présentent. Ainsi, la fluidité qu'ils conservent tant qu'ils font partie du corps de l'animal ; la manière dont quelques-uns s'organisent aussitôt qu'on les extrait des vaisseaux ; la faculté de produire de la chaleur, etc. : tels sont les principaux phénomènes qui, suivant les physiologistes

Propriétés vitales des fluides.

modernes, dénotent que les fluides sont vivants.
Il faut ajouter que tous les fluides animaux n'offrent point ces caractères. Le sang, le chyle, la
lymphe, et quelques autres fluides destinés à la
nutrition, sont les seuls qui les présentent. Les
fluides excrémentitiels, tels que la bile, l'urine,
l'humeur de la transpiration cutanée, etc., ne présentent rien d'analogue; aussi tout ce qu'on dit de
la vie des fluides ne doit pas s'entendre de ces
derniers.

CAUSES DES PHÉNOMÈNES VITAUX.

Causes des
phénomènes
propres aux
corps vivants.

Dès la plus haute antiquité on a entrevu qu'une
grande partie des phénomènes particuliers aux
corps vivants ne suivent pas la même marche, ne
sont pas soumis aux mêmes lois, que les phénomènes propres aux corps bruts.

On a assigné aux phénomènes des corps vivants
une cause particulière. Cette cause a reçu différentes dénominations : Hippocrate la désignait
par φύσις (nature); Aristote, *principe moteur et
générateur;* Kaw Boërhaave, *impetum faciens;* van
Helmont, *archea,* Stahl, *âme;* d'autres, *vis insita,
vis vitæ,* principe vital, *force vitale,* etc.

Que signifient toutes ces expressions? On peut
prendre à leur égard deux partis bien différents :
les réaliser, en faire des êtres auxquels appartient
le pouvoir de produire les phénomènes vitaux,

voilà le premier; mais en le suivant ne ressemblerions-nous pas à ces sauvages qui, après avoir grossièrement sculpté une pierre, en font un dieu? Le second parti consiste à reconnaître que ces mots désignent la cause ou les causes inconnues, et peut-être à jamais incompréhensibles, des actes de la vie; alors, il faut en convenir, la science n'a guère gagné quand ils ont été inventés.

De toutes les illusions dans lesquelles sont tombés quelques physiologistes modernes, l'une des plus déplorables est d'avoir cru, en forgeant un mot *principe vital*, ou *force vitale*, avoir fait quelque chose d'analogue à la découverte de la pesanteur universelle.

De même, disent-ils, que l'attraction préside aux changemens d'état des corps inertes, de même la force vitale régit les modifications des corps organisés; mais ils tombent dans une grave erreur, car la force vitale ne peut être comparée à l'attraction; les lois de cette dernière sont connues, celles de la force vitale sont ignorées. La physiologie en est justement, dans ce moment, au point où en étaient les sciences physiques avant Newton : elle attend qu'un génie du premier ordre vienne découvrir les lois de la force vitale, de la même manière que Newton a fait connaître les lois de l'attraction. La gloire de ce grand géomètre ne consiste pas à avoir découvert que les corps s'attirent, comme quelques-uns le croient, mais à avoir prouvé, par ses

Il n'existe aucune analogie entre la force vitale et l'attraction.

mémorables calculs, que l'*attraction agit en raison directe de la masse, et inverse du carré de la distance.*

Ce n'est pas au reste par des spéculations de cabinet qu'un pareil but peut être atteint; une connaissance exacte des sciences physiques, de nombreuses expériences sur les corps vivants, sains ou malades, une logique sévère et forte, peuvent seules y faire parvénir.

Remarque générale sur les phénomènes de la vie.

Avant de commencer l'étude des phénomènes de la vie de l'homme, objet spécial de cet ouvrage, nous avons besoin de faire une remarque générale.

Quels que soient le nombre et la diversité des phénomènes que présente l'homme vivant, il est possible de les réduire, en dernière analyse, à deux principaux, qui sont, *la nutrition* et *l'action vitale.* Quelques mots sur chacun de ces phénomènes sont indispensables pour l'intelligence de ce qui suit.

Idée générale sur la nutrition.

La vie de l'homme et celle des autres corps organisés est fondée sur ce qu'ils s'assimilent habituellement une certaine quantité de matière qu'on nomme *aliment.* La privation de cette matière pendant un temps limité entraîne nécessairement la cessation de la vie. D'un autre côté, l'observation journalière apprend que le corps de l'homme, de même que celui de tous les êtres vivants, perd à chaque instant une certaine quantité de la matière qui le compose : c'est même sur la nécessité de réparer ces pertes habituelles que

repose le besoin des aliments. De ces deux données, et de quelques autres que nous ferons connaître par la suite, on a conclu avec raison que les
corps vivants ne sont point composés de la même
matière à toutes les époques de leur existence ; les
anciens ont été jusqu'à dire que les organes subissent une rénovation totale, et qu'elle s'opère dans
l'espace de sept ans. Sans admettre cette idée con-
jecturale, nous dirons qu'il est extrêmement probable que toutes les parties du corps de l'homme
éprouvent un mouvement intestin, qui a pour double effet d'expulser les molécules (1) qui ont servi
à composer les organes, et de les remplacer par des
molécules nouvelles. Ce mouvement intime constitue la nutrition. Il ne tombe pas sous les sens ; mais
ses effets étant palpables, ce serait tomber dans
un pyrrhonisme exagéré, que de le révoquer en
doute. Il n'est susceptible d'aucune explication ;
il ne peut point être rapporté, dans l'état actuel
de la physiologie, aux phénomènes que régit l'affinité chimique. Dire qu'il dépend de la sensibilité
organique et de la contractilité organique insensible, ou simplement de la force vitale, c'est exprimer le fait en termes différents sans rien éclaircir.
Quoi qu'il en soit, c'est en vertu du mouvement

---

(1) J'emploie ici le langage usité. S'il ne laissait croire
qu'on sait quelque chose là où l'on ne sait véritablement rien,
il faudrait convenir qu'il est commode.

nutritif ou de la nutrition, que les organes du corps de l'homme conservent leurs propriétés physiques, ou en changent. Nos différents organes présentant des propriétés physiques différentes, le mouvement nutritif doit varier dans chacun d'eux.

Action vitale. Indépendamment des propriétés physiques que présentent toutes les parties du corps, il en est un grand nombre qui offrent, soit d'une manière continue, soit à des époques plus ou moins rapprochées, un phénomène que je nomme *action vitale*. Par exemple, le foie forme continuellement un liquide qu'on nomme *bile*; il en est de même du rein pour l'urine. Les muscles, quand ils se trouvent dans de certaines conditions, se durcissent, changent de forme, en un mot, se contractent. Voilà ce que j'entends par actions vitales. Ces actions vitales jouent un rôle très-important dans la vie de l'homme et des animaux, et c'est sur elles que doit se fixer plus particulièrement l'attention du physiologiste.

Influence réciproque de l'action vitale et de la nutrition. L'action vitale est dans une dépendance évidente de la nutrition, et réciproquement la nutrition est influencée par l'action vitale. Un organe qui cesse de se nourrir perd en même temps la faculté d'agir; les organes dont l'action est le plus souvent répétée ont une nutrition plus active : au contraire, ceux qui agissent peu ont un mouvement nutritif évidemment ralenti.

Mécanisme de l'action vitale. Le mécanisme de l'action vitale est ignoré : il se passe, dans l'organe qui agit, un mouvement intime insensible qui n'est pas plus susceptible d'explication que le mouvement nutritif.

Aucune action vitale, quelque simple qu'elle soit, ne fait exception à cet égard.

Tous les phénomènes de la vie peuvent donc se rattacher, en dernière analyse, à la nutrition et à l'action vitale; mais les mouvements cachés qui constituent ces deux phénomènes ne tombant pas sous nos sens, ce n'est pas sur eux que doit porter notre attention; nous devons nous borner à étudier leurs résultats, c'est-à-dire les propriétés physiques des organes, les effets sensibles des actions vitales, et rechercher comment les uns et les autres concourent à la vie générale.

C'est, en effet, là l'objet de la physiologie.

Pour parvenir à ce but, on partage les phénomènes de la vie en différentes classes ou fonctions.

Les auteurs ont beaucoup varié pour la classification des fonctions. Sans nous arrêter ici à énumérer les différentes classifications adoptées aux diverses époques de la science, ce que d'ailleurs ne comporte pas la nature de cet ouvrage, nous dirons qu'on peut distinguer les fonctions en celles qui ont pour but de mettre l'individu en rapport avec les objets environnants, en celles qui ont pour objet la nutrition, et en celles qui ont pour objet la reproduction de l'espèce.

Des
fonctions
et de leur
classification.

Nous nommerons les premières, *fonctions de relations*; les secondes, *fonctions nutritives*, et les troisièmes, *fonctions génératrices*.

Méthode qu'il faut suivre pour étudier chaque fonction.

La marche à suivre pour l'étude d'une fonction en particulier n'est pas indifférente. Voici celle que nous croyons devoir adopter :

1°. Idée générale de la fonction.

2°. Circonstances qui mettent en jeu l'action des organes, et que nous appelons *excitantes de la fonction*.

3°. Description anatomique sommaire des organes qui concourent à la fonction, ou de l'appareil.

4°. Étude de chaque action d'organe en particulier.

5°. Résumé général montrant l'utilité de la fonction.

6°. Rapports de la fonction avec celles qui ont été précédemment examinées.

7°. Modifications que présente la fonction, suivant l'âge, le sexe, le tempérament, les climats, les saisons, l'habitude.

DES FONCTIONS DE RELATION.

Des fonctions de relation.

Les fonctions de relation se composent des *sensations*, de l'*intelligence*, de la *voix* et des *mouvements*.

DES SENSATIONS.

Les sensations sont des fonctions destinées à recevoir des impressions de la part des objets extérieurs, et à les transmettre à l'intelligence. Ces
fonctions sont au nombre de cinq : la *vision*, l'*audition*, l'*odorat*, le *goût* et le *toucher*.

DE LA VISION.

La vision est une fonction qui nous fait reconnaître la grandeur, la figure, la couleur, la distance, le mouvement des corps, etc.

Les organes qui composent l'appareil de la vision entrent en action sous l'influence d'un excitant particulier qu'on nomme *lumière*.

Nous apercevons les corps, nous prenons connaissance de plusieurs de leurs propriétés, quoique
souvent ils soient fort éloignés de nous; il faut
donc qu'il y ait entre eux et notre œil un agent
intermédiaire : cet intermédiaire, nous le nommons *lumière*.

La lumière est un fluide excessivement subtil, qui émane des corps nommés *lumineux*, tels
que le soleil, les étoiles fixes, les corps en igni-

tion (1), ceux qui sont phosphorescents, etc. (2).

La lumière est composée de molécules qui se meuvent avec une prodigieuse rapidité, puisque chacune d'elles parcourt environ 70 mille lieues par seconde.

Des rayons lumineux.

On nomme *rayon de lumière* une série de molécules qui se succèdent sans interruption en ligne droite. Les molécules qui composent chaque rayon sont séparées par des intervalles considérables, relativement à leurs masses; ce qui permet à un très-grand nombre de rayons de se croiser en un même point, sans que les molécules puissent se choquer en se rencontrant.

Lumière.

---

(1) Tous les corps peuvent devenir lumineux quand leur température est élevée à plus de 500 degrés centig.

(2) En fait, on ne sait rien de la nature intime de la lumière; on devrait tout simplement en convenir, et se borner à en étudier les propriétés, cette marche serait logique; mais notre esprit ne procède point ainsi, il lui faut une supposition sur laquelle il semble se reposer et s'endormir; on *suppose* donc, d'après Newton, que la lumière *émane*, sous forme de *molécules*, des corps lumineux, etc. Descartes avait fait une autre hypothèse; il *supposait* l'espace rempli par un fluide très-subtil, l'éther : il *supposait*, en outre, que les corps lumineux mettaient en vibrations ou en ondulations cet éther onduleux, qui était la lumière. L'hypothèse des ondulations reprend force depuis quelque temps, parce qu'elle rend raison de phénomènes inexplicables dans l'hypothèse de l'émanation, et qu'elle se prête mieux à l'analyse mathématique.

La lumière qui part du corps lumineux forme des cônes divergents, qui, s'ils ne rencontraient point d'obstacles, se prolongeraient indéfiniment. Les physiciens ont conclu de là que l'intensité de la lumière qui se trouve dans un lieu quelconque, est en raison inverse du carré de la distance du corps lumineux d'où elle part. Les cônes que forme la lumière en sortant des corps lumineux sont en général nommés *faisceaux de lumière*, et on désigne par le nom de *milieux* les corps dans lesquels la lumière se meut.

Quand la lumière rencontre dans sa marche certains corps qu'on nomme *opaques*, elle est repoussée, et sa direction se trouve modifiée suivant la disposition de ces corps.

On appelle *réflexion* le changement que subit la marche de la lumière dans ce cas. L'étude de la réflexion constitue cette partie de la physique qui a été nommée *catoptrique*.

Certains corps se laissent traverser par la lumière, par exemple le verre : on les appelle *transparents* ou *diaphanes*. En les traversant, la lumière y subit un certain changement qui se nomme *réfraction*. Comme le mécanisme de la vision repose entièrement sur les principes de la réfraction, il est important que nous nous arrêtions quelques instants à leur examen.

Le point par lequel un rayon de lumière entre dans un milieu s'appelle point d'*immersion*, et ce-

Intensité
de la
lumière.

Réflexion
de la lumière.

Réfraction
de la
lumière.

lui par lequel il en sort, point d'*émergence*. Si le rayon rencontre perpendiculairement la surface d'un milieu, il continue sa route dans le milieu, en conservant sa direction première; mais si l'incidence est oblique à la surface du milieu, le rayon se détourne de sa route, en sorte qu'il paraît rompu au point d'immersion.

L'*angle d'incidence* est celui que fait le rayon incident avec une ligne perpendiculaire, menée par le point d'immersion sur la surface du milieu, et l'*angle de réfraction* est celui que fait le rayon rompu avec la même perpendiculaire.

Le rayon de lumière passe-t-il d'un milieu plus rare dans un milieu plus dense, il se rapproche de la perpendiculaire au point de contact; il s'en écarte, au contraire, quant il passe d'un milieu plus dense dans un milieu plus rare. Le même phénomène a lieu, mais en sens opposé, lorsque le rayon rentre dans le premier milieu; de façon que si les deux surfaces du milieu que le rayon traverse de part en part, sont parallèles entre elles, le rayon, en repassant dans le milieu environnant, prendra une direction qui sera elle-même parallèle à celle du rayon incident.

Les corps réfractent la lumière en raison de leur densité (1) et de leur combustibilité. Ainsi de deux

---

(1) La densité est le rapport de la masse au volume; en

corps d'égale densité, mais dont l'un sera composé d'éléments plus combustibles que l'autre, la force réfringente du premier sera plus considérable que celle du second.

Tous les corps diaphanes, en même temps qu'ils réfractent la lumière, la réfléchissent. C'est en raison de cette propriété que ces corps remplissent jusqu'à un certain point l'office de miroirs. Quand ils n'ont qu'une faible densité, comme l'air, ils ne sont visibles qu'autant que leur masse est considérable.

La forme du corps réfringent n'influe pas sur sa force réfringente, mais elle modifie la disposition des rayons réfractés les uns par rapport aux autres. En effet, les perpendiculaires à la surface du corps se rapprochant ou s'éloignant suivant la forme de ce corps, les rayons réfractés doivent en même temps se rapprocher ou s'éloigner.

Influence de la forme des corps réfringents.

Quand, par l'effet d'un corps refringent, des rayons tendent à se rapprocher, le point où ils se réunissent se nomme *foyer du corps réfringent*. Les corps de forme lenticulaire (1) sont ceux qui présentent principalement ce phénomène.

Un corps réfringent à surfaces parallèles ne

---

sorte que si tous les corps étaient sous le même volume, leurs densités pourraient être mesurées par leur poids.

(1) Les corps lenticulaires sont des corps terminés par deux segments de sphère.

change pas la direction des rayons, mais les rapproche de son axe par une sorte de transport. Un corps réfringent, convexe des deux côtés (lentille), n'a pas une force réfringente plus grande qu'un corps convexe d'un côté et plane de l'autre; mais le point où les rayons se réunissent derrière lui est plus rapproché.

Composition de la lumière.

L'étude de la réfraction conduit à reconnaître un fait extrêmement important, savoir, *qu'un rayon* de lumière est lui-même composé d'une infinité de rayons diversement colorés et diversement réfrangibles, c'est-à-dire qu'à chaque rayon coloré correspond, dans ces mêmes corps et pour une même incidence, une réfraction qui varie avec la couleur des rayons.

Si l'on fait passer un faisceau de rayons lumineux à travers un prisme de verre, ou tout autre corps réfringent dont les surfaces ne sont pas parallèles, on voit le faisceau s'élargir; et si après sa sortie du corps on le reçoit sur un plan, tel qu'une feuille de papier, il y occupe une étendue considérable, et, au lieu d'y produire une image blanche, il paraît sous la forme d'une image oblongue, peinte d'une infinité de couleurs qui se succèdent par des dégradations insensibles, et parmi lesquelles on distingue les sept couleurs suivantes : le rouge, l'orangé, le jaune, le vert, le bleu, l'indigo et le violet. Chacune de ces couleurs est indécomposable ; leur ensemble forme le *spectre solaire*. Ainsi la lumière n'est pas homogène, puisqu'elle est composée de rayons de couleurs très-différentes. C'est sur ce fait qu'est fondée l'explication de la coloration des corps. Un corps blanc réfléchit la lumière sans la décomposer; un corps noir ne réfléchit point la lumière et l'absorbe en totalité. Les corps colorés décomposent la lumière en la réfléchissant; ils en absorbent une partie et réfléchissent l'autre. Ainsi un corps paraîtra vert lorsque la réunion des couleurs qu'il réfléchira formera du vert, etc.

Coloration
des corps.

Les corps transparents paraissent aussi colorés par la lumière qu'ils réfractent, et il arrive souvent que, vus par réfraction, ils paraissent d'une couleur différente de celle sous laquelle on les aperçoit par réflexion.

Si maintenant on voulait savoir pourquoi tel corps réfléchit certaine couleur, tandis que tel autre corps l'absorbe, les physiciens répondront que ce phénomène tient à *la nature et à la disposition particulière des molécules des corps* (1).

Coloration
par réfraction

La découverte de l'action des corps réfringents sur la lumière n'a point été un objet de simple curiosité; elle a conduit à construire des instru-

---

(1) Cette explication ressemble beaucoup à celle des phénomènes de la vie par les propriétés vitales, c'est-à-dire qu'il se pourrait bien qu'elle n'expliquât rien.

ments ingénieux, au moyen desquels la sphère de la vision de l'homme s'est beaucoup agrandie, et s'est étendue à une foule de corps, qui, soit par leur grand éloignement, soit par leur extrême ténuité, ne semblaient pas destinés à être connus de l'homme. Mais ici, comme dans d'autres cas, son intelligence a suppléé à l'imperfection de ses sens.

On appelle *diffraction* un genre de modification que subit la lumière, quand elle passe près des parties saillantes qui terminent les corps; non-seulement, le rayon en entier éprouve une déviation, mais chacun des rayons colorés qui le composent éprouve cette déviation à un degré différent et ils se séparent à peu près comme s'il traversaient un prisme.

Appareil de la vision.

L'appareil de la vision est composé de trois parties distinctes.

La première modifie le lumière. C'est une véritable lunette.

La deuxième reçoit l'impression du fluide.

La troisième transmet cette impression au cerveau.

L'appareil de la vision est d'une texture extrêmement délicate, que la moindre cause peut altérer; aussi la nature a-t-elle placé au devant de cet appareil une série d'organes dont l'usage est de le

protéger et de le maintenir dans les conditions nécessaires à l'exercice libre et facile de ses fonctions.

Ces parties protectrices sont les sourcils, les
paupières, et l'appareil sécréteur et excréteur des
larmes.

Les sourcils, parties propres à l'homme, sont
formés :

1°. Par des poils d'une couleur variable ;

2°. Par la peau ;

3°. Par des follicules sébacés, placés à la basse
de chaque poil ;

4°. De muscles destinés à leurs mouvements
multipliés, savoir, la portion frontale de l'occipito-
frontal, le bord supérieur de l'orbiculaire des paupières *(orbito-palpébral)*, le surcilier ;

5°. De vaisseaux assez nombreux ;

5°. De nerfs.

Les sourcils ont plusieurs usages. La saillie qu'ils
forment protège l'œil contre les violences extérieures ; les poils, en raison de leur direction obli-.
que, de la matière huileuse qui les enduit, s'opposent à ce que la sueur coule vers l'œil, et aille
irriter la surface de l'organe ; ils la dirigent vers la
tempe et la racine du nez. La couleur et le nombre des poils des sourcils influent sur leur usage.
Ils sont ordinairement en rapport avec le climat.
L'habitant des pays chauds les a très-épais et très-
noirs ; l'habitant des régions froides peut les avoir
épais, mais il est très rare qu'il les ait noirs. Les

sourcils garantissent l'œil de l'impression d'une lumière trop vive, surtout lorsque celle-ci vient d'un lieu élevé : nous rendons cet effet plus marqué en *fronçant le sourcil*.

Paupières.

Les paupières sont au nombre de deux chez l'homme, distinguées en supérieure et en inférieure, en grande et en petite, *palpebra major*, *palpebra minor*.

La forme des paupières est accommodée à celle du globe de l'œil, de manière qu'étant rapprochées, elles couvrent complètement la face antérieure de cet organe. Le lieu où elles se rencontrent n'est point au niveau du diamètre transverse de l'œil; il est beaucoup au-dessous : c'est à tort que Haller le nomme *æquator oculi*.

Plus l'ouverture qui sépare les paupières a d'étendue, plus l'œil nous paraît grand : aussi le jugement que nous portons sur le volume de l'œil est-il souvent inexact : il n'exprime le plus souvent que l'étendue de l'ouverture des paupières (1).

Paupières.

Le bord libre des paupières est épais, résistant, garni de poils plus ou moins longs, plus ou moins nombreux, d'une couleur ordinairement semblable à celle des cheveux; ces poils sont placés très-près les uns des autres. Ceux de la paupière supérieure forment une légère courbure, dont la concavité est en haut; ceux de la paupière inférieure

----

(1) Bichat.

en ont une en sens opposés. Nous attachons une idée de beauté à des cils longs et bien fournis, ce qui s'accorde avec l'utilité qui en résulte. Semblables à tous les autres poils, les cils sont enduits d'une humeur onctueuse, qui sort de petits follicules situés dans l'épaisseur des paupières, autour de leur bulbe.

Entre la ligne qu'occupent les cils et la face interne, il y a une surface plane, par laquelle les paupières se touchent quand elles sont rapprochées. Je nomme cette surface la *marge* de la paupière.

Marge des paupières.

Les paupières sont composées d'un muscle à fibres semi-circulaires (*orbiculaire des paupières*), d'un fibro-cartilage (*cartilage tarse*), d'un ligament (*ligament large de la paupière*), d'un grand nombre de follicules (*glandes* de Méibomius), d'une portion de membrane muqueuse. Toutes ces parties sont liées entre elles par un tissu cellulaire, dont les lamelles sont très-minces et très-flexibles.

Structure des paupières.

La peau des paupières fine, et demi-transparente, se prête aisément à leurs mouvements; elle présente des plis transversaux. Le muscle orbiculaire des paupières, par sa contraction, les rapproche, ou, comme on dit, *ferme les yeux*, en même temps qu'il porte les paupières un peu en dedans.

Peau des paupières.

Le fibro-cartilage s'appelle le *cartilage tarse*; celui de la paupière supérieure est beaucoup plus

Cartilage tarse.

J.   4

grand que celui de l'inférieure. Ils ont pour usage de maintenir les paupières tendues et toujours adaptées à la forme de l'œil; en outre, ils sou- tiennent les cils, logent dans leur épaisseur les follicules et garantissent l'œil des chocs extérieurs. La présence du cartilage tarse dans les paupières n'est pas indispensable, puisqu'il manque chez plu- sieurs animaux, dont les paupières n'en remplis- sent pas moins bien leurs fonctions.

Ligament
large des
paupières.

Le *ligament large* n'est autre chose que du tissu cellulaire, qui de la base de l'orbite se rend au bord du cartilage tarse : il paraît destiné à limiter le mouvement par lequel les paupières se rappro- chent.

Tissu
cellulaire des
paupières.

Le tissu cellulaire, extrêmement fin et délicat, ne contient point de graisse, mais une sérosité limpide, qui, dans certains cas, s'accumule dans les aréoles de ce tissu, les paupières sont alors gonflées et d'une couleur bleuâtre; cette couleur et ce gonflement se voient à la suite des excès de tout genre, après les grandes maladies et pendant la convalescence, chez les femmes lors- qu'elles ont leurs règles, etc. La finesse, la laxité du tissu cellulaire des paupières, l'absence de la graisse de ces aréoles, étaient nécessaires pour le libre exercice de leurs mouvements. Leur face oculaire est recouverte par la membrane muqueuse conjonctive.

Indépendamment des parties qui viennent d'être indiquées, la paupière supérieure a un muscle qui lui est propre, et qu'on nomme *élévateur de la paupière supérieure*.

Les paupières couvrent l'œil dans le sommeil, le garantissent du contact des corps étrangers qui voltigent dans l'air; elles le préservent des chocs par leur rapprochement presque instantané; leurs mouvements habituels, qui reviennent à des intervalles à peu près égaux, s'opposent aux effets du contact prolongé de l'air sur la conjonctive; ce mouvement, nommé *clignement*, dépend en partie du nerf facial, et en partie du nerf de la cinquième paire. Il cesse quand le nerf facial est coupé; il cesse ou ne se montre que très-rarement, et seulement par l'effet d'un rayon direct de lumière solaire, quand le nerf de la cinquième paire est divisé. La perte du mouvement des paupières par la section ou la paralysie du nerf facial s'entend facilement, puisque ce nerf envoie des filets au muscle orbiculaire. Il est beaucoup plus difficile de comprendre comment la section de la cinquième paire arrête le clignement, car ce nerf, presque entièrement destiné à la sensibilité, n'envoie aucune branche aux muscles qui font mouvoir les paupières.

Usages des paupières.

Clignement.

Les paupières ont aussi l'usage de modérer l'effet d'une lumière trop vive sur l'organe de la vue : en se rapprochant, elles ne laissent passer que la quantité de ce fluide nécessaire à la vision, mais insuffisante pour blesser l'œil. Au contraire, lorsque la lumière est faible, nous écartons largement les paupières, afin d'en laisser pénétrer le plus possible dans l'intérieur de l'œil.

Usages particuliers des cils.

Lorsque les paupières sont rapprochées, les cils forment une espèce de grille, qui intercepte une partie de la lumière qui se dirige vers l'œil. Sont-ils humides, les petites gouttelettes placées à leur surface décomposent la lumière à la manière du prisme, et le point d'où part celle-ci paraît irisé. Divisant en faisceaux la lumière qui pénètre dans l'œil, les cils font paraître, pendant la nuit, les corps en ignition, comme s'ils étaient environnés d'une auréole lumineuse. Cette apparence disparaît dès qu'on renverse les paupières, ou seulement que les cils prennent une autre direction. Les cils écartent de l'œil les atomes de poussière qui voltigent dans l'air. La vision est toujours plus ou moins altérée chez les personnes qui sont privées de cils.

Glandes de Méibomius, et de leurs usages.

On appelle *glandes de Méibomius* des follicules composés qui sont logés dans l'épaisseur des cartilages tarses. Il y en a de trente à trente-six à la paupière supérieure, et de vingt-quatre à trente à l'inférieure. Au centre de chaque follicule composé il existe un petit canal central, autour duquel sont placés les follicules simples, et dans lequel est

versée la matière qu'ils sécrètent. Ce canal central est toujours rempli par cette matière, nommée
humeur de Méibomius, ou *chassie*. A l'instant du
réveil on en trouve souvent une certaine quantité desséchée et accumulée au grand angle de
l'œil, ainsi que sur la marge des paupières. Cette
matière est-elle de nature onctueuse? Des recherches particulières me font croire qu'elle n'est qu'al-
bumineuse. Chaque canal central s'ouvre par un
orifice à peine visible sur la face interne de la
paupière, près de sa jonction avec la marge. Ces
ouvertures, très-rapprochées les unes des autres,
règnent dans toute la longueur du bord de cette
marge; une légère pression suffit pour en faire
sortir l'humeur sécrétée; or, comme il y a pression sensible des paupières quand elles se portent
au-devant de l'œil, ce mouvement doit contribuer
à l'excrétion de l'humeur. Son usage principal me
paraît être de favoriser les frottements réciproques des paupières et du globe de l'œil. La paupière supérieure, exerçant plus de frottements que
l'inférieure, devait avoir des follicules plus nombreux et plus considérables : c'est en effet ce qui
existe.

Usage de l'humeur des paupières.

Appareil lacrymal.

On vient de voir comment les sourcils et les
paupières garantissent l'œil contre les corps étran-

Appareil lacrymal.

gers, le contact trop prolongé de l'air, les effets nuisibles d'une lumière trop vive. L'œil avait besoin d'une autre sorte de protection. Il fallait que la surface par laquelle pénètre la lumière fût toujours lisse et d'un poli parfait, et que les mouvements qu'il fait dans toutes les directions n'éprouvassent aucun empêchement. Un petit appareil, dont le mécanisme est fort curieux, est destiné à ce double usage; c'est l'appareil sécréteur des larmes. Il se compose de la *glande lacrymale*, de ses *canaux excréteurs*, de la *caroncule lacrymale*, des *conduits lacrymaux* et du *canal nasal*.

Glande lacrymale.

Logée dans la petite fossette que présente la voûte de l'orbite, à sa partie antérieure et externe, la glande lacrymale est peu volumineuse; elle reçoit une branche de la cinquième paire, fait anatomique qui mérite, depuis mes derniers travaux sur ce nerf, une attention particulière. Son usage est de sécréter les larmes.

Cette glande était connue des anciens, mais ils en ignoraient la fonction; ils la nommaient *innominée supérieure*, par opposition à la caroncule, qu'ils nommaient *innominée inférieure*. Ils attribuaient la formation des larmes, les uns à la caroncule, les autres à une glande qui n'existe point chez l'homme, et qui se voit chez certains animaux (*la glande* de Hardérus).

Les canaux excréteurs des larmes sont au nombre de six ou sept. Ils naissent des petits grains glanduleux qui, par leur assemblage, forment la glande; ils marchent quelque temps dans les intervalles des lobules qu'elle offre; bientôt ils l'abandonnent, se placent sur la conjonctive, et viennent percer cette membrane très-près du cartilage tarse de la paupière supérieure, vers son extrémité externe. On peut les rendre sensibles, soit en les insufflant, soit en soulevant la paupière supérieure et comprimant la glande, ce qui donne lieu à la sortie des larmes par les orifices de ces canaux, soit en laissant macérer l'œil dans l'eau teinte par du sang, soit enfin en les injectant avec du mercure. Les larmes sont versées par ces conduits à la surface de la conjonctive.

A l'angle interne de l'œil, on voit un corps saillant, dont la couleur rosée indique l'énergie des forces générales, dont la pâleur, au contraire, indique un état de débilité et de maladie : c'est la caroncule lacrymale. Ce corps, peu volumineux, a pour base de sa composition sept ou huit follicules, qui sont rangés suivant une ligne demi-circulaire, dont la convexité est en dedans. Ils ont chacun une ouverture à la superficie de la caroncule lacrymale; ils contiennent un petit poil : ces ouvertures sont tellement disposées qu'elles complètent, avec celles des glandes palpébrales, un cercle qui embrasse toute la partie anté-

rieure de l'œil quand les paupières sont écartées.

A l'endroit où elle quitte le globe de l'œil pour
se porter vers la caroncule, chaque paupière offre
sur sa face interne, près de son bord libre, une
Points lacrymaux. petite ouverture nommée *point lacrymal*, orifice
externe des conduits lacrymaux. Les points la-
crymaux sont continuellement ouverts; ils sont
tous deux dirigés vers l'œil. Sont-ils doués
d'une faculté contractile qui se manifeste lorsqu'ils sont touchés par l'extrémité d'un stylet?
Quelque soin que j'aie mis pour apercevoir ces
contractions, je n'ai jamais pu y réussir : une circonstance aura pu en imposer à cet égard. Quand
on renouvelle plusieurs fois le contact de l'extrémité d'un stylet, la membrane muqueuse qui revêt
les points lacrymaux se gonfle, comme elle le
ferait dans tout autre lieu, et alors l'ouverture est
réellement rétrécie; mais il ne faut pas confondre
ce phénomène avec une contraction.

Conduits lacrymaux. Par l'intermédiaire des *conduits lacrymaux*, les
ouvertures dont nous venons de parler conduisent
dans un canal qui règne depuis le grand angle de
l'œil jusqu'à la partie inférieure des fosses nasales.
Les canaux lacrymaux sont très-étroits; ils laissent
à peine passer une soie de cochon ; ils ont trois à
quatre lignes de longueur; ils sont placés dans
l'épaisseur de la paupière, entre le muscle orbiculaire et la conjonctive. Ils s'ouvrent tantôt isolé-

ment, tantôt réunis, dans la partie supérieure du canal nasal.

C'est à tort que les anatomistes distinguent deux parties dans le conduit qui s'étend du grand angle de l'œil au méat inférieur des fosses nasales. Ce canal a partout à peu près les mêmes dimensions, et rien ne justifie le nom de *sac lacrymal* qu'on a donné à sa partie supérieure, pour réserver le nom de *canal nasal* au reste de sa longueur. Toutefois ce canal est formé par la membrane muqueuse des fosses nasales, qui se prolonge dans le conduit osseux, pratiqué le long du bord postérieur de l'apophyse montante de l'os maxillaire, et de la moitié antérieure de l'os unguis. Il a pour usage de verser les larmes dans les fosses nasales.

Sac lacrymal et canal nasal.

On doit ranger parmi les organes de l'appareil lacrymal la *conjonctive*, membrane du genre des muqueuses, qui recouvre la face postérieure des paupières et la face antérieure du globe de l'œil. Cette membrane a plus d'étendue que le chemin qu'elle parcourt, ce qui est très-favorable aux mouvements des paupières et de l'œil. La manière lâche dont elle adhère aux paupières ainsi qu'à la sclérotique est encore bien disposée pour se prêter à ces mouvements. La conjonctive passe-t-elle au devant de la cornée transparente, ou bien s'arrête-t-elle à la circonférence de cette portion de l'œil pour s'unir avec la membrane qui la revêt? C'est ce qui n'est pas complètement démontré. On

Conjonctive.

pense en général qu'elle recouvre la cornée ; mais plusieurs anatomistes croient que la cornée est recouverte par une membrane particulière, unie à la conjonctive par sa circonférence sans en être une continuation.

Usage de la conjonctive:

La conjonctive garantit la face antérieure de l'œil ; elle sécrète un fluide muqueux qui se mêle aux larmes ; elle jouit de la faculté absorbante (1), supporte les frottements quand l'œil se meut, et facilite même ce mouvement en raison de l'humidité et du poli de sa surface.

Sensibilité de la conjonctive.

C'est à la conjonctive qu'appartient l'extrême sensibilité de l'œil, sensibilité qui se manifeste par la douleur que cause le moindre contact d'un corps irritant, même en vapeur. Cette sensibilité est de beaucoup supérieure à celle de toutes les parties de l'œil, sans en excepter la rétine. Elle dépend de la branche ophtalmique de la cinquième paire. Si ce nerf est coupé sur un animal vivant, la conjonctive devient entièrement insensible à toute espèce de contact, même à ceux qui la détruisent chimiquement ; par exemple, quelques atomes d'ammoniaque, mis sur la conjonctive, déterminent immédiatement une rougeur et une inflammation des plus vives avec un écoulement abon-

---

(1) On empoisonne facilement un animal en appliquant sur ses conjonctives des substances vénéneuses, de l'acide prussique, par exemple.

dant de larmes; au contraire, un œil dont le nerf ophtalmique est coupé reste sec et insensible au contact de l'ammoniaque. Ce contact n'y produit aucun indice d'inflammation (1).

De la sécrétion des larmes et de leurs usages.

Ce n'est point ici le lieu de décrire la sécrétion des larmes, de faire connaître en quoi elle se rapproche des autres sécrétions, en quoi elle en diffère; il suffit de savoir que la glande lacrymale les forme sous l'influence de la cinquième paire (2),

Sécrétion des larmes et de leurs usages.

---

(1) J'ai observé un fait fort remarquable dans ces expériences (*voyez* mon *Journal de Physiologie*, tom. 4, 1824). La section du nerf ophtalmique est constamment suivie chez les animaux d'une violente inflammation avec suppuration abondante de la conjonctive; plus tard il se forme une ulcération de la cornée avec écoulement des humeurs de l'œil; mais la surface de l'œil n'en reste pas moins complètement insensible. Les auteurs qui ont le courage de proposer des explications des phénomènes morbides devraient faire rentrer de pareils faits dans leurs *doctrines :* une inflammation des plus vives avec abolition complète de la sensibilité!

(2) J'ai eu plusieurs fois l'occasion de piquer sur l'homme vivant le nerf lacrymal au moyen d'une aiguille fine, à laquelle j'appliquais ensuite le galvanisme, et j'ai observé constamment qu'au moment où le nerf est touché par la pointe de l'aiguille, les larmes coulent en abondance, comme si on introduisait un corps irritant dans l'écartement des

**Sécrétion
des larmes.**

et qu'elle les verse, au moyen des conduits dont nous avons parlé, sur la conjonctive à la partie externe et supérieure de l'œil. Mais comment se comportent-elles lorsqu'elles sont arrivées dans ce lieu? C'est ce que nous allons chercher à faire connaître : nous dirons d'abord qu'elles coulent pendant le sommeil autrement que pendant la veille; en effet, dans ce dernier état, les paupières s'éloignent et se rapprochent alternativement l'une de l'autre; la conjonctive est exposée au contact de l'air, l'œil se meut continuellement; rien de tout cela n'existe dans le sommeil.

**Prétendu
canal
où coulent
les larmes.**

Les physiologistes supposent que les larmes coulent dans un canal triangulaire, qui est chargé de les transporter vers le grand angle de l'œil, où elles sont absorbées par les points lacrymaux. Ce canal est formé, disent-ils : « 1° par le bord des paupiè-
» res, *dont les surfaces, arrondies et convexes*, ne se
» touchent que par un point; 2° par la face anté-
» rieure de l'œil, qui le complète en arrière. Ce ca-
» nal a son extrémité externe plus élevée que l'in-
» terne. Cette disposition, jointe à la contraction
» du muscle orbiculaire, dont le point fixe est à
» l'apophyse montante de l'os maxillaire, dirige
» les larmes vers les points lacrymaux. »

---

paupières sur la conjonctive, et peut-être plus abondamment encore. Un malade sur lequel je faisais cet essai, disait qu'avec mon aiguille j'*ouvrais le robinet des larmes.*

Cette explication est défectueuse. Les paupières se touchent, non par un bord arrondi, mais par leurs marges, qui sont planes : le canal dont on parle n'existe donc pas. En effet, lorsqu'on examine les paupières par leur face postérieure quand elles sont raprochées, à peine voit-on la ligne qui indique leur point de contact. D'ailleurs, en admettant l'existence du canal, il ne pourrait servir à l'écoulement des larmes que durant le sommeil; il resterait toujours à savoir comment elles marchent pendant la veille.

Dans le sommeil, et dans tous les cas où les paupières sont rapprochées, les larmes, dont la sécrétion paraît moins active que pendant la veille, se répandent de proche en proche sur toute la surface de la conjonctive oculaire et palpébrale; elles se portent en plus grande quantité dans les points où elles éprouvent le moins de résistance. La route qui leur présente le moins d'obstacles, étant l'endroit où la conjonctive passe de l'œil aux paupières, elles arrivent aisément jusqu'aux points lacrymaux. Ainsi répandues sur la conjonctive, les larmes se mêlent avec le mucus de cette membrane, et sont soumises à l'absorption qu'elle exerce.

Marche des larmes pendant le sommeil.

Dans la veille, les choses ne se passent pas de cette manière. La portion de conjonctive qui est en contact avec l'air laisse évaporer les larmes qui la

Marche des larmes durant la veille.

recouvrent; elle se sécherait bientôt si, par le mouvement des paupières, les larmes n'étaient pas renouvelées : c'est là, je crois, le principal usage du clignement. Des larmes, étendues ainsi sur la partie de la conjonctive exposée à l'air, y forment une couche uniforme qui donne à l'œil son poli et son brillant; l'augmentation ou la diminution d'épaisseur de cette couche influe beaucoup sur l'expression des yeux : dans les regards passionnés, où les yeux brillent d'un vif éclat, elle paraît sensiblement plus épaisse.

De faibles courants de larmes s'établissent quelquefois sur la cornée; pour les voir il faut regarder un ciel pur mais peu éclairé; elles entraînent des parcelles d'humeur sébacée que M. Ribes nomme globules des larmes.

Usage de l'humeur de Méibomius, relativement au cours des larmes.

Dans l'état ordinaire de la sécrétion, les larmes n'ont aucune tendance à couler sur la face externe de la paupière inférieure. Je ne sais sur quoi l'on se fonde pour attribuer à l'humeur de Méibomius d'agir comme une couche d'huile qui, mise au bord d'un vase, s'oppose à l'écoulement du fluide aqueux qui en dépasse le niveau. Je doute que cette humeur puisse remplir cet usage, car elle paraît soluble dans les larmes.

Absorption des larmes par les conduits lacrymaux.

Les larmes qui ne s'évaporent point ou qui ne sont point reprises par la conjonctive, sont absorbées par les conduits lacrymaux, et transportée dans le méat inférieur du nez par le canal nasal. Comment se fait ce transport, on l'ignore. On a voulu tour à tour en donner l'explication par la théorie du siphon, des tubes capillaires, des propriétés vitales, etc. : ces explications sont incertaines (1). L'absorption des larmes par les points lacrymaux est bien évidente lorsqu'elles sont très-abondantes ou qu'elles *roulent dans les yeux* ; alors le transport se fait avec une telle promptitude qu'il oblige presque immédiatement à se moucher : cet effet se remarque au théâtre dans les instants pathétiques.

Transport des larmes dans les fosses nasales.

Appareil de la vision.

L'appareil de la vision se compose de l'œil et du nerf optique.

La position de l'œil à la partie la plus élevée du corps ; la possibilité qu'a l'homme d'apercevoir en même temps des deux yeux un même objet ; la coupe oblique de la base de l'orbite : la protection que l'œil trouve dans cette cavité contre les chocs

Appareil de la vision.

---

(1) L'explication de l'absorption des larmes par la capillarité des conduits lacrymaux est celle qui réunit le plus de probabilités en sa faveur. En effet, puisque l'orifice des conduits lacrymaux est formé par un orifice toujours ouvert, le liquide doit être attiré dans le conduit par la seule capillarité.

extérieurs, la présence d'une grande abondance de tissu cellulaire graisseux, qui forme un coussin élastique au fond de l'orbite, etc., sont autant de circonstances qu'il ne faut pas négliger, mais que nous ne pouvons qu'indiquer.

L'œil est composé de parties qui servent différemment à la vue. On peut les distinguer en parties réfringentes et en parties qui ne jouissent pas de cette propriété.

Les parties réfringentes sont :

Cornée transparente.

A. La *cornée transparente*, corps réfringent, convexe-concave, qui, par sa forme, sa transparence et son insertion sur la sclérotique, a beaucoup de ressemblance avec le verre qu'on place au-devant du cadran des montres.

Humeur aqueuse.

B. L'*humeur aqueuse*, qui remplit les chambres de l'œil; liquide qui n'est point purement aqueux, comme son nom l'indique, mais qui est composé d'eau et d'un peu d'albumine (1).

Cristallin.

C. Le *cristallin*, que l'on compare à tort à une lentille. La comparaison serait exacte si l'on ne s'en rapportait qu'à la forme; mais elle est complètement défectueuse dès l'instant que l'on a égard à la structure. En effet, le cristallin est composé de

---

(1) D'après M. Berzélius, l'humeur aqueuse est composée d'eau, 98,10 ; albumine, un peu; muriates et lactates, 1,15; soude, avec une matière soluble seulement dans l'eau, 0,75 : total, 100,0.

couches superposées, mais non régulièrement concentriques, dont la consistance va croissant depuis la surface jusqu'au centre, et qui ont des épaisseurs, des courbures, et par conséquent des puissances réfringentes différentes. En outre, le cristallin est enveloppé d'une membrane qui n'est pas sans influence sur la vision. Une lentille, au contraire, est partout homogène, à sa surface comme dans chacun des points de son épaisseur; elle a partout la même puissance de réfraction : aussi n'a-t-elle qu'un seul foyer, tandis que par sa structure le cristallin peut en avoir un grand nombre. Toutefois remarquons que la courbe de la face antérieure du cristallin n'est pas semblable à celle de sa face postérieure. Cette dernière appartiendrait à une sphère plus petite que celle à laquelle appartiendrait la courbe de la face antérieure. On avait cru le cristallin composé en grande partie d'albumine; mais, d'après une nouvelle analyse de M. Berzélius, il n'en contient pas : il est formé presque entièrement d'eau et d'une matière particulière qui a la plus grande analogie (la couleur excepté), par ses propriétés chimiques, avec la partie colorante du sang.

Le cristallin n'est point une lentille.

Composition chimique du cristallin.

D. Derrière le cristallin se trouve l'*humeur vitrée*, ainsi appelée à cause de sa ressemblance avec du verre fondu (1).

---

(1) D'après M. Berzélius, l'humeur vitrée contient : eau,

Chacune des parties que nous venons d'indiquer est enveloppée par une membrane très-mince et transparente comme elle : au-devant de la cornée se voit la *conjonctive;* derrière elle, existe la *membrane de l'humeur aqueuse*, qui tapisse toute la chambre antérieure de l'œil, c'est-à-dire la face antérieure de l'iris et la face postérieure de la cornée. Le cristallin est entouré de la *capsule cristalline*, qui adhère par sa circonférence à la membrane qui revêt l'humeur vitrée. Celle-ci, en passant de la circonférence du cristallin sur les faces antérieure et postérieure de cette partie, laisse entre ses deux lames un intervalle qui a été nommé *canal goudronné.* Jusqu'ici l'on avait pensé que ce canal ne communiquait point avec la chambre de l'œil; mais M. Jacobson assure qu'il présente un grand nombre de petites ouvertures par lesquelles l'humeur aqueuse peut y entrer et en sortir. Nous avons inutilement cherché à voir ces ouvertures.

L'humeur vitrée est entourée d'une membrane nommée *hyaloïde.* Cette membrane n'est pas une simple enveloppe; elle s'enfonce dans la masse, la partage en diverses portions en formant des cellules. Les détails que l'anatomie apprend touchant

Membrane de l'humeur aqueuse.

Capsule cristalline.

Canal goudronné.

Membrane hyaloïde.

98,40 ; albumine, 0,16; muriates et lactates, 1,42; soude, avec une matière animale soluble seulement dans l'eau, 1,02 : total, 100,0.

la disposition de ces cellules, n'ont jusqu'ici rien ajouté à ce que l'on sait des usages de l'humeur vitrée.

L'œil n'est pas seulement composé de parties réfringentes; il présente encore des membranes qui ont chacune une destination particulière, et qui sont :

A. *La sclérotique*, enveloppe extérieure de l'œil, membrane de nature fibreuse : elle est épaisse et résistante; elle a évidemment pour usage de protéger les parties intérieures de l'organe; elle sert en outre de point d'insertion aux divers muscles qui donnent le mouvement à l'œil.

Sclérotique

B. *La choroïde*, membrane vasculaire et nerveuse, formée de deux lames distinctes; elle est imprégnée d'une matière noire, nécessaire à l'exercice complet de la vision.

Choroïde.

C. *L'iris*, qui se voit derrière la cornée transparente, est diversement coloré selon les individus; il est percé, dans son centre, d'une ouverture nommée *pupille*, qui s'agrandit et se resserre suivant certaines circonstances que nous indiquerons. L'iris adhère, par sa circonférence, à la sclérotique au moyen d'un tissu cellulaire d'une nature particulière, qu'on nomme le *ligament ciliaire* ou *irien*. La face postérieure de l'iris est recouverte d'une matière noire assez abondante.

Iris.

Pupille.

Ligament ciliaire.

Derrière la circonférence de l'iris il existe un grand nombre de lignes blanches, disposées en manière de rayons qui tendraient à se réunir au centre de l'iris, si on les prolongeait : ce sont les *procès ciliaires*. On n'est d'accord ni sur la structure ni sur les usages de ces corps : les uns les croient nerveux, les autres musculaires, les autres glandulaires ou vasculaires. Le fait est qu'on ne sait pas encore à quoi s'en tenir sur leur véritable structure. Nous verrons plus bas qu'il en est de même pour leurs usages.

La couleur de l'iris dépend de celle de son tissu, qui est variable, et de celle de la couche noire de sa face postérieure, dont la couleur perce à travers l'iris. Dans les yeux bleus, par exemple, le tissu de l'iris est blanc : c'est la couche noire postérieure qui paraît à peu près seule, et détermine la couleur des yeux.

Les anatomistes varient sur la nature du tissu de l'iris : les uns le croient semblable à celui de la choroïde, c'est-à-dire principalement composé de vaisseaux et de nerfs ; les autres ont cru y voir un grand nombre de fibres musculaires : ceux-ci envisagent cette membrane comme un tissu *sui generis*, ceux-là la confondent avec le tissu érectile. M. Edwards a démontré que l'iris est formé de quatre couches faciles à distinguer, et dont deux sont la continuation des lames de la choroïde ; une troisième appartient à la membrane de l'humeur aqueuse, et une quatrième, qui forme le tissu propre de l'iris.

Procès ciliaires.

Couleur de l'iris.

Nature du tissu de l'iris.

D'après les dernières recherches sur l'anatomie de l'iris, il paraît certain que cette membrane est musculaire, et qu'elle est composée de deux plans de fibres, l'un extérieur, rayonné, qui dilate la pupille, l'autre circulaire, concentrique, qui la resserre. Les fibres circulaires externes paraissent être soutenues par une espèce d'anneau que forme chaque fibre rayonnée, et dans lequel elles glissent dans les mouvements de contraction et de resserrement de la pupille. L'iris reçoit les vaisseaux et les nerfs ciliaires, les derniers viennent de deux sources : 1° le ganglion ophthalmique ; 2° le nerf nasal de la cinquième paire.

Muscles de l'iris.

Entre la choroïde et l'hyaloïde existe une membrane nerveuse, connue sous le nom de *rétine* ; elle offre une légère opacité et une teinte lilacée ; elle est formée par l'épanouissement des filets qui composent le nerf optique (1). La rétine présente, en dehors et à deux lignes du nerf optique, une tache jaune, et à côté un ou plusieurs plis. Ces choses ne se voient que chez l'homme, chez les singes et quelques reptiles.

De la rétine.

L'œil reçoit un grand nombre de vaisseaux (ar-

(1) Plusieurs auteurs ayant récemment élevé des doutes sur la nature nerveuse de la rétine, j'ai prié M. Lassaigne d'en faire l'analyse. Ce savant chimiste a trouvé qu'il existe une grande analogie entre cette membrane et la pulpe blanche du cerveau ; qu'elle en diffère cependant par une plus grande proportion d'eau, et par moins de matière grasse phosphorée et d'albumine.

tères et veines ciliaires), et beaucoup de nerfs, dont la plupart viennent du ganglion ophthalmique.

Nerf optique.

Origine
du nerf
optique.

Ce nerf paraît le principal moyen de communication de l'œil et du cerveau. Il ne naît pas de la couche optique, comme on le professait il n'y a pas encore long-temps, mais il tire son origine, 1° de la paire antérieure des tubercules quadrijumeaux ; 2° du *corpus geniculatum externum*, éminence qui se voit au-devant et un peu en dehors de ces mêmes tubercules; 3° et enfin de la lame de substance grise, placée entre l'adossement des nerfs optiques et les éminences mamillaires, et que l'on connaît sous le nom de *tuber cinereum*.

Entrecroise-
ment des
nerfs
optiques.

Les deux nerfs optiques se rapprochent, et paraissent se confondre sur la face supérieure du corps du sphénoïde. Se croisent-ils, ne font-ils que s'adosser, ou se confondent-ils réellement? Wollaston supposait que l'entrecroisement n'existe que pour leur moitié interne : l'anatomie n'éclaircit pas la question. La pathologie fournit des preuves en faveur de chacune de ces opinions : ainsi, l'œil droit étant atrophié depuis long-temps, le nerf optique du même côté a été vu atrophié dans toute sa longueur. Dans d'autres cas, où le même œil droit était atrophié, c'était la portion antérieure du nerf de ce côté et en même temps la portion postérieure du nerf gauche qui présentaient une atrophie évidente.

Quelques-uns ont pensé que l'entrecroisement des nerfs optiques qui a lieu chez les poissons, pouvait lever tous les doutes; ce fait fournit tout au plus quelque probabilité. Mais l'expérience directe est péremptoire : j'ai coupé sur un lapin le nerf optique droit derrière l'entrecroisement, la vue s'est perdue de l'œil gauche. J'ai coupé le nerf gauche, la vue a été totalement abolie. Sur un autre animal j'ai séparé en deux portions égales l'entrecroisement sur la ligne médiane, l'animal a immédiatement perdu la vue : l'entrecroisement est donc total et non partiel (1), comme l'avait supposé le savant Wollaston. Ici, comme dans nombre d'autres circonstances, la physiologie expérimentale parle un langage clair et positif, quand l'anatomie la plus minutieuse ne peut élever que des doutes.

Entrecroisement des nerfs optiques.

Le nerf optique n'est point formé d'une enveloppe fibreuse et d'une pulpe centrale, comme les anciens le croyaient; il est composé de filets très-fins, placés les uns à côté des autres, et communi-

Structure du nerf optique

---

(1) Sur des oiseaux le fait de l'entrecroisement se prouve d'une autre manière. Je vide l'œil d'un pigeon; quinze jours après j'examine l'appareil optique, et je trouve la matière nerveuse disparue et le nerf atrophié en avant de l'entrecroisement du côté de l'œil vide, et du côté opposé derrière l'entrecroisement. L'atrophie se prolonge jusqu'au tubercule optique, point où le nerf optique prend son origine.

quant entre eux à la manière des autres nerfs. Cette disposition est surtout apparente dans la portion du nerf qui s'étend de la selle turcique à l'œil.

Mécanisme de la vision.

La lumière qui arrive sur la cornée peut seule servir à la vue; celle qui tombe sur le blanc de l'œil, les cils, les paupières, ne peut y contribuer; elle est réfléchie ou absorbée par ses parties, suivant leur couleur. La cornée elle-même ne reçoit pas la lumière dans toute son étendue, car elle est ordinairement recouverte en haut et en bas par le bord libre des paupières.

Pour faciliter l'étude de la marche de la lumière dans l'œil, supposons un seul cône lumineux partant d'un point placé dans la prolongation de l'axe antéro-postérieur de l'œil.

Usages de la cornée.

La forme *convexe-concave* de la cornée indique l'influence qu'elle doit avoir sur la lumière qui entre dans l'œil : elle rapproche les rayons de l'axe du faisceau avec d'autant plus d'efficacité qu'il y a une plus grande différence entre son pouvoir réfringent et celui de l'air. Pour cette raison, la cornée contribue puissamment à la réfraction de l'œil; en d'autres termes, *elle accroît l'intensité*

de la lumière qui va pénétrer dans la chambre antérieure.

La cornée étant très-polie à sa surface, la lumière
qui y arrive est en partie réfléchie et concourt à former le brillant de l'œil. Cette même lumière réfléchie
produit les images qui se forment derrière la cornée.
Dans ce cas, la cornée remplit l'office de miroir
convexe (1).

Usages de l'humeur aqueuse.

En traversant la cornée, les rayons ont passé
d'un milieu plus rare dans un milieu plus dense;
par conséquent ils ont dû se rapprocher de la perpendiculaire au point de contact. Si, en entrant
dans la chambre antérieure, ils la trouvaient remplie d'air, ils s'écarteraient autant de la perpendiculaire qu'ils s'en étaient rapprochés : par conséquent ils reprendraient leur première divergence;
mais ils entrent dans l'humeur aqueuse, milieu
plus réfringent que l'air; ils s'écartent à peine de
la perpendiculaire, et par conséquent divergent
beaucoup moins que s'ils avaient passé de nouveau
dans l'air.

De toute la lumière qui est entrée dans la chambre
antérieure, celle qui traverse la pupille sert seule à

(1) J'ai trouvé, par l'expérience, que les propriétés physiques
de la cornée dépendent de l'intégrité de la cinquième paire.
Cette membrane devient opaque et s'ulcère après la section de
ce nerf. (*Voyez* Nutrition, t. II.)

la vision; le surplus est réfléchi, repasse à travers la cornée, et va faire connaître au dehors la couleur et l'aspect de l'iris.

En traversant la chambre postérieure, la lumière ne subit aucune nouvelle réfraction, puisqu'elle marche toujours dans le même milieu (*l'humeur aqueuse.*)

Usages du cristallin.

Usages
du cristallin.

En passant à travers le cristallin, la lumière subit une nouvelle modification. Les physiciens comparent l'action de ce corps à celle d'une lentille qui aurait pour usage de rassembler tous les rayons d'un cône quelconque de lumière sur un certain point de la rétine. Mais, ainsi que nous l'avons dit plus haut, il s'en faut de beaucoup que le cristallin soit une lentille. En outre, quand même cet organe en aurait toutes les propriétés, il ne pourrait en remplir les fonctions, ou du moins ne pourrait-on en comparer l'effet à celui des lentilles qui sont employées dans l'air; car son pouvoir réfringent est à peu près semblable à celui de l'humeur aqueuse et de l'humeur vitrée (1). Tout

---

(1) MM. Brewster et Gordon donnent les résultats suivants sur les pouvoirs réfringents des humeurs de l'œil. L'eau étant. . . . . 1,3358.

Humeur aqueuse. . . . . 1,3365.

———— vitrée. . . . . 1,3394.

Couches extérieures du cristallin. . . . 1,3767.

Partie centrale du cristallin. . . . . . . 1,3990.

(Vid. Brewster's Journal V, 1, p. 49.)

ce qu'on peut dire de positif, c'est que le cristallin doit augmenter l'intensité de la lumière qui se dirige au fond de l'œil avec d'autant plus d'énergie que la convexité de sa face postérieure est plus considérable. Ce qu'on peut encore ajouter, c'est que la lumière qui passe près de la circonférence du cristallin est réfractée d'une autre manière que la lumière qui passe par le centre (1); que, par conséquent, les mouvemens de resserrement et d'agrandissement de la pupille doivent avoir sur le mécanisme de la vision une influence qui n'a pas échappé à l'attention des physiciens. Cependant le cristallin n'a pas sur la vue l'influence qu'on lui a long-temps attribuée, car cette fonction persiste après l'enlèvement de cette partie par l'opération de la cataracte. Il existe de ce fait une autre preuve déjà fort ancienne : un œil artificiel fait avec une boule de verre sur laquelle on adapte une section d'une autre sphère plus petite, et qu'on remplit ensuite d'eau pour représenter les trois humeurs, agit comme un œil véritable, car il s'y forme des images sur le fond.

La lumière qui est venue frapper la face antérieure du cristallin, ne pénètre pas tout entière

(1) La structure du cristallin pourrait bien avoir pour un de ses avantages de corriger l'aberration de sphéricité que présentent les lentilles ordinaires.

dans le corps vitré; elle est en partie réfléchie. D'un côté, elle *retraverse* l'humeur aqueuse et la cornée, et va concourir à former l'éclat de l'œil; de l'autre, elle tombe sur la face postérieure de l'iris, où elle est absorbée par la matière noire qui s'y trouve; ce qui paraît être nécessaire pour la netteté de la vision. Chez les hommes et les animaux albinos, dont l'iris et la choroïde sont dépourvus de matière noire, la vue est toujours plus ou moins imparfaite (1).

> **Lumière réfléchie par le cristallin.**

Il est probable qu'il se passe quelque chose de semblable à chacune des couches qui forment le cristallin.

---

(1) Beaucoup de faits ne s'accordent pas avec cette explication. La plupart des animaux remarquables par l'excellence de leur vue, surtout la nuit, les chats, les renards, les chevaux, plusieurs variétés de chiens, certains poissons chasseurs, ont la choroïde et même la face postérieure de l'iris d'une couleur bleue, jaune, verte, plus ou moins éclatante; ces yeux reflètent la lumière comme ceux des chats dans l'obscurité. Ainsi le fond de l'œil de ces animaux est un miroir concave qui renvoie la lumière. D'après la théorie actuelle de la vision, on comprend difficilement comment cet éclat de la choroïde ne nuit pas à la fonction; si dans la construction de nos lunettes on négligeait de noircir les parois internes des tubes, il en résulterait de graves inconvénients. (*Voyez* sur ce sujet un Mémoire de Desmoulins, t. IV, p. 89, de mon *Journal de Physiologie*.)

Usage de l'humeur vitrée.

L'*humeur vitrée* a une force réfringente quelque peu moindre que le cristallin ; par conséquent les rayons de lumière qui, après avoir traversé ce corps, pénètrent dans l'humeur hyaloïde, s'écartent de la perpendiculaire au point de contact.

Son usage relativement à la marche des rayons dans l'œil est donc d'augmenter leur convergence. On pourrait dire que, pour arriver au même résultat, la nature n'avait qu'à rendre le cristallin un peu plus réfringent ; mais la présence de l'humeur vitrée dans l'œil a un autre usage bien plus important : c'est d'augmenter de beaucoup l'étendue de la rétine, de permettre à un plus grand nombre d'images de s'y peindre à la fois, et d'agrandir ainsi le *champ* de la vision.

M. Lehot, ingénieur et physicien instruit, a supposé, dans une suite de Mémoires sur la vision, un singulier usage au corps vitré ; il croit que les parois des cellules hyaloïdes sont le lieu de la sensibilité de l'œil pour la lumière. Selon le même auteur les images ne seraient pas de simples surfaces, mais des figures à trois dimensions. Nous sommes obligés d'ajouter que ses preuves sont loin d'être satisfaisantes.

Ce que nous venons de dire d'un cône de lumière partant d'un point placé dans le prolongement de l'axe antéro-postérieur de l'œil, doit être

Marginal notes:

Usage du corps vitré.

Marche des rayons lumineux dans l'œil.

répété pour chaque cône lumineux partant de tous
les autres points et se dirigeant vers l'œil, avec cette
différence que, dans le premier cas, la lumière
tend à se réunir au centre de la rétine, tandis que
la lumière des autres cônes tend à se réunir dans
des points différents, suivant celui d'où elle est
partie. Ainsi les cônes lumineux partant d'en bas
se réuniront à la partie supérieure de la rétine;
ceux qui viennent d'en haut se réuniront à la
partie inférieure de cette membrane. Les autres
rayons suivent une marche analogue; de sorte
qu'il se formera au fond de l'œil une représen-
tation exacte de chacun des corps placés devant
l'organe, avec cette différence que les images auront
une position inverse des objets qu'elles représentent.

Images qui se
forment au
fond de l'œil.

Divers moyens sont employés pour s'assurer de
ce résultat. On s'est long-temps servi d'yeux cons-
truits artificiellement avec du verre qui représentait la cornée transparente et le cristallin, et de
l'eau qui représentait les humeurs aqueuse et vitrée.
Un autre procédé était généralement employé avant
la publication de mon Mémoire sur les *images qui
se forment au fond de l'œil*. Il consiste à placer au
volet d'une chambre obscure l'œil d'un animal
(bœuf, mouton, etc.), ayant eu soin d'enlever la
partie postérieure de la sclérotique. On voit alors
très-distinctement sur la rétine les images des objets,
placés de manière à envoyer des rayons vers la pupille.

Je me sers d'un moyen plus facile. Je prends des yeux de lapin, de pigeon, de petit chien, de hibou, de duc, dans lesquels la choroïde et la sclérotique sont à peu près transparentes ; je dépouille exactement leur partie postérieure de la graisse et des muscles qui la recouvrent, et en dirigeant la cornée transparente vers des objets éclairés, je vois assez distinctement les images de ces mêmes objets sur la rétine.

Moyens de voir les images qui se forment au fond de l'œil.

Le procédé que je viens d'indiquer était connu de Malpighi et de Haller. Il en est un qui m'est particulier, et qui consiste à se servir des yeux des animaux albinos, tels que ceux des lapins blancs, des pigeons albinos, des souris blanches (les yeux des hommes albinos auraient probablement les mêmes avantages). Ces yeux présentent les conditions les plus favorables pour la réussite de cette expérience : la sclérotique y est mince, et, à très-peu de chose près, transparente; la choroïde y est également mince, et dès que l'animal est mort, le sang qui la colorait, venant à disparaître, elle devient incapable de mettre d'obstacle bien sensible au passage de la lumière.

La facilité et la netteté avec lesquelles on aperçoit les images en suivant ce procédé, m'ont suggéré l'idée de faire quelques expériences qui pussent confirmer ou infirmer la théorie admise touchant le mécanisme de la vision.

Expériences sur les images du fond de l'œil.

Si l'on fait une petite ouverture à la cornée

Expériences
sur les images
du fond
de l'œil.

transparente, et que par là on fasse sortir de l'œil une petite quantité d'humeur aqueuse, l'image n'a plus la même netteté; il en est de même si l'on expulse de l'œil une certaine quantité d'humeur vitrée par une petite incision faite à la sclérotique : ce qui prouve que les volumes relatifs des humeurs aqueuse et vitrée sont nécessaires à l'intégrité de la vision.

J'ai cherché à déterminer la loi des dimensions de l'image relativement à la distance de l'objet : j'ai trouvé que la grandeur de l'image est sensiblement proportionnelle aux distances. M. Biot a eu la complaisance de constater avec moi ce résultat, qui est d'ailleurs conforme à celui qu'a donné Lecat dans son *Traité des Sensations*. (Cet auteur se servait, pour ses recherches, d'yeux artificiels, composés de verre pour représenter la cornée transparente et le cristallin, et d'eau pour remplacer les humeurs aqueuse et vitrée.)

Une chose m'a paru digne de remarque dans ces expériences : en faisant varier la grandeur de l'image par l'éloignement ou le rapprochement de l'objet, jamais on n'aperçoit de différence dans sa netteté; si ces différences existent, elles ne sont pas sensibles à la vue simple. Au contraire, dès qu'on soustrait quelque peu d'humeur aqueuse, ou vitrée, aussitôt le défaut de netteté devient manifeste.

J'ai pratiqué une petite ouverture à la circonférence de la cornée transparente, près de sa jonction avec la sclérotique, et j'ai fait sortir toute l'humeur aqueuse par cette voie; l'image (c'était celle de la flamme d'une bougie) m'a paru, toutes choses égales d'ailleurs, occuper une plus grande place sur la rétine; elle était aussi moins nette et formée d'une lumière moins intense que l'image du même corps vue dans l'autre œil de l'animal, que j'avais placé dans un rapport semblable avec la bougie, mais auquel j'avais conservé son intégrité, afin d'avoir un terme de comparaison; ce qui est conforme à ce que nous avons dit de l'usage de l'humeur aqueuse dans la vision.

Expériences
sur les images
au fond
de l'œil.

Il en est de même de celui de la cornée; si on l'enlève en totalité par une incision faite circulairement à l'union de cette membrane avec la sclérotique, l'image ne paraît pas changer de dimension, mais la lumière qui la formait perd très-sensiblement de son intensité.

Nous avons dit que la grandeur de l'ouverture de la pupille influait probablement sur le mécanisme de la vision : après avoir enlevé la cornée, il est facile alors d'agrandir la pupille par une incision circulaire faite dans le tissu de l'iris. L'image, en ce cas, paraît aussi s'agrandir.

Comme l'usage du cristallin est d'augmenter l'éclat et la netteté de l'image en diminuant sa grandeur, on doit s'attendre à ce que l'absence de ce corps produise un effet inverse.

Quand on a fait sur un œil l'extraction ou l'a-

Expériences
sur les images
au fond
de l'œil.

baissement du cristallin par un procédé semblable à l'opération de la cataracte, l'image se forme toujours au fond de l'œil, mais elle s'accroît considérablement; elle devient au moins quadruple de celle qui se produit sur un œil entier mis dans les mêmes rapports avec l'objet; elle est d'ailleurs mal terminée, et la lumière qui la produit est très-faible.

Enlève-t-on sur un même œil l'humeur aqueuse, le cristallin, la cornée transparente, et ne laisse-t-on ainsi de tous les milieux de l'œil que la capsule cristalline et l'humeur vitrée, il ne se forme plus d'image sur la rétine; la lumière y parvient bien, mais elle n'y affecte aucune forme en rapport avec celle du corps d'où elle est partie.

La plupart de ces résultats s'accordent avec la théorie de la vision, telle qu'elle est admise aujourd'hui. Il en est un cependant qui s'en éloigne, c'est la netteté de l'image. Quelle que soit la distance de l'objet, en théorie, il faudrait que l'œil changeât de forme pour que l'image fût nette, ou bien que le cristallin fût porté en avant ou en arrière, suivant les distances (1). Or ici l'expérience est en contra-

_____

(1) Ces changements dans la forme de l'œil ou dans la position du cristallin, ont été tour à tour attribués à la compression du globe de l'œil par les muscles droits et obliques, à la contraction du cristallin, à celle des procès ciliaires, etc. M. Simonoff, savant astronome russe, soutient aujourd'hui

diction avec la théorie, ce qui fait tomber d'elles-mêmes toutes les explications qu'on a proposées à ce sujet.

On aurait tort cependant de croire que les choses

---

qu'il n'est pas nécessaire que l'œil change de forme, pour que l'image conserve sa netteté. Il a déterminé d'abord l'angle que font les rayons réfractés par la cornée du bœuf partant de deux points, dont l'un est placé à 500 millimètres de l'œil, et l'autre à une distance infinie. Cet angle s'est trouvé extrêmement petit. Il a calculé ensuite la distance des deux points d'intersection des rayons réfractés avec le cristallin, laquelle s'est trouvée $0^{mm},043$, si l'ordonnée de la coupe verticale de la cornée, perpendiculaire à l'axe de l'œil est de 5^{mm}, et cette distance est seulement de $0^{mm},009$, si cette ordonnée est de 1^{mm}. M. Simonoff a admis pour ce calcul le grand axe de la coupe intérieure du cristallin, selon M. Chaussat (*Annales de Physique et de Chimie*, décembre 1812), à $10^{mm},6$; le petit axe à $6,^{mm}3$, et l'axe de l'humeur aqueuse à 6 millimètres.

Dans l'œil de l'homme, ces points sont encore plus rapprochés. L'extrême petitesse de la distance des points d'intersection des rayons réfractés avec le cristallin, montre que les rayons de tous les points placés sur l'axe de l'œil depuis la distance de 250 millimètres jusqu'à la distance infinie, suivront dans l'œil presque la même route. D'ailleurs les rayons réfractés par les surfaces en passant à travers les trois milieux de l'œil se rapprocheront encore plus, de manière qu'ils viendront frapper la rétine dans le même point, ou du moins la distance des points d'intersection à l'axe de l'œil sera infiniment petite, tellement qu'elle ne surpassera jamais l'épaisseur de la rétine. Aussi il se passent exactement sur le vivant comme sur l'œil de l'animal mort. Il y a une différence très-grande, qui tient à ce que, dans l'animal vivant, la pupille s'agrandit ou se resserre suivant l'intensité de la lumière, et suivant plusieurs autres circonstances que nous allons examiner.

Mouvements de l'iris.

Mouvements
de la pupille.

L'ouverture circulaire placée au centre de l'iris, ou la pupille, éprouve de grandes variations dans ses dimensions; tantôt elle est à peine visible, et tantôt elle est presque aussi large que la cornée : dans le dernier cas, l'iris semble avoir disparu.

Les circonstances qui accompagnent les mouvements de la pupille sont :

1°. Les divers degrés d'intensité de la lumière; plus elle est grande, plus la pupille est contractée; quand par accident un rayon de soleil entre dans l'œil, la pupille se ferme aussitôt; si, au contraire, nous sommes placés dans un lieu obscur, la pupille est largement ouverte.

2°. Plus un objet que nous regardons est placé

---

n'est pas nécessaire de supposer un déplacement du cristallin; la netteté de la vision des objets placés depuis 250 millimètres jusqu'à l'infini, ne dépend que de leur diamètre apparent et de la transparence de l'air interposé. (*Voyez* mon *Journal de Physiologie*, t. IV.)

près de l'œil, plus l'ouverture de l'iris se rétrécit. Les
expériences sur ce point sont délicates, car il faut y distinguer avec soin ce qui dépend des variations d'intensité de la lumière de ce qui est l'effet de la distance de l'objet. La difficulté est ici d'autant plus grande, que tous les changements de distance sont nécessairement accompagnés de changements dans l'intensité de la lumière.

3°. La volonté fait contracter la pupille, mais dans des limites assez restreintes; c'est plutôt de légers mouvements soit de resserrement, soit de dilatation, qu'une franche contraction comme celle qui a lieu sous l'influence des différens degrés d'intensité ou d'éclat de la lumière.

L'attention et l'effort que nous faisons pour bien voir de petits objets donnent aussi lieu à la contraction de la pupille. Voici comment je m'en assure : je choisis une personne dont la pupille soit très-mobile, et il y a de grandes différences sous ce rapport entre les hommes; je place une feuille de papier dans une position fixe par rapport à l'œil et à la lumière, et je m'assure de l'état de la pupille; alors je dis à la personne de chercher, sans faire aucun mouvement de la tête ni des yeux, à lire de très-petits caractères qui sont tracés sur le papier; aussitôt la pupille se contracte, et son resserrement dure autant que l'effort. M. Mille, jeune physiologiste polonais d'une grande espérance, a rendu cette expérience plus rigoureuse : il se sert d'un instrument

ingénieux où la distance de l'œil à l'objet est mesurée. Ses résultats s'accordent parfaitement avec les
miens.

Le bord supérieur de la pupille du cheval est
garni de franges noires que les vétérinaires nomment *grains de suie* : leurs usages sont ignorés. Les
oiseaux paraissent agrandir ou fermer la pupille à
volonté.

Pour que l'iris se meuve, et que son ouverture se
contracte, il faut que la lumière pénètre dans l'œil ;
le fluide lui-même, dirigé sur l'iris, n'y détermine
aucun mouvement.

L'irritation de l'iris avec la pointe d'une aiguille à
cataracte ne détermine non plus aucun mouvement
sensible dans cette membrane, comme je m'en suis
assuré par l'expérience.

MM. Fowler et Rinhold ont reconnu que l'exci-
tation galvanique, dirigée sur l'œil de l'homme et
des animaux, détermine la contraction de l'iris.
Nysten dit avoir déterminé le même effet sur des
cadavres des suppliciés peu de temps après la
mort. Je n'ai jamais eu l'occasion de répéter cette
expérience. Sur l'homme vivant, il y a en effet
contraction par le galvanisme, mais elle diffère
beaucoup de la contraction que le galvanisme produit dans les muscles ; il n'y a aucun raccourcissement brusque, mais un resserrement lent et gradué. Appliqué directement à l'iris après la mort,
le galvanisme n'y excite pas la moindre apparence de
contraction.

Si l'on coupe le nerf optique sur un animal vivant, la pupille devient immobile et élargie; il en est de même sur les chiens et les chats quand on coupe la cinquième paire. Sur les lapins et les cochons d'Inde, au contraire, la pupille se contracte par l'effet de la section de ce dernier nerf. La section des nerfs ciliaires fait aussi cesser les mouvements de la pupille, et M. H. Mayo s'est assuré que, sur les oiseaux, la division de la troisième paire produit aussi l'immobilité de la même ouverture. Ainsi les mouvements de l'iris sont soumis à l'influence nerveuse d'une manière beaucoup plus compliquée que ceux d'aucun autre organe contractile, puisqu'ils dépendent à la fois de trois nerfs, la deuxième, la troisième et la cinquième paire. Cependant la disposition des fibres de cette membrane, l'effet de la volonté sur sa contraction, et la manière brusque et subite dont celle-ci arrive dans certains cas semble la confondre avec le mouvement musculaire ; mais elle en diffère essentiellement, comme on a vu, en ce qu'elle ne peut être excitée par aucune irritation directe. En outre, le galvanisme n'excite, après la mort, aucun mouvement dans les fibres de l'iris. Concluons que les mouvements de la pupille sont analogues, mais non semblables, aux mouvements musculaires (1).

---

(1) On a observé que, chez les individus affaiblis par les

Les nerfs ciliaires de l'homme viennent de deux sources : les uns, plus nombreux, naissent du ganglion ophthalmique; les autres directement du nerf nasal. Il est probable que les premiers président à la dilatation, les seconds à la contraction de l'iris; mais rien n'est encore suffisamment prouvé sur ce point. (*Voyez* mon *Journal de Physiologie*, t. IV.)

Usages des mouvements de la pupille.

Usages des mouvements de la pupille.

Les mouvements de la pupille influent sur la vision de diverses manières :

1°. Ils modifient la quantité de lumière qui entre dans l'œil ;

2°. Ils influent sur le nombre et la netteté des images qui se forment au fond de l'œil ;

3°. Ils assurent la vision distincte à des distances différentes.

---

excès vénériens, la pupille est très-large, ainsi que chez les personnes qui ont des vers intestinaux, un engorgement abdominal, une hydrocéphale, etc.; qu'une application de quelques heures de plantes narcotiques sur la conjonctive, et particulièrement de belladone dilate la pupille ; que souvent, dans les affections cérébrales, la pupille est très-élargie ou très-contractée. Les mouvements de la pupille sont en général un indice sûr de la sensibilité de la rétine. La considération des mouvements et de l'état de la pupille est donc fort utile en médecine.

Nous allons examiner succinctement chacun de ces effets.

A. D'abord il est facile de comprendre les avantages des mouvements de la pupille en rapport avec l'intensité de la lumière : trop vive, elle blesserait l'œil si l'entrée de celui-ci ne pouvait se fermer presque entièrement pour ne livrer passage qu'à la quantité de lumière nécessaire à la vue, mais insuffisante pour blesser l'organe ; encore ce but n'est-il pas atteint si la lumière est très-vive : tout le monde sait qu'on ne peut regarder le soleil sans avoir la vue troublée, et sans éprouver une impression douloureuse.

La même chose a lieu quand nous passons d'une obscurité où nous avons séjourné quelque temps à la simple clarté du jour ; nous sommes éblouis et nous éprouvons une sensation analogue à celle que produit une lumière très-vive ; dans ce cas la pupille est fortement contractée.

Sommes-nous plongés dans l'obscurité, la pupille est largement ouverte, afin que l'œil puisse profiter du peu de lumière répandue dans l'espace ; en effet, après quelque temps de séjour dans un lieu obscur, où d'abord nous étions dans les ténèbres, nous parvenons à entrevoir les objets, et bientôt nous les distinguons autant qu'il nous est nécessaire ; mais il faut que la pupille se maintienne aussi grande que possible.

B. Quand nous voulons regarder avec atten-

tion un petit objet, la pupille diminue. Il y a ici
un double avantage; d'abord, le rétrécissement de
l'ouverture de l'œil restreint le nombre des objets
peints sur la rétine, et l'attention de l'organe est
d'autant moins détournée; ensuite il est connu
qu'une image formée dans une chambre obscure
est d'autant plus nette, et par conséquent d'autant
plus visible, toutes choses d'ailleurs égales, que
l'ouverture qui donne entrée à la lumière est plus
petite.

Selon M. Mille, ce résultat est en partie causé par
la diffraction qui s'opère sur le bord de la pupille au
moment où la lumière la traverse (1).

C. Un objet est-il éloigné de nous, importe-t-il
de le voir distinctement, l'attention que nous
mettons à le regarder est accompagnée de la dilatation de la pupille, effet qui est cependant subor-
donné à l'intensité de la lumière qui entre dans
l'œil.

D. Concluons de ce qui précède, que les mouvements de la pupille ont pour résultat général de
mettre l'œil en rapport avec les divers degrés d'intensité de la lumière qui entre dans l'œil et avec la
distance des objets. C'est dans ces mouvements, et
non dans des déplacements ou des contractions
du cristallin, qu'il faut chercher la raison par la-

---

(1) Voyez sur cette question neuve en optique le savant
mémoire que ce médecin a inséré dans mon *Journal de Physiologie*, t. IV.

quelle nous voyons distinctement un même objet à des distances différentes.

Pour rendre ce fait évident, il faut injecter une goutte de solution aqueuse d'extrait de belladone entre les paupières ; au bout de quelques heures la pupille est dilatée et immobile, état singulier qui se soutient plusieurs jours. Il est facile alors de juger de l'influence des mouvements de l'iris sur l'usage habituel de la vue et par conséquent sur l'ajustement rapide de l'œil pour la vision à différentes distances. Ces résultats sont d'autant plus aisés à vérifier, qu'en appliquant la belladone à un seul œil, on se sert de l'autre par comparaison. Voici les résultats qui ont été obtenus par tous ceux qui ont répété ces curieuses expériences :

1°. Aussitôt que la pupille est dilatée et immobile, les objets paraissent confus et enveloppés de nuages ;

2°. En employant une lentille ordinaire, on reconnaît que le foyer de l'œil en expérience est deux fois plus long que celui de l'œil qui est resté dans son état ordinaire ;

3°. A mesure que l'effet de la belladone diminue, c'est-à-dire que l'iris reprend ses mouvements, toutes les altérations de la vue disparaissent (1).

(1) J'ai fait dernièrement cette expérience sur un jeune homme miope. Dès que la pupille a été dilatée, la vue s'est beaucoup alongée, et de plus il ne pouvait voir distinctement qu'à une distance fixe : en deçà ou au-delà tout devenait trouble et nuageux.

Si la pupille est dilatée et immobile par toute autre cause que l'action de la belladone, comme par exemple à la suite de certaines maladies, les modifications de la vue sont semblables à celles que je viens de signaler.

S. E. Home a cité le cas d'un homme qui, à la suite d'une paralysie, perdit pour toujours la faculté d'adapter ses yeux aux différents objets. Par exemple, il lui était impossible de lire; tous les caractères étaient confus; il distinguait, au contraire, une épingle à dix pieds.

Usage de la choroïde.

La choroïde sert principalement à la vision, par la matière noire dont elle est imprégnée, et qui absorbe la lumière immédiatement après qu'elle a traversé la rétine. On peut regarder comme une confirmation de cette opinion ce qui arrive aux individus chez lesquels quelques-uns des vaisseaux de cette membrane deviennent variqueux : les vaisseaux dilatés chassent la matière noire qui les revêtait, et toutes les fois que l'image de l'objet tombe sur le point de la rétine correspondant à ces vaisseaux, l'objet paraît taché de rouge.

L'état de la vision chez l'homme et chez les animaux albinos, où la choroïde et l'iris ne sont point colorées en noir, vient encore à l'appui de cette assertion : chez eux, la vision est extrêmement imparfaite; pendant le jour, ils voient à peine de manière à pouvoir se conduire.

Mariote, Lecat, et quelques autres, ont attribué à la choroïde la faculté de sentir la lumière. Cette idée est complètement dénuée de preuves (1).

Usages des procès ciliaires.

On n'a que des données très-vagues sur les usages des procès ciliaires. En général, on les croit contractiles; mais les uns pensent qu'ils sont destinés aux mouvements de l'iris, les autres, à porter le cristallin en avant. M. Jacobson dit qu'ils ont pour usage de dilater les ouvertures que, selon lui, présente antérieurement le canal goudronné, de manière à donner entrée dans ce canal à une portion d'humeur aqueuse, ce qui aurait pour résultat le déplacement du cristallin. Quelques personnes croient aussi que les procès ciliaires sont les organes sécréteurs de la matière noire de la face postérieure de l'iris et de la choroïde, ou même d'une partie de l'humeur aqueuse.

M. Edwards, dans un mémoire sur l'anatomie de l'œil, vient d'annoncer qu'ils contribuent prin-

---

(1) Un grand nombre d'animaux, dont la vue est excellente, ont la choroïde revêtue de couleurs vives et nacrées. (*Voyez* un Mémoire de M. Desmoulins, *Journal de Physiologie*, t. IV.)

Usages
des procès
ciliaires.
cipalement à la sécrétion de l'humeur aqueuse (1).
M. Ribes a émis la même opinion : il ajoute *que
les procès ciliaires entretiennent la vie et le mouvement dans le cristallin et l'humeur vitrée.* Il y a
cependant des animaux qui n'ont pas de procès ciliaires, et chez lesquels ces humeurs existent. Haller
pense qu'ils ont pour usage de maintenir le cristallin dans la position la plus avantageuse. Selon cet
anatomiste, ils adhèrent à la capsule cristalline tant
par leur pointe que par leur côté postérieur, au
moyen de la matière noire dont ils sont recouverts.
Pour être vrais, disons qu'on ignore les usages et
même les propriétés vitales de ces parties.

Action de la rétine.

Action
de la rétine.
Si nous parlons ici isolément de l'action de la
rétine dans la vision, c'est pour faciliter l'étude de
cette fonction ; dans la réalité, il n'est pas possible
de séparer l'action de cette partie de celle du nerf
optique, et encore moins de l'action du cerveau et
de la cinquième paire, selon mes dernières expériences sur ce sujet.

L'action de la rétine est une action vitale ; le mécanisme en est complètement inconnu.

---

(1) Le célèbre Th. Young, secrétaire de la Société royale
de Londres, a émis une opinion analogue à celle de M. Edwards, il y a déjà quelques années. (*Voyez* les *Transactions
philosophiques.*)

La rétine reçoit l'impression de la lumière quand celle-ci est dans certaines limites d'intensité. Une lumière trop faible n'est point reconnue par la rétine; une lumière trop forte la blesse, et la met hors d'état d'agir.

Quand une lumière trop vive a frappé tout à coup la rétine, l'impression se nomme *éblouissement;* et, dès-lors, la rétine est pour quelques instants incapable de reconnaître la présence de la lumière. C'est ce qui arrive quand on cherche à regarder fixement le soleil.

Lorsqu'on est resté long-temps dans l'obscurité, une lumière, même faible, produit l'éblouissement.

Si la lumière est excessivement faible, et si malgré cela nous voulons voir les objets, la rétine se fatigue beaucoup, et l'on éprouve bientôt un sentiment douloureux dans l'orbite et même dans la tête.

Une lumière dont l'intensité n'est pas très-forte, mais qui agit pendant un certain temps sur un point déterminé de la rétine, finit par la rendre insensible dans ce point. Lorsque nous regardons pendant quelque temps une tache blanche située sur un fond noir, et qu'ensuite nous transportons notre vue sur un fond blanc, nous croyons y voir une tache noire; c'est parce que la rétine est devenue insensible dans le point qui précédemment a été fatigué par la lumière blanche.

Réciproquement, après que la rétine a été quelque temps sans agir dans un de ses points, tandis que les autres agissaient, le point qui est resté en repos devient d'une sensibilité beaucoup plus grande, ce qui fait paraître les objets comme s'ils étaient semés de points brillants. On explique de cette manière pourquoi, après avoir long-temps regardé une tache rouge, les corps blancs nous paraissent tachés de vert : dans ce cas, la rétine est devenue insensible au rayon rouge, et l'on sait qu'un rayon de lumière blanche dont on soustrait le rouge produit la sensation du vert.

Il arrive des phénomènes analogues lorsqu'on a long-temps regardé fixement un corps rouge ou de toute autre couleur, et qu'on regarde ensuite des corps blancs ou diversement colorés.

Par l'effet d'un instinct admirable, nous connaissons la direction de la lumière qui pénètre la rétine; il semble que nous établissions en principe que la lumière marche en ligne droite, et que cette ligne est la prolongation de celle que suivait la lumière avant de pénétrer dans la cornée. Aussi toutes les fois que la lumière, avant d'arriver à l'œil, a été modifiée dans sa marche normale en ligne droite, nous ne recevons plus par l'œil que des données inexactes. C'est en grande partie de cette cause que naissent les illusions de la vue.

La rétine peut recevoir à la fois des impressions dans chacun des points de son étendue, mais alors les sensations qui en résultent sont peu exactes. Elle peut n'être affectée que par l'image d'un ou de deux objets, quoiqu'un plus grand nombre vienne s'y peindre ; la vision est alors plus nette (1).

La partie centrale de la membrane paraît jouir d'une sensibilité plus exquise que le reste de son étendue ; aussi est-ce sur cette partie centrale que

Action
de la rétine.

---

(1) Dans les oiseaux de haut vol, dont la vue a toujours été signalée comme ayant une grande puissance, puisque de la région des nuages ils aperçoivent leur proie et se précipitent sur elle, la rétine présente un grand nombre de plis perpendiculaires à sa surface. Ces plis font des saillies de plusieurs lignes dans l'humeur hyaloïde. Peut-être donnent-ils à l'oiseau la faculté de voir distinctement de loin et de près ; car, par un très-léger mouvement de la totalité de l'œil, l'animal peut faire tomber l'image sur des points plus ou moins éloignés du cristallin : alors le foyer de celui-ci peut varier dans une étendue assez considérable. Les oiseaux qui volent peu ne présentent pas ces plis. Tous les oiseaux ont en outre un organe qui n'existe point dans les autres animaux, je veux parler du *peigne*, organe membraneux, noir comme la choroïde, qui part obliquement du fond de l'œil, et va à travers la partie centrale de l'humeur vitrée s'attacher à la face postérieure du cristallin. Les usages de ce peigne sont ignorés. J'ai tenté quelques essais sur cet organe. J'ai remarqué que si on le coupe, la cornée n'est plus attirée au dedans de l'œil après la mort de l'oiseau : d'où je conclus que, durant la vie, le peigne tire en arrière le cristallin et la cornée, et peut ainsi modifier la courbure de cette dernière et faire varier la position du cristallin.

1.

7

Action
de la rétine.

nous faisons tomber l'image quand nous voulons regarder un objet avec attention.

Est-ce seulement par le simple contact que la lumière agit sur la rétine, ou bien faut-il qu'elle traverse cette membrane? La présence de la choroïde dans l'œil, ou plutôt de la matière noire qui la revêt, doit faire pencher vers la seconde opinion.

Le point de la rétine qui correspond au centre du nerf optique est donné par les physiciens comme insensible à l'impression de la lumière. Je n'en connais aucune preuve directe suffisante.

Tout ce qui vient d'être dit est exact comme phénomène de vision; mais en affirmant qu'ils dépendent de la rétine, nous serions loin d'être rigoureux; et plusieurs faits nouveaux, dont la science vient de s'enrichir, nous le démontrent.

La rétine est
peu ou point
sensible.

D'abord les physiologistes se sont accordés pour regarder la rétine comme la partie la plus sensible du système nerveux; cette sensibilité est tellement exquise, disent-ils, que le simple contact d'un fluide aussi subtil que l'est la lumière peut y produire une impression. J'ai reconnu par l'expérience que la sensibilité de la rétine est au contraire fort obscure, si elle existe. En enfonçant dans l'œil une aiguille à cataracte, par la face postérieure de l'organe, les déchirures, les piqûres de la rétine ne produisirent que peu ou point d'effet. Le simple contact d'un corps mousse sur la conjonctive produit une sensation beaucoup plus vive. Ainsi, bien loin que la rétine soit le prototype des organes sensibles, sa sensibilité peut être mise en doute (1).

---

(1) Je me suis nombre de fois assuré sur des animaux que les piqûres, les déchirures de la rétine ne donnent lieu à aucun indice de douleur ; j'ai vérifié sur l'homme, en opérant la cataracte par abaissement, que la présence et la pression de la pointe de l'aiguille sur la rétine n'y produisent aucune sensation. Si je n'avais vu le résultat qu'une ou deux fois, je pourrais encore en douter ; mais je l'ai observé et je l'ai montré à la clinique de mon hôpital assez souvent pour qu'il ne me reste aucune incertitude sur sa réalité.

Il y a plus, les points seuls qu'occupe la rétine sont insensibles, car si en parcourant le fond de l'œil avec l'aiguille à cataracte on la porte en avant, et que l'on touche à l'iris, aussitôt le malade manifeste de la douleur. Aussi l'iris est sensible et la rétine ne l'est pas. L'insensibilité de la rétine est un des faits les plus remarquables sous le point de vue philosophique. Il met dans tout son éclat la supériorité de la méthode expérimentale sur celle qui ne veut employer que le simple raisonnement, et qui se persuade qu'en raisonnant juste on arrive à tout. Quelle déduction plus logique que celle de la grande sensibilité de la rétine ! la membrane qui est sensible au choc de la lumière doit être très-douloureusement affectée par le contact grossier et brutal en quelque sorte d'un corps solide, et si elle était piquée, transpercée, la douleur serait inexprimable ! Tout cela est vrai selon notre raisonnement, et certes ceux qui concluaient ainsi l'exquise sensibilité de la rétine ne donnaient pas preuve d'un faux jugement. Eh bien ! une seule expérience renverse et détruit cette logique en apparence très-sévère. Combien de raisonne-

Mais elle est au moins l'agent nerveux destiné à recevoir les impressions de la part de la lumière ? D'après les idées qui ont régné jusqu'ici, il est difficile de comprendre comment une pareille question peut être posée.

Influence de la cinquième paire dans la vue.

Cependant, mes expériences montrent que rien n'est plus naturel. J'ai coupé la cinquième paire sur un animal : aussitôt il a perdu la vue du même côté. J'ai coupé celle du côté opposé : l'animal est devenu immédiatement aveugle. La lumière du jour, ni même une lumière artificielle très-forte, concentrée avec une loupe, ne donnent plus aucun indice d'impression.

On ne saurait croire le trouble que ce résultat, constaté un grand nombre de fois, jeta d'abord dans mon esprit. Serait-il possible, me disais-je, que la rétine ne fût pas le principal organe de la sensibilité de l'œil, pour la lumière ? Serait-ce par hasard le nerf de la cinquième paire ? Pour m'en assurer, je coupai le nerf optique à son entrée dans l'œil ; si le nerf de la cinquième paire ou tout autre pouvait sentir la lumière, la section que j'avais faite ne devait pas s'y opposer. Mais il en fut autrement ; la vue fut complètement abolie, ainsi que toute sensibilité, pour la

---

ments semblables disparaîtront à mesure que la physiologie expérimentale fera des progrès. Concluons : *Quel que soit le degré de probabilité d'un fait, ne négligeons jamais de le vérifier par l'expérience.*

lumière la plus forte, même celle du soleil, concentrée au moyen d'une loupe.

Je voulus soumettre à cette dernière épreuve un animal dont la cinquième paire seule était coupée ; je reconnus aisément qu'en faisant brusquement passer l'œil de l'ombre à la lumière directe du soleil, il y avait impression, car les paupières se fermaient. Toute sensibilité n'est donc pas perdue dans la rétine, par la section de la cinquième paire ; mais il n'en reste plus qu'une faible partie, et cette membrane ne peut concourir à la vue que sous l'influence d'un autre nerf. Nous verrons plus tard qu'il en est à peu près de même pour deux autres sens.

Action du nerf optique.

Il est probable que le nerf optique transmet au cerveau, dans un instant indivisible, l'impression que la lumière fait sur la rétine ; mais l'on ignore absolument par quel mécanisme.

Le nerf optique, soumis à l'expérience, offre les mêmes propriétés que la rétine, avec laquelle il se continue. Il est insensible aux piqûres, sections, lacérations, et son action dans la vue est sous la dépendance de la cinquième paire.

Quant à son entrecroisement avec celui du côté opposé, nul doute qu'il n'existe ; les faits que

j'ai rapportés sont, je pense, démonstratifs (1).

Cette disposition anatomique doit sans doute avoir une grande influence sur la transmission des impressions reçues par les yeux ; mais c'est encore là un point sur lequel il est difficile de faire des conjectures qui aient un certain degré de proba-bilité.

Action simultanée des deux yeux.

Action des
deux yeux.

Quoi qu'on en ait pu dire à diverses époques, et quelques efforts qu'ait faits dans ces derniers temps M. Gall pour prouver qu'on ne voit jamais que d'un œil, il est démontré non-seulement que les deux

---

(1) M. Pouillet, dans le *Traité de Physique* qu'il vient de publier, ne partage pas ce sentiment; il croit que ce qui peut être vrai pour les animaux pourrait ne pas l'être pour l'homme , et que Wollaston n'a jamais parlé que de ce der-nier. A cela je dirai que, pour des dispositions anatomiques du genre de celles dont il est ici question, l'homme ne dif-fère pas des mammifères; j'ajouterai qu'ayant eu l'occasion de faire mes objections, en Angleterre, au savant physicien dont le monde intellectuel déplore la perte à tant de titres, il ne parut pas douter que, si la section de la décussation sur la selle turcique produisait la cécité, il ne fallût en conclure l'entrecroisement total et non partiel.

Je ne crois pas qu'il ait insisté sur sa conjecture depuis la publication de mes expériences.

yeux concourent en même temps à la vision, mais encore qu'il faut absolument qu'ils agissent ainsi pour certains actes très-importants de cette fonction. Il est des cas cependant où il est avantageux de n'employer qu'un seul œil : par exemple, quand il s'agit de juger sainement de la direction de la lumière ou de la situation des corps par rapport à nous. C'est ainsi que nous fermons un œil pour tirer un coup de fusil, pour disposer une suite de corps de niveau sur une ligne droite, etc.

Il est encore une circonstance où il est fort avantageux de n'employer qu'un œil, c'est lorsque les deux organes sont inégaux, soit en force réfringente, soit en sensibilité. C'est aussi pour la même raison que nous fermons un œil quand nous nous servons d'une lunette.

Cas où l'on se sert d'un seul œil.

Mais, ces cas exceptés, il est de la plus grande importance de se servir des deux yeux à la fois. Voici une expérience qui m'est particulière, et qui me semble prouver que les deux yeux voient à la fois un même objet.

Recevez dans une chambre obscure l'image du soleil sur un plan, prenez des verres assez épais, et dont chacun présente une des couleurs du prisme, mettez-les devant les yeux : si vous avez la vue bonne et surtout les yeux égaux en force, l'image du soleil vous paraîtra d'un blanc sale, quelle que soit la couleur des verres que vous employiez. Si l'un de vos yeux est beaucoup plus fort que l'autre,

Expériences pour prouver qu'un même objet peut être vu à la fois des deux yeux.

vous verrez l'image du soleil de la couleur du verre qui est placé devant l'œil le plus fort. Ces résultats ont été constatés en présence de M. Tillaye fils, dans le cabinet de physique de la Faculté de Médecine.

Un même objet produit donc réellement deux impressions, et cependant le cerveau n'en perçoit qu'une. Pour cela il faut que les mouvements des deux yeux soient en harmonie. Si à la suite d'une maladie le mouvement régulier des yeux n'existe plus, nous recevons deux impressions d'un même objet, ce qui constitue le strabisme. On peut aussi à volonté recevoir deux impressions d'un même corps; il suffit pour cela de rompre volontairement l'harmonie du mouvement des yeux.

Estimation de la distance des objets.

Distance
des objets.

La vision résulte essentiellement du contact de la lumière sur la rétine, et cependant nous rapportons toujours la cause de la sensation aux corps d'où part la lumière, et qui sont souvent fort éloignés. Il est évident que ce résultat ne peut être que l'effet d'un travail intellectuel.

Nous jugeons bien différemment de la distance des corps suivant le degré de cette distance; nous en jugeons sainement lorsqu'ils sont près de nous; il n'en est pas de même lorsqu'ils sont un peu éloignés : alors nos jugements sont souvent erronés;

mais lorsque les objets sont dans un grand éloignement, nous sommes constamment dans l'erreur.

L'action réunie des deux yeux est absolument nécessaire pour juger exactement de la distance, comme le prouve l'expérience suivante :

Suspendez à un fil un anneau, adaptez à l'extrémité d'une longue baguette un crochet qui puisse facilement entrer dans cet anneau; placez-vous à une distance convenable, et cherchez à y introduire ce crochet : en vous servant des deux yeux, vous réussirez facilement à chaque coup; mais si vous fermez un œil et que vous veuilliez enfiler l'anneau, vous n'y réussirez plus; le crochet ira au-delà ou restera en-deçà, et ce ne sera que par hasard ou en tâtonnant long-temps que vous y parviendrez. Les personnes qui ont les yeux d'une force très-inégale ne réussissent pas dans cette expérience, même lorsqu'elles se servent des deux yeux.

Qu'une personne perde un œil par un accident, il se passera quelquefois un an avant qu'elle puisse juger sainement de la distance des corps placés près d'elle (1). En général, les personnes qui n'ont qu'un œil jugent beaucoup moins bien de la

Action des deux yeux pour juger de la distance des objets.

***

(1) J'ai eu occasion de voir, à cet égard, un cas très-remarquable. La personne qui avait perdu un œil fut, pendant plusieurs mois, obligée de tâtonner pour saisir un corps placé à sa portée.

distance. La grandeur de l'objet, l'intensité de la
lumière qui en part, la présence des corps intermédiaires, etc., influent beaucoup sur le jugement que nous portons relativement à la distance.

Nos jugements sont beaucoup plus exacts quand
les objets sont placés sur le même plan que nous.
Lorsque nous regardons du haut d'une tour les
objets situés en bas, ils nous paraissent plus
petits que s'ils se trouvaient, à la même distance, sur un plan horizontal. Il en est de
même lorsque nous regardons des objets placés
au-dessus de nous. De là la nécessité de donner
un volume considérable aux objets qu'on veut
mettre au haut des édifices, et qui sont destinés
à être vus de loin. Plus un objet a de petites dimensions, plus il doit être placé près de l'œil pour
être vu distinctement. Aussi ce qu'on appelle point
de vue distinct est-il très-variable : on voit distinctement un cheval à dix mètres, et on ne ver-
rait pas de même un oiseau à cette distance. Si je
veux examiner le poil ou la plume de ces animaux,
l'œil a besoin d'en être très-près. Cependant un
même objet peut être vu distinctement à des distances différentes ; par exemple, il est différent à
beaucoup de personnes de placer le livre qu'elles
lisent à un pied ou à deux pieds de l'œil ; l'intensité
de la lumière qui éclaire un objet influe beaucoup
sur la distance à laquelle il peut être vu distinctement.

Point de la
vision
distincte.

Estimation de la grandeur des corps.

La manière dont nous arrivons à juger sainement de la grandeur des corps, dépend bien plus de l'intelligence et de l'habitude que de l'action même de l'appareil de la vision.

Nous établissons nos jugements relativement aux dimensions des corps sur la grandeur de l'image qui se forme au fond de l'œil, sur l'intensité de la lumière qui part de l'objet, sur la distance où nous croyons qu'il est placé, et surtout sur l'habitude que nous avons de voir des objets semblables. C'est pourquoi on juge difficilement de la grandeur d'un corps qu'on voit pour la première fois, quand on n'en apprécie pas la distance. Une montagne que nous voyons de loin pour la première fois nous paraît en général beaucoup plus petite qu'elle ne l'est réellement ; c'est que nous la croyons près de nous, tandis qu'elle en est encore très-éloignée.

Au-delà d'une distance un peu considérable, nous tombons dans une illusion que le jugement ne peut détruire. Les objets nous paraissent infiniment plus petits qu'ils ne le sont réellement : c'est ce qui nous arrive pour les corps célestes.

Estimation du mouvement des corps.

Nous jugeons du mouvement d'un corps par celui

Manière dont nous jugeons de la grandeur des corps.

Estimation du mouvement des corps.

de son image sur la rétine, par les variations de grandeur de cette image, ou, ce qui revient au même, par le changement de direction de la lumière qui parvient à l'œil.

Pour que nous puissions suivre le mouvement d'un corps, il ne faut pas qu'il soit déplacé trop rapidement, car alors nous ne l'apercevrions pas; c'est ce qui arrive pour les projectiles lancés par la poudre, surtout quand ils passent près de nous. Quand ils se meuvent loin de nous, comme ils envoient beaucoup plus long-temps de la lumière dans l'œil, parce que le champ de la vision est plus grand, il nous est plus facile de les apercevoir. Pour juger sainement du mouvement des corps, il ne faut pas être soi-même en mouvement.

Nous apercevons difficilement le déplacement des corps qui s'éloignent ou qui s'approchent de nous, quand ils sont à une distance considérable. En effet, nous ne jugeons dans ce cas du mouvement du corps que par la variation de la grandeur de l'image. Or, cette variation étant infiniment petite, puisque le corps est très-éloigné, il nous est très-difficile et quelquefois même impossible de l'apprécier.

En général, nous reconnaissons très-difficilement, quelquefois même nous ne pouvons reconnaître, le mouvement des corps qui se déplacent avec beaucoup de lenteur, soit que cet effet dépende de la lenteur réelle du mouvement, comme dans le cas de l'aiguille d'une montre, soit qu'il résulte de la lenteur du mouvement de l'image sur la rétine, comme cela a lieu pour les astres et les objets très-éloignés de nous.

Des illusions d'optique.

D'après ce que nous venons de dire sur la manière dont nous jugeons de la distance, de la grandeur et du mouvement des corps, il est aisé de voir que souvent la vue nous induit en erreur.

Des illusions d'optique.

Ces erreurs sont connues en physique et en physiologie sous le nom d'*illusions d'optique*. En général, nous jugeons assez bien des corps placés près de nous, mais nous nous trompons ordinairement à l'égard de ceux qui sont dans le lointain.

Les illusions dans lesquelles nous tombons relativement aux objets voisins tiennent, soit à la réflexion, soit à la réfraction que subit la lumière avant d'arriver à l'œil, et à cette loi que nous établissons instinctivement, savoir, que la marche de la lumière se fait toujours en ligne droite. C'est à cette cause qu'il faut rapporter ces illusions occasionées par les miroirs : nous voyons les objets derrière les miroirs plans, justement dans le prolongement du rayon qui arrive à l'œil. A cette cause se rapporte de même l'accroissement ou la diminution apparente du volume d'un corps que nous regardons à travers un verre : si celui-ci fait converger les rayons, le corps nous paraîtra plus gros ; s'il les fait diverger, l'objet nous semblera plus petit. L'usage de ces verres produit encore une autre illusion : les objets paraissent entourés des couleurs du spectre solaire, parce que les surfaces du verre, n'étant point parallèles, décomposent les rayons lumineux à la manière du prisme.

Les objets éloignés nous causent sans cesse des illusions auxquelles nous ne pouvons nous soustraire, parce qu'elles résultent de certaines lois qui régissent l'économie animale. Un objet nous semble d'autant plus près de nous que son image occupe un espace plus considérable sur la rétine, ou que la lumière qui en part a plus d'intensité. De deux objets de volume différent, également éclairés et placés à égale distance, le plus grand paraîtra le plus près, à moins de circonstances particulières qui puissent faire juger sainement de la distance. De deux objets d'un volume égal et placés à une égale distance de l'œil, mais inégalement éclairés, le plus éclairé paraîtra le plus près ; il en serait de même si les objets étaient à des distances inégales, comme on peut s'en convaincre en regardant une file de reverbères : s'il s'en trouve un parmi eux dont la lumière soit plus intense il paraîtra le premier de la file, tandis que celui qui est réellement le premier paraîtra le dernier s'il est le moins éclairé.

Un même objet, vu sans intermédiaire, nous semble toujours plus près que lorsqu'il se trouve entre notre œil et lui des corps qui peuvent influencer le jugement que nous portons sur sa distance.

Quand notre œil est frappé par un objet éclairé, tandis que ceux qui l'entourent sont dans l'obscurité, cet objet paraît beaucoup plus près qu'il ne l'est dans la réalité. C'est l'effet que produit une lumière dans la nuit.

Les objets paraissent d'autant plus petits qu'ils sont plus éloignés. Ainsi, les arbres qui composent une longue allée, sont pour nous d'autant plus petits et plus rapprochés l'un de l'autre, qu'ils sont à une plus grande distance.

C'est en tenant compte de toutes ces illusions et des lois de l'économie animale sur lesquelles elles sont fondées, que les arts parviennent à en produire à volonté. La peinture, par exemple, ne fait autre chose dans certains cas que de transporter sur la toile les erreurs d'optique dans lesquelles nous tombons habituellement.

La construction des instruments d'optique est aussi fondée sur ces principes : ceux-ci augmentent l'intensité de la lumière qui part des objets ; ceux-là la rendent divergente ou convergente, afin de grossir ou de diminuer pour nous le volume apparent des objets, etc., etc.

Il est un certain nombre d'illusions que nous par-

venons à faire cesser par l'exercice du sens de la vue,
comme le prouve l'histoire très-curieuse de l'aveugle
dont parle Cheselden.

Histoire de l'aveugle de Cheselden. Ce célèbre chirurgien anglais donna la vue, par
une opération de chirurgie (1), à un aveugle de
naissance fort intelligent : il observa la manière
dont le développement de ce sens se fit chez ce
jeune homme. « Lorsqu'il vit pour la première fois
la lumière, il était si éloigné de pouvoir juger en
aucune façon des distances, qu'il croyait que tous
les objets touchaient ses yeux (ce fut l'expression
dont il se servit), comme les choses qu'il palpait
touchaient sa peau. Les objets qui lui étaient le
plus agréables étaient ceux dont la forme était
unie et la figure régulière, quoiqu'il ne pût encore
former aucun jugement sur leur forme, ni dire
pourquoi ils lui paraissaient plus agréables que les
autres : il n'avait eu pendant le temps de sa cécité
que des idées si faibles des couleurs, qu'il pouvait
distinguer alors à une forte lumière, qu'elles n'a-
vaient pas laissé de traces suffisantes pour qu'il
pût les reconnaître. En effet, lorsqu'il les vit, il
disait que les couleurs qu'il voyait n'étaient pas
les mêmes que celles qu'il avait vues autrefois ; il
ne connaissait la forme d'aucun objet, et il ne dis-

(1) On croit généralement que c'est l'opération de la cataracte ; mais il y a tout lieu de penser que l'opération faite à
ce jeune homme est l'incision de la membrane pupillaire.

tinguait aucune chose d'un autre, quelque différentes qu'elles pussent être de figure ou de grandeur : lorsqu'on lui montrait des objets qu'il connaissait auparavant par le toucher, il les regardait
avec attention, et les observait avec soin pour les
reconnaître une autre fois; mais comme il avait
trop d'objets à retenir à la fois, il en oubliait le
plus grand nombre; et dans le commencement
qu'il apprenait, comme il disait, à voir et à reconnaître les objets, il oubliait mille choses pour une
qu'il retenait. Il se passa plus de deux mois avant
qu'il pût reconnaître que les tableaux représentaient des corps solides; jusqu'alors il ne les avait
considérés que comme des plans différemment
colorés, et des surfaces diversifiées par la variété
des couleurs; mais lorsqu'il commença à concevoir que ces tableaux représentaient des corps solides, il s'attendait à trouver en effet des corps solides en touchant la toile du tableau, et il fut très-
étonné lorsqu'en touchant les parties qui, par la
lumière et les ombres, lui paraissaient rondes et
inégales, il les trouva plates et unies comme le
reste; il demanda quel était donc le sens qui le
trompait, si c'était la vue ou si c'était le toucher.
On lui montra alors un petit portrait de son père,
qui était dans la boîte de la montre de sa mère :
il dit qu'il connaissait bien que c'était la ressemblance de son père; mais il demandait, avec un
grand étonnement, comment il était possible qu'un

I. 8

Histoire de
l'aveugle de
Cheselden.

visage aussi large pût tenir dans un si petit lieu ;
que cela lui paraissait aussi impossible que de faire
tenir un boisseau dans une pinte. Dans les commen-
cements, il ne pouvait supporter qu'une très-faible
lumière, et il voyait tous les objets extrêmement gros ;
mais à mesure qu'il voyait des choses plus grosses,
il jugeait les premières plus petites : il croyait
qu'il n'y avait rien au-delà des limites de ce qu'il
voyait. On lui fit la même opération sur l'autre œil
plus d'un an après la première, et elle réussit également. Il vit d'abord de ce second œil les objets
beaucoup plus grands qu'il ne les voyait de l'autre,
mais cependant pas aussi grands qu'il les avait vus
du premier œil ; et lorsqu'il regardait le même objet
des deux yeux à la fois, il disait que cet objet lui
paraissait une fois plus grand qu'avec son premier
œil, mais il ne le voyait pas double, ou du moins
on ne put pas s'assurer qu'il eût vu les objets doubles, lorsqu'on lui eut procuré l'usage de son second
œil. »

Cette observation n'est pas unique ; il en existe
un certain nombre d'autres, et toutes ont donné
des résultats à peu près semblables. Telle est celle
que l'on va lire : On a vu, en 1819, à l'Hôtel-
Dieu de Paris, une jeune fille de six ans, envoyée
des environs de Beaune pour être opérée d'une cataracte congéniale à l'œil droit. (L'œil gauche était
atrophié.)

La vision était nulle ; les autres sens, très-déli-

cats, avaient acquis un développement capable de
suppléer à son défaut. La manière dont cet enfant
se servait de ses sens était remarquable. Était-elle
appelée, son oreille lui faisait distinguer sûrement
le lieu d'où partait le son, quelle que fût la direction dans laquelle il arrivât à son oreille. Elle s'a-
cheminait aussitôt vers le lieu, portant ses mains
comme des tentacules, haussant les pieds comme si
elle avait eu des degrés à monter, et les posant avec
précaution, comme s'il eût fallu se garantir d'un
précipice.

Histoire
d'une aveugle
de naissance
ayant acquis
la vue par une
opération.

Approchait-on quelque corps de ses mains, elle
le reconnaissait le plus communément au simple
toucher; si ce sens lui laissait des doutes, elle soumettait le corps à l'odorat, et, si elle le jugeait propre à sa nourriture, elle le soumettait à une troisième épreuve, celle du goût.

Cette succession d'épreuves n'était jamais plus
marquée que lorsqu'on avait cherché à la tromper;
alors la vigilance de ses sens redoublait, et il était
rare qu'elle n'évitât pas les piéges qui lui étaient
tendus.

Malgré l'extrême susceptibilité des organes sensitifs, ils n'étaient aucunement exercés, ils ne s'é-
taient appliqués qu'à un petit nombre de sensations relatives à la vie animale et à l'instinct; la
petite malade ne pouvait former ou suivre aucun
raisonnement.

Elle fut opérée avec succès.

Histoire
d'une aveugle
de naissance
ayant acquis
la vue par une
opération.

Douze jours après l'opération on la fit promener seule et sans guide, et on remarqua qu'elle voyait assez pour ne plus se heurter contre les murs; elle n'avait encore, il est vrai, aucune idée des distances, et, si on lui présentait quelque chose, elle portait constamment ses mains au-delà. Il en était de même lorsqu'on lui indiquait un but, elle l'outrepassait toujours, et ne l'atteignait qu'après l'avoir cherché et plusieurs fois dépassé. Si on mettait une chandelle allumée devant son œil, aussitôt elle le fixait sur la lumière, et paraissait prendre grand plaisir à suivre les déplacements de celle-ci. Posait-on la main entre la lumière et son œil, elle portait aussitôt la sienne pour écarter le corps qui empêchait les rayons lumineux d'arriver jusqu'à elle.

En multipliant les expériences, on acquit la certitude qu'elle avait la sensation de tous les objets qu'on lui présentait, mais qu'elle n'en pouvait distinguer ni la couleur ni la forme.

On fit par la suite de vaines tentatives pour lui en apprendre et lui en faire répéter les noms.

Il y avait deux mois que l'opération était faite, et cependant la vision restait à peu près au même point; rien n'annonçait même qu'elle dût s'améliorer: on était assuré par des indices certains que la faculté visuelle existait; il restait seulement à savoir quelle cause s'opposait à son exercice.

Il fut aisé de reconnaître que l'enfant ne regar-

dait pas : or, pour voir, il faut regarder. Il fallait
donc l'instruire à regarder, c'est-à-dire à diriger et
à fixer ses yeux sur les objets. Ce fut pour elle
une occupation longue et difficile, de laquelle
elle n'obtint que peu de succès. On ne tarda
même. pas à s'apercevoir que l'habitude qu'elle
avait de suppléer à la vue par les autres sens
s'opposait à ce qu'elle usât de celui-ci. Pour lui
en faire sentir le prix, il fallait l'obliger à renon-
cer au secours de l'ouïe, de l'odorat, et surtout des
mains, qui étaient l'organe des sens dont elle faisait le plus grand usage. Pour atteindre ce but,
on fit d'abord tenir les mains attachées derrière le
dos ; dès-lors, elle fut forcée de regarder, de calculer
les distances et de se guider à l'aide de son œil ;
bientôt elle vit assez bien pour marcher la tête
levée et d'un pas assuré. Ces améliorations n'em-
pêchèrent pas de remarquer que, par l'effet d'une
habitude contractée dès son enfance, elle se servait trop de son ouïe pour tirer de son œil tout
le parti qu'elle pouvait en retirer. On fit donc sus-
pendre l'usage de ce sens. Pour cela, on lui fit
boucher exactement les oreilles, en même temps
qu'on lui faisait tenir les mains attachées derrière
le dos. La privation de ces deux sens l'étonna d'a-
bord, mais elle reprit bientôt ses promenades ac-
coutumées sans se heurter. Voulant alors vérifier si
quelque autre sens que la vue ne lui tenait pas lieu
du toucher et de l'ouïe, on lui fit mettre la tête

Histoire
d'une aveugle
de naissance
ayant acquis
la vue par une
opération.

Histoire
d'une aveugle
de naissance
ayant acquis
la vue par une
opération.

dans un sac noir en lui laissant la liberté des mains et des oreilles ; dès-lors, elle ne marcha qu'en hésitant, en tâtonnant, en se heurtant. Il était donc évident qu'elle s'était dirigée auparavant à l'aide de son œil. A cette époque ses habitudes étaient déjà changées, ses relations et ses besoins se multipliaient : avant l'opération elle restait au lit ou sur une chaise, ses mouvements étaient sans but et semblables à ceux qu'exécutent certains animaux enfermés dans une cage étroite. Depuis l'opération, au contraire, elle demandait à se lever et marchait hardiment sans se heurter.

Elle se promenait seule, précédait et suivait les visites, et, mêlée à la foule, elle s'en dégageait sans peine et sans le secours de ses mains, qui restaient constamment fixées sur son dos ; elle connaissait les autres malades, trouvait aisément leur lit, recherchait leur société, leur rendait de petits services, paraissait les comprendre, et agissait conformément à ce qu'ils lui disaient, mais elle ne parlait jamais. Enfin, après deux mois et demi de soins et de constance, elle avait assez fait de progrès dans l'éducation de sa vue pour se conduire seule et sans le secours de ses mains dans toutes les parties de l'hôpital, pour revenir de là à son lit, pour satisfaire à tous ses besoins, et même pour trouver goût à des jeux qui lui étaient auparavant inconnus ou impossibles.

Histoire
d'une aveugle
de naissance
ayant acquis
la vue par une
opération.

Cette acquisition d'un sens qu'elle avait ignoré jusqu'alors, avait déjà commencé à influer sur son intelligence ; elle était toujours incapable de soutenir une conversation, mais elle était devenue susceptible d'attention. On la surprenait souvent occupée à répéter les questions qui lui étaient adressées, ou bien les choses qu'elle avait entendues ; elle semblait préluder, par ces soliloques, aux conversations auxquelles elle s'était constamment refusée. Il est probable qu'en lui continuant pendant quelque temps les mêmes soins, on eût réussi à lui rendre toute son intelligence : mais, les réglements de l'hôpital ne permettant pas d'y prolonger plus long-temps son séjour, elle fut renvoyée dans son pays.

Déduisons de ce fait et du précédent, que les jugements exacts portés sur la distance, la grandeur, la forme, etc., des objets, sont le résultat de l'exercice, ou, ce qui revient au même, de l'éducàtion du sens de la vue : résultat qui va être confirmé par la considération de la vision dans les différents âges.

Vision dans les différents âges.

Modifications
de la vision
par les âges.

L'œil est une des premières parties qui se forment dans le fœtus. Dans l'embryon, les yeux se présentent sous l'aspect de deux points noirs. A sept mois, ils sont déjà capables de modifier la lumière, au point de former une image sur la rétine, comme nous nous en sommes assuré par l'expérience. Jusqu'à cette époque, les yeux n'auraient pas pu remplir cet usage, puisque la pupille est fermée par la membrane pupillaire (1). A sept mois, cette membrane disparaît : on dit communément qu'elle se rompt ; il est probable qu'elle est absorbée. Cette époque est aussi celle de la viabilité du fœtus. On trouve cependant des yeux de fœtus qui, à six et même cinq mois, ne présentent plus de trace de cette membrane.

Membrane pupillaire.

Il y a quelques différences entre l'œil de l'enfant et celui de l'adulte : elles sont peu remarquables. Chez le premier, la sclérotique est plus mince et même légèrement transparente ; la choroïde est rougeâtre en dehors, et la teinte noire de la face

Œil de l'enfant.

---

(1) D'après M. Edwards, la membrane pupillaire est formée par la prolongation de la membrane de l'humeur aqueuse, et par celle de la lame externe de la choroïde. D'après le même anatomiste, il n'y a point d'humeur aqueuse dans la chambre antérieure, avant la rupture de la membrane pupillaire, tandis que cette humeur est accumulée dans la chambre postérieure : ce qui prouve, 1° que la membrane de l'humeur aqueuse n'est point l'organe sécréteur de cette humeur ; 2° que cet organe existe dans la chambre postérieure ; qu'avant le septième mois, la membrane de l'humeur aqueuse présente tous les caractères des membranes séreuses, et particulièrement celui de former un sac sans ouverture.

interne est moins foncée; la rétine est plus développée proportionnellement; l'humeur aqueuse est plus abondante, ce qui donne plus de saillie à la cornée; enfin le cristallin est beaucoup moins consistant que chez l'adulte. Avant la naissance, les paupières sont rapprochées et comme collées. (Chez certains animaux même, elles sont réunies par la conjonctive palpébrale, qui passe de l'une à l'autre, et qui ne se rompt qu'après la naissance.)

À mesure qu'on avance en âge, la quantité des humeurs de l'œil diminue insensiblement jusqu'à l'âge adulte; passé cet âge, elle diminue d'une manière beaucoup plus marquée. Cette diminution est surtout manifeste dans la vieillesse avancée.

OEil du vieillard.

Le cristallin en particulier non-seulement devient plus dense, mais il prend une couleur jaune, d'abord clair et ensuite de plus en plus foncé. En même temps que le cristallin éprouve ce changement, il prend une dureté plus grande, contracte une légère opacité, qui peut aller, avec les progrès de l'âge, jusqu'à une opacité presque complète.

Une autre modification de l'œil mérite d'être remarquée : la choroïde est brun noir chez les enfants, elle l'est un peu moins foncé à vingt ans; elle commence, à trente ans, à prendre une couleur gris de lin, et, à mesure qu'on avance en âge, cette dernière teinte s'éclaircit tellement, qu'à quatre-vingts ans la choroïde est presque incolore (1).

Vision chez l'enfant.

L'œil est donc très-bien conformé chez l'enfant naissant, pour agir sur la lumière; aussi se forme-t-il des images sur la rétine, comme l'expérience le démontre. Cependant, dans le premier mois de sa vie, l'enfant ne donne aucun signe qui indique qu'il jouisse de la vue; ses yeux ne se meuvent que lentement et d'une manière incertaine (2); ce n'est même que vers la septième semaine qu'il commence à exercer la vue. Il n'y a d'abord qu'une lumière éclatante qui puisse le frapper et l'intéresser; il semble se complaire à voir le soleil; bientôt il devient sensible à la simple clarté du jour. Ici l'exercice développe leur sensibilité au lieu de l'émousser, comme cela a lieu le plus souvent. Cependant il ne distingue encore aucun objet, les premiers qui le frappent sont les objets rouges; en général les couleurs les plus vives sont celles qu'il affectionne. Au bout de quelques jours, il arrête sa vue sur les corps, dont il paraît distin-

---

(1) Vid. J. Petit, *Ann. des Sc.*, ann. 1726 et 1735, et *Journal de Phys.*, t. IV, p. 89.

(2) Je me suis assuré que les enfants, immédiatement après la naissance, éprouvent une sensation assez vive de la part de la lumière; ils manifestent leur impression en fermant et contractant les paupières. Mais nous avons montré que *voir* et *sentir la lumière* sont deux choses différentes.

guer les couleurs; mais il n'a aucune idée ni des distances ni des grandeurs. Il étend la main pour saisir les objets les plus éloignés; et comme le premier de ses besoins est de se nourrir, il porte à sa bouche tout ce qu'il a saisi, quelles qu'en soient les dimensions. Ainsi, la vue est très-imparfaite dans le premier temps de la vie; mais par l'exercice, et surtout par les jugements que font naître les erreurs continuelles où tombe l'enfant, sa vue se perfectionne par une véritable éducation.

On a cru que les enfants voyaient les objets doubles et renversés; rien ne prouve cette assertion. On a dit aussi, mais sans plus de fondement, que les parties réfringentes de leur œil étant plus abondantes, ils devaient voir les objets plus petits qu'ils ne le sont réellement.

Les enfants ne voient point les objets doubles ni renversés.

La vue a bientôt acquis toute la perfection dont elle est susceptible, et elle ne subit en général de modifications que vers la première vieillesse. C'est alors que le changement que nous avons indiqué dans les humeurs de l'œil tend à la rendre moins distincte; mais ce qui contribue surtout à l'affaiblir, c'est la diminution de la sensibilité de la rétine.

Trois causes se réunissent pour altérer la vue chez le vieillard : 1° la diminution de quantité des humeurs de l'œil, circonstance qui, diminuant la force réfringente de l'organe, fait que le vieillard ne distingue plus nettement les objets voisins, et

Vision chez le vieillard.

qu'il est obligé pour les apercevoir, ou de les éloigner, parce que de cette manière la lumière qui pénètre dans l'œil est moins divergente, ou d'employer des lunettes à verres convexes, qui diminuent la divergence des rayons ; 2° l'opacité commençante du cristallin, qui trouble la vue, et tend, par son accroissement, à amener la cécité en produisant la maladie connue sous le nom de cataracte ; 3° enfin la diminution de sensibilité de la rétine, ou, plus exactement, du système nerveux, qui s'oppose à la perception des impressions produites sur l'œil, et qui conduit à une cécité complète et incurable (1).

(1) La plupart des physiologistes et des physiciens regardent l'affaiblissement de la teinte de noir de la choroïde et la disparition de la couche coloriée de l'iris comme des circonstances défavorables à la vue du vieillard ; mais, d'après les recherches de mon collaborateur Desmoulins, dont la science déplore la perte, il semblerait que cette idée n'est pas fondée. En effet, un grand nombre d'animaux à tapis, c'est-à-dire dont la choroïde est en totalité ou en partie de couleur éclatante et nacrée, ont cependant la vue remarquable par sa bonté ; ces animaux ont, en général, la pupille en forme de fente quand elle est contractée ; tels sont les chats, les chevaux, les renards, etc. Si chez ces animaux l'éclat et le reflet de la choroïde concourent à la perfection de la vue, il serait présumable que chez le vieillard la disparition de la couleur noire de la choroïde protége sa vue au lieu d'y nuire, comme on le pense généralement. (*Vid.* Desmoulins, sur l'u-

AUDITION.

L'audition est une fonction destinée à nous faire connaître le mouvement vibratoire des corps.

Le son est à l'ouïe ce que la lumière est à la vue. Le son est le résultat de l'impression que produit sur l'oreille un mouvement vibratoire imprimé aux molécules d'un corps, par la percussion ou toute autre cause. Ce mot désigne quelquefois le mouvement vibratoire lui-même. Quand les molécules d'un corps ont été ainsi mises en mouvement, elles le communiquent, suivant certaines lois, aux corps élastiques qui les environnent : ceux-ci se comportent de même, et de proche en proche le mouvement vibratoire se propage quelquefois très-loin. Les corps élastiques en général peuvent seuls produire et propager le son; mais ordinairement les corps solides le produisent, tandis que l'air est le plus souvent le véhicule qui le transmet à notre oreille.

Du son.

Formation du son.

On distingue dans le son l'*intensité*, le *ton* et le *timbre*.

L'*intensité* du son dépend de l'étendue des vibrations.

Intensité du son.

---

sage des couleurs de la choroïde chez les animaux vertébrés, *Journal de Physiologie*, t. IV, p. 89; vid. *Anim. Æcon.* de Hunter, p. 242 et 253.)

Du ton.

Le *ton* dépend du nombre des vibrations qui se produisent dans un temps donné ; et, sous ce rapport, le son est distingué en *aigu* et en *grave*. Le son grave naît de vibrations peu nombreuses, le son aigu est formé de vibrations très-multipliées.

Des sons appréciables.

Le son le plus grave que l'oreille puisse percevoir est, dit-on, formé de trente vibrations par seconde ; la plupart des physiciens ont avancé que le son le plus aigu est formé de douze mille vibrations ; mais M. Savart vient de prouver, par une série d'expériences et par des instruments aussi ingénieux que précis, que l'oreille perçoit des sons de 48,000 vibrations (1). Entre ces deux limites sont renfermés les sons *comparables* ou *appréciables*, c'est-à-dire des sons dont l'oreille compte instinctivement les vibrations.

Du bruit.

Le bruit diffère du son appréciable, en ce que l'oreille ne distingue pas le nombre des vibrations dont il est formé.

Un son comparable, composé du double de vibrations d'un autre son, est dit à l'octave de celui-ci. Entre ces deux sons (*ut*) il en est d'intermédiaires, qui sont au nombre de six, et qui constituent l'échelle diatonique, ou la gamme ; on les désigne par les noms *ré, mi, fa, sol, la, si.*

Des sons fondamentaux et harmoniques.

Quand on met en mouvement un corps sonore par un moyen quelconque d'ébranlement, on entend d'abord un son très-distinct, plus ou moins

(1) Voyez *Ann. de Physique et de Chimie*, octobre 1830.

intense, plus ou moins aigu, etc., suivant les cas :
c'est le son *fondamental*; avec un peu d'attention
on reconnaît qu'il se produit en même temps d'autres sons. On nomme ceux-ci *harmoniques*. Cette
remarque se fait facilement en pinçant la corde d'un
instrument.

Il paraît que le *timbre* du son dépend de la nature du corps sonore, ainsi que du plus ou moins
grand nombre d'harmoniques qui se produisent en
même temps que le son principal.

Du timbre.

Le son se propage à travers tous les corps élastiques. La vitesse de sa marche est variable suivant
le corps qui sert à le propager. Le son parcourt
dans l'air mille quarante-deux pieds par seconde. Sa
transmission est encore plus rapide à travers l'eau,
la pierre, le bois, etc. (1). En se propageant, le son
perd en général de sa force en raison directe du carré
de la distance ; c'est au moins ce qui a lieu pour
l'air. Il peut aussi, dans quelque cas, et dans certaines limites, acquérir de l'intensité en se propageant; c'est lorsqu'il marche au travers de corps
très-élastiques, comme les métaux, le bois, l'air
condensé, etc.

Propagation du son.

Les sons aigus, graves, intenses, faibles, etc.,
se propagent avec une égale rapidité, et sans se
confondre.

_____

(1) Voyez les *Mémoires d'Arcueil*, tom. II.

On pense généralement que le son se propage en ligne droite, en formant des cônes analogues à ceux que forme la lumière, avec cette différence essentielle cependant que, pour les cônes sonores, les molécules n'ont qu'un mouvement d'oscillation, tandis que pour les cônes lumineux elles ont un mouvement de transport.

Propriétés des membranes élastiques. Quand une corde est à l'unisson d'une autre corde, c'est-à-dire quand elle produit le même son, mise en vibration de la même manière, elle offre une propriété remarquable : elle vibre et produit le son qui lui est propre, si ce son est produit dans son voisinage. Cette propriété des cordes à l'unisson était connue depuis long-temps, mais on ne savait pas aussi bien que tous les corps sont susceptibles de vibrer et d'offrir un phénomène analogue à celui que présentent les cordes.

Expériences de M. Savart. M. Savart a montré, par une série d'expériences ingénieuses, que toutes les membranes élastiques, sèches ou humides, vibrent et transmettent le son si les vibrations sonores se faisaient entendre auprès de ces membranes, et sans qu'elles fussent à l'unisson avec les corps qui produisent les vibrations. M. Savart a aussi prouvé que les divers degrés de tension des membranes, leur épaisseur, leur homogénéité, l'humidité plus ou moins grande, avait une influence remarquable sur la facilité qu'elles ont à vibrer par communication; mais que, quel que fût leur état, elles vibraient toujours à l'unisson avec le son produit ; cette loi est d'ailleurs commune à tous les corps.

Ces expériences sont d'autant plus importantes qu'une grande partie des organes de l'ouïe se composent de membranes et de lames élastiques, ainsi que l'on va le voir.

Lorsque le son rencontre un corps qui lui fait obstacle, on présume qu'il se réfléchit de la même manière que la lumière, c'est-à-dire en faisant un angle d'incidence égal à l'angle de réflexion. La forme du corps qui réfléchit le son a sur lui la même influence. La lenteur avec laquelle le son se propage produit certains phénomènes dont l'explication n'est pas encore très-satisfaisante : tel est le phénomène de l'écho, celui de la chambre mystérieuse, etc.

Réflexion du son.

Appareil de l'audition.

L'appareil auditif est très-compliqué ; nous n'insisterons pas sur les détails anatomiques : il n'en résulterait aucun avantage, car on est encore très-peu instruit sur les usages des diverses parties qui constituent ce sens.

De même que dans l'appareil de la vision, on trouve dans celui de l'ouïe un ensemble d'organes qui paraissent concourir à la fonction par leurs propriétés physiques, et derrière ceux-ci un nerf destiné à recevoir et à transmettre les impressions.

L'appareil auditif se compose de l'oreille externe, de l'oreille moyenne, de l'oreille interne, et du nerf acoustique.

Oreille externe.

On comprend sous cette dénomination le *pavillon* et le *conduit auditif externe*.

Oreille
externe.

Le pavillon est plus ou moins grand, suivant les individus. Sa face externe qui, dans une oreille bien conformée, est un peu antérieure, présente cinq éminences, qui sont l'*hélix*, l'*anthélix*, le *tragus*, l'*antitragus*, le *lobule*, et trois cavités, savoir, celle de l'*hélix*, la *fosse naviculaire* et la *conque*.

Pavillon.

Le pavillon est formé d'un fibro-cartilage souple et élastique; la peau qui le recouvre est mince, sèche; elle est adhérente au fibro-cartilage par un tissu cellulaire serré qui contient très-peu de graisse : le lobule seul en contient une assez grande quantité. Au-dessous de la peau se voit un grand nombre de follicules sébacés, qui fournissent une matière blanche et micacée, qui donne à la peau son poli et une partie de sa souplesse. On voit aussi sur les diverses saillies du pavillon quelques fibres musculaires auxquelles on donne le nom de muscles, mais qui ne sont pour ainsi dire que des vestiges (1). Le pavillon reçoit beaucoup de nerfs et de vaisseaux ; aussi est-il très-sensible, et devient-il facilement rouge. Il est attaché à la tête par des ligaments du tissu cellulaire et des muscles qu'on a appelés, d'après leur position, antérieur, supérieur et postérieur. Ces muscles sont très-développés chez beaucoup d'animaux ; chez l'homme, on peut les considérer aussi comme de simples vestiges.

Conduit auditif.

Ce conduit s'étend de la conque à la membrane du tympan ; sa longueur, variable suivant l'âge, est de dix à douze lignes chez l'adulte ; il est plus étroit dans son milieu qu'à ses extrémités ; il présente une légère courbure en haut et en avant. Son orifice externe est ordinairement garni de poils, à l'instar de l'entrée des autres cavités. Il est composé d'une partie osseuse, d'un fibro-cartilage qui se confond avec celui du pavillon, d'une partie fibreuse qui le complète en haut. La peau s'y enfonce en s'amincissant, et se termine en recouvrant la face externe de la membrane du tym-

Conduit
auditif
externe.

---

(1) On appelle *vestiges*, en anatomie, des parties sans usage chez les animaux où on les observe, et qui ne font qu'indiquer le plan uniforme que la nature semble avoir suivi dans la construction des animaux vertébrés.

pan. Au-dessous de cette peau existent un grand nombre de follicules sébacés, qui fournissent le cérumen, matière jaune, amère, etc., qui a des usages que nous indiquerons plus tard.

Oreille moyenne.

Oreille moyenne.

L'oreille moyenne comprend la caisse du tympan, les osselets qui sont contenus dans cette caisse, les cellules mastoïdiennes, le conduit guttural, etc.

Caisse du tympan.

Caisse du tympan.

La caisse du tympan est une cavité qui sépare l'oreille externe de l'oreille interne. Sa forme est celle d'une portion de cylindre un peu irrégulier. Sa paroi interne présente en haut le trou ovale, qui communique avec le vestibule, et qui est fermé par une membrane; immédiatement au-dessous, une saillie qu'on appelle *promontoire*; au-dessous de cette saillie, une petite rainure qui loge un filet de nerf; plus bas encore une ouverture, nommée *trou rond*, qui correspond à la rampe externe du limaçon, et qui est aussi fermée par une membrane. Le côté externe présente la membrane du tympan. Cette membrane est dirigée obliquement en bas et en dedans; elle est tendue, très-mince et transparente, recouverte en dehors par un prolongement de la peau, en dedans par la mem-

brane muqueuse, qui revêt la caisse ; elle est aussi
recouverte de ce côté par le nerf nommé *corde du
tympan* : son centre donne attache à l'extrémité
du manche du marteau ; sa circonférence est fixée
à l'extrémité osseuse du conduit auditif ; elle y
adhère également dans tous les points, et ne présente d'ailleurs aucune ouverture qui fasse communiquer l'oreille externe avec l'oreille moyenne. Son
tissu est sec, fragile, et n'a point d'analogue dans
l'économie animale; on n'y reconnaît point de fibres,
de vaisseaux, ni de nerfs.

La circonférence de la caisse présente en avant :
1° l'ouverture du conduit guttural, par lequel la
caisse communique avec la partie supérieure du
pharynx ; 2° l'ouverture par laquelle entre le tendon du muscle interne du marteau. En arrière,
on voit : 1° l'ouverture des cellules mastoïdiennes,
cavités anfractueuses, pratiquées dans l'épaisseur
de l'apophyse mastoïde, qui sont toujours remplies d'air ; 2° la pyramide, petite saillie creuse qui
loge le muscle de l'étrier; 3° l'ouverture par laquelle entre dans la caisse la corde du tympan.
En bas, la caisse offre une fente, nommée *glénoï-
dale*, par laquelle entre le tendon du muscle antérieur du marteau, et sort la corde du tympan pour
aller s'anastomoser avec le nerf lingual de la cinquième paire. En haut, la circonférence n'offre
que quelques petites ouvertures, par lesquelles
passent des vaisseaux sanguins. La caisse du tym-

*Caisse du
tympan.*

pan et tous les conduits qui y aboutissent, sont tapissés d'une membrane muqueuse très-mince: cette cavité, qui est toujours remplie d'air, contient en outre quatre osselets (le *marteau*, l'*enclume*, le *lenticulaire*, et l'*étrier*), qui forment une chaîne depuis la membrane du tympan jusqu'à la fenêtre ovale, où est fixée la base de l'étrier. De petits muscles sont destinés à mouvoir cette chaîne, à tendre et à relâcher les membranes auxquelles elle aboutit : ainsi, le muscle interne du marteau la tire en avant, courbe la chaîne dans ce sens, et tend les membranes; le muscle antérieur produit l'effet opposé. On conçoit aussi que le petit muscle qui est logé dans la pyramide, et qui s'attache au col de l'étrier, peut imprimer une légère tension à la chaîne, en la tirant de son côté.

Oreille interne, ou labyrinthe.

Oreille interne. Elle se compose du limaçon, des canaux demi-circulaires et du vestibule.

Limaçon. Le limaçon est une cavité osseuse, contournée en spirale, disposition qui lui a mérité le nom qu'elle porte. Cette cavité est partagée en deux autres qu'on appelle les *rampes* du limaçon, et qu'on distingue en interne et en externe. La cloison qui les sépare est une lame placée de champ, et qui, dans toute sa longueur, est en partie osseuse et en partie membraneuse. La rampe externe communique, par la fenêtre ronde, avec la caisse du tympan; la rampe interne aboutit dans le vestibule.

Canaux demi-circulaires.

On appelle ainsi trois cavités cylindroïdes, courbées en demi-cercle, dont deux sont disposées horizontalement, tandis que la troisième est verticale. Ces canaux se terminent au vestibule par leurs extrémités. Ils contiennent des corps de couleur grisâtres, qui se terminent à leurs extrémités par des renflements.

Canaux demi-
circulaires.

Vestibule.

Cavité centrale, point de réunion de toutes les autres. Elle communique avec la caisse par la fenêtre ovale, avec la rampe interne du limaçon, avec les canaux demi-circulaires, et avec le conduit auditif interne par un grand nombre de petites ouvertures.

Vestibule.

Toutes les cavités de l'oreille interne sont creusées dans la partie la plus dure du rocher : elles sont tapissées d'une membrane extrêmement mince, et sont remplies par un liquide ténu, limpide, nommé *liquide de Cotunni*, lequel peut re-

fluer par deux pertuis connus sous le nom d'*aqueducs du limaçon* et *du vestibule*. Ce liquide est très-
voisin du liquide céphalo-spinal, à l'orifice du conduit auditif interne; il ne paraît pas que ces deux
liquides communiquent entre eux : du moins les recherches que j'ai faites sur ce point ne m'ont point
conduit à ce résultat. Ces cavités contiennent en
outre le nerf acoustique.

Du nerf acoustique.

Nerf
acoustique.

Ce nerf naît du quatrième ventricule; il entre
dans le labyrinthe par les trous que présente à son
fond le conduit auditif interne. Arrivé dans le vestibule, il se partage en plusieurs branches, dont l'une
reste dans le vestibule, une autre entre dans le limaçon, et deux sont destinées pour les canaux
demi-circulaires. La manière dont ces diverses branches se comportent dans les cavités de l'oreille interne a été décrite avec soin par Scarpa; il serait
superflu d'insister ici sur ces détails.

En terminant cet exposé succinct, nous ferons
remarquer que l'oreille interne et l'oreille moyenne
sont traversées par plusieurs filets nerveux, dont
la présence, dans cet endroit, n'est probablement
point inutile à l'audition; on sait que le nerf facial marche long-temps au milieu d'un canal spi-
roïde creusé dans l'épaisseur du rocher. Dans ce
canal il reçoit un filet du nerf vidien; il fournit la

corde du tympan qui vient s'appliquer sur cette membrane. Plusieurs autres anastomoses se voient encore dans l'oreille ou dans son voisinage ; elles ont été l'objet des recherches persévérantes de MM. Jacobson et Breschet.

Des expériences récentes m'ont appris que l'oreille présente, sous le rapport du siége de la sensibilité, des circonstances physiologiques analogues à celles qu'offre l'œil.

La membrane qui revêt le conduit auditif est d'une extrême sensibilité : elle est déjà très-apparente à l'entrée de ce conduit ; au fond, le moindre contact d'un corps étranger excite une vive douleur, et les médecins ont de tout temps remarqué les souffrances horribles qui accompagnent les inflammations de cette partie. D'après cela, il était fort présumable que la sensibilité serait encore plus exquise dans la caisse, et surtout qu'elle serait pour ainsi dire au maximum si on arrivait jusque dans les cavités du labyrinthe. Il en est tout autrement : de même qu'à l'œil la grande sensibilité est à la partie extérieure de l'appareil, cette propriété est déjà fort obtuse dans la caisse, et le nerf acoustique, touché, piqué, déchiré même sur les animaux, ne m'a pas donné d'indice apparent de sensibilité ; et, sous ce rapport, il est dans une opposition bien remarquable avec le nerf de la cinquième, qui, pour ainsi dire en contact avec l'acoustique à son origine, ne peut être touché,

Limites de la vive sensibilité de l'oreille.

même très-légèrement, sans qu'il n'en résulte une douleur des plus aiguës. Sous ce rapport, le nerf de l'ouïe ressemble donc au nerf optique.

Mécanisme de l'audition.

Usages du pavillon.

Usages du pavillon de l'oreille.

Il rassemble les rayons sonores et les dirige vers le conduit auditif, d'autant mieux qu'il est plus grand, plus élastique, plus détaché de la tête, et plus dirigé en avant. Boerhaave prétendait avoir prouvé, par le calcul, que tous les rayons sonores qui tombent sur la face externe du pavillon sont, en dernier résultat, dirigés vers le conduit auditif. Cette assertion est évidemment inexacte, au moins pour certains pavillons dont l'anthélix est plus saillant que l'hélix. Comment arriveraient à la conque les rayons qui viendraient tomber sur la face postérieure de l'anthélix ?

Il est beaucoup plus probable que le pavillon est lui-même, à raison de sa grande élasticité, qui peut être modifiée légèrement par les muscles intrinsèques, susceptible d'entrer en vibration sous l'influence des ondulations sonores imprimées à l'air. Et, quant aux inégalités de sa surface, il paraît, suivant M. Savart, qu'elles auraient pour utilité de présenter toujours une égale surface de pentes dont la direction serait normale à celle du mouvement vibratoire imprimé à l'air. L'expérience apprend en effet que selon qu'une membrane est ou n'est pas parallèle aux surfaces des corps qui vibrent près d'elle, ses oscillations sont plus ou moins prononcées. Le parrallélisme est le cas le plus favorable.

Le pavillon n'est pas indispensable à l'audition, car chez l'homme et chez les animaux il peut être enlevé sans que l'ouïe en souffre, si ce n'est au-delà de quelques jours.

Le paviillon n'est pas indispensable à l'audition.

Usages du conduit auditif.

Le conduit transmet le son à la manière de tout autre conduit, en partie par l'air qu'il contient, en partie par ses parois, jusqu'à la membrane du tympan. — Les poils qu'il présente, surtout à son entrée, et le cérumen, ont pour usage de s'opposer à l'introduction des corps étrangers, tels que grains de sable, de poussière, insectes, etc.

Usages du conduit auditif.

Usages de la membrane du tympan.

Cette membrane forme la séparation du conduit auditif et de la caisse; elle est tendue, mince et élastique, et partout d'égale épaisseur. A ces divers titres, elle doit entrer en vibration sous l'influence des ondes sonores que lui apporte le conduit, soit par l'air soit par ses parois.

Mais, d'après une expérience très-simple de

Usages de la membrane du tympan.

M. Savart, il paraît que c'est surtout le son transmis par l'air qui la met en vibration.

Ce savant physicien plaça au sommet tronqué d'un cône fait avec une feuille de carton, une petite membrane tendue qui en fermait l'ouverture, à peu près comme la membrane du tympan ferme le conduit auditif; il produisait ensuite des sons près des parois, à l'extérieur du cône; la membrane vibra peu; mais s'il produisait les mêmes sons à la base du cône, de manière qu'ils fussent transmis à la membrane par l'air intérieur, les vibrations étaient très-prononcées, même à une distance de vingt-cinq à trente mètres.

Usages de la caisse et des osselets.

La manière dont les muscles du marteau s'insèrent à cet osselet, et la manière dont il est lui-même fixé à la membrane, indiquent clairement qu'il doit y avoir des degrés dans sa tension. On ne pourrait, sans absurdité, supposer que cette petite membrane se mît à l'unisson des innombrables sons que notre oreille perçoit, mais il est plus que probable que dans certains cas elle est tendue par le muscle interne, et dans d'autres relâchée par le muscle antérieur du marteau.

On n'avait eu jusqu'ici que des conjectures à faire sur cette question curieuse, mais quelques essais de M. Savart semblent avoir dévoilé la vérité.

Quand une membrane mince est très-tendue, elle vibre avec difficulté, c'est-à-dire que les ex-

cursions de ses parties vibrantes sont très-petites;
c'est le contraire quand la même membrane est
relâchée; et comme il est prouvé directement,
par l'expérience, que la membrane du tympan en
place vibre par l'effet des ondes sonores qui parviennent à sa surface, il n'est pas douteux non
plus, que plus elle est tendue et moins les amplitudes de ses excursions sont grandes. Il y a donc
une forte probabilité qu'elle se relâche pour les
sons faibles ou agréables, et qu'elle se tend pour
les sons trop intenses ou désagréables.

Comme la membrane du tympan est sèche et
élastique, elle doit très-bien transmettre le son,
d'une part à l'air contenu dans la caisse, de l'autre
à la chaîne des osselets (1). La corde du tympan
ne peut manquer de participer aux vibrations de
la membrane, et de transmettre au cerveau quelques impressions. On sait que le contact d'un
corps étranger sur la membrane est excessivement douloureux, et qu'un bruit violent occasionne
aussi une vive douleur, et même son déchirement;
toutefois ce dernier accident n'a pas la gravité
qu'on pourrait craindre, car la membrane peut
être rompue et même rester perforée sans que
l'audition soit sensiblement dérangée.

---

(1) Pour les diverses opinions émises sur les usages de
cette membrane, *voyez* HALLER, tom. V, pag 198, 199 et
suivantes.

Usages de la caisse du tympan.

Usages de la
caisse du
tympan.

Son usage principal est de transmettre à l'oreille interne les sons qu'elle a reçus de l'oreille externe. Cette transmission du son par la caisse a lieu, 1° par la chaîne des osselets, qui agit particulièrement sur la membrane de la fenêtre ovale (1); 2° par l'air qui la remplit, et qui agit sur toute la portion pierreuse, mais surtout sur la membrane de la fenêtre ronde; 3° par ses parois.

Il ne paraît guère douteux que la caisse du tam-

---

(1) On sait fort peu de chose sur l'utilité des mouvements qui peuvent être imprimés à la chaîne. Cependant, puisque tous les osselets sont unis entre eux, que le premier et le dernier touchent, l'un au tympan, l'autre à la fenêtre ovale, que d'ailleurs le marteau peut se mouvoir, il me semble qu'il était indispensable, pour qu'il n'y eût pas de déchirement, que la chaîne fût composée de plusieurs pièces mobiles les unes sur les autres. Ensuite il me semble encore que quand le marteau est tiré en dedans, ce mouvement se porte jusqu'à l'étrier, qui comprime le fluide contenu dans le labyrinthe, et que de là il doit résulter que les amplitudes des oscillations de la membrane de la fenêtre ronde deviennent moindres. Au reste, je crois que la chaîne des osselets est dans l'oreille ce qu'est l'âme dans un violon. (Savart.)

La perte des osselets, l'étrier excepté, n'entraîne pas nécessairement celle de l'ouïe : cependant j'ai cru remarquer que les individus qui se trouvent dans ce cas ne conservent pas ce sens au-delà de deux ou trois ans.

bour ait encore pour usage d'entretenir, au-devant de la fenêtre ronde, une espèce d'atmosphère particulière, dont les propriétés sont à très-peu près constantes, attendu que cette petite masse d'air est maintenue continuellement à la même température par les vaisseaux sanguins environnants; sans cette précaution, la membrane de la fenêtre ronde se détériorerait bientôt, et c'est ce qui doit arriver quand le tympan est largement perforé.

Usages de la trompe d'Eustache.

La trompe sert à renouveler l'air de la caisse; son oblitération est, dit-on, une cause de surdité.

C'est à tort qu'on a dit qu'elle pouvait conduire les sons à l'oreille interne : rien ne le fait supposer; elle donne issue à l'air dans les cas où des sons violents viennent frapper le tympan, et permet le renouvellement de celui qui remplit la caisse et les cellules mastoïdiennes. L'air contenu dans la caisse, étant très-raréfié, est propre à diminuer l'intensité des sons qu'il transmet, et par conséquent à protéger les parties délicates et fragiles qui entrent dans la structure de l'oreille interne.

Usages du conduit guttural.

Usages des cellules mastoïdiennes.

L'usage des cellules mastoïdiennes n'est pas bien connu; on soupçonne qu'elles concourent à aug-

Usages des cellules mastoïdiennes.

menter l'intensité du son qui arrive dans la caisse.
Si elles produisent cet effet, ce doit être plutôt par
les vibrations des lames qui séparent les cellules,
que par celles de l'air qu'elles contiennent.

Le son peut arriver à la caisse autrement que
par le conduit auditif; les chocs produits sur les
os de la tête sont dirigés vers le temporal, et perçus par l'oreille. Tout le monde sait qu'on entend
distinctement le bruit du mouvement d'une montre lorsqu'on la met en contact avec les dents.

Usages de l'oreille interne.

Usages
de l'oreille
interne.

On est très-peu instruit des fonctions de l'oreille
interne; on conçoit seulement que les vibrations
sonores y sont propagées de plusieurs manières,
mais principalement par la membrane de la fenêtre ovale, par celle de la fenêtre ronde, et par
la paroi interne de la caisse; que le liquide de *Cotunni* doit éprouver des vibrations qui se transmettent au nerf acoustique. On conçoit aussi combien
il est important que ce liquide puisse céder à des
vibrations trop intenses, qui pourraient endomma-
ger ce nerf. Il est possible, en ce cas, qu'il reflue
dans les aqueducs du limaçon et du vestibule,
qui, sous ce rapport, auraient, comme on voit,
beaucoup d'analogie avec la trompe d'Eustache.

La rampe externe du limaçon doit recevoir
principalement les vibrations par la membrane de

la fenêtre ronde; le vestibule, par l'extrémité de la chaîne des osselets, les canaux demi-circulaires, par les parois de la caisse, et peut-être par les cellules mastoïdiennes, qui souvent se prolongent jusqu'au-delà des canaux. Mais on ignore absolument la part que prend à l'audition chacune des parties de l'oreille interne (1).

_____

(1) Le célèbre Th. Joung, secrétaire de la Société royale de Londres, cet homme d'un si prodigieux savoir, et d'une si haute capacité intellectuelle, a proposé plusieurs *idées* relatives aux usages de l'oreille interne; selon lui, les canaux demi-circulaires servent *à juger* de l'*acuité* ou de la *gravité* des sons; ils reçoivent les ébranlements en même temps par leurs deux extrémités, ce qui occasione *une récurrence d'effets semblables à différents points de leur longueur , selon le caractère du son.* L'étrier *presse* plus ou moins le fluide du vestibule, qui transmet les impressions sonores. Le limaçon paraît être un *micromètre du son.* (*Med. lit.,* p. 98 , *Let.* 5.) Mais que sont les suppositions les plus ingénieuses quand elles ne sont pas appuyées de faits ou vérifiées par des expériences ?

M. Deleau a reconnu chez un enfant sourd-muet de naissance, et complètement insensible à toute espèce de son, absence de l'étrier et de la fenêtre ovale. Des faits de cette nature, en se multipliant, pourront un jour éclairer les usages de l'oreille interne.

Voyez pour cette question difficile et obscure un mémoire de M. Esser, *sur les Fonctions des diverses parties de l'organe auditif,* traduit et annoté par M. G. Breschet, *Archives générales de Médecine ,* 1831. *Voyez* aussi un mémoire de Maucke, dans les *Archives* de Meckel, t. VII, p. 1.

La cloison osso-membraneuse qui sépare le limaçon en deux rampes a donné lieu à une hypothèse
que personne n'admettrait aujourd'hui.

Action du nerf acoustique.

Le nerf acoustique reçoit les impressions, et les
transmet au cerveau; celui-ci les perçoit avec plus
ou moins de promptitude, de justesse, suivant les
individus; mais cette action elle-même est soumise
à l'influence de la cinquième paire. Quand ce dernier nerf est coupé ou malade, l'ouïe est faible et
souvent abolie.

Beaucoup de personnes ont l'ouïe fausse, c'est-à-
dire ne distinguent pas exactement les sons.

On n'explique point l'action du nerf acoustique
ni celle du cerveau dans l'audition, mais on a fait à
cet égard quelques observations.

Les sons, pour être perçus, ont besoin d'être
dans de certaines limites d'intensité. Un son trop
fort nous blesse, un son trop faible ne produit pas
de sensation. Nous pouvons percevoir un grand
nombre de sons à la fois. Les sons, et surtout les
sons appréciables, combinés et se succédant d'une
certaine manière, sont une source de sensations
des plus agréables. Un art, la musique, dispose et

combine les sons. Pour les oreilles organisées de
manière à le sentir, la musique est sans doute le

premier des arts, car aucun autre ne fait naître
des sensations plus vives et plus délicieuses, n'excite

plus facilement l'enthousiasme porté jusqu'au délire, ne laisse des traces plus profondes et un plus doux souvenir.

D'autres combinaisons de sons produisent, au contraire, une impression désagréable : les sons très-aigus blessent l'oreille ; les sons très-intenses et très-graves déchirent la membrane du tympan. Lorsqu'un son a été très-prolongé, nous croyons encore l'entendre, quoiqu'il ait déjà cessé depuis long-temps.

Sons désagréables.

De même que des aveugles nés ont été rendus à la lumière à un âge où ils pouvaient tenir compte de leurs sensations ; de même des sourds de naissance ont acquis l'ouïe à une époque assez avancée de leur vie pour comprendre l'immense avantage de l'acquisition d'un nouveau sens. La science possède aujourd'hui plusieurs exemples de cette nature ; ils ne sont pas moins intéressants sous le rapport physiologique que sous le point de vue philosophique.

Telle est l'histoire suivante, dont l'authenticité a été constatée par l'Académie des Sciences de Paris : Louis-Honoré Trésel, âgé de dix ans, né à Paris de parents pauvres, était de cette classe de sourds qui n'entendent pas même les bruits les plus violents, les explosions les plus fortes. Sa physionomie, image de son intelligence, avait peu d'expression. Il traînait les pieds à chaque pas ; sa démarche était chancelante ; il ne sa-

Histoire d'Honoré Trésel, sourd-muet de naissance, rendu à l'ouïe et à la parole.

Histoire
d'Honoré
Trésel,
sourd-muet
de naissance,
rendu à l'ouïe
et à la parole.

vait pas se moucher. L'ouïe lui fut donnée au moyen d'une opération inventée par un sourd qui, fatigué de sa position et de l'inutilité des tentatives des médecins, parvint à se guérir lui-même.

Cette opération consiste en des injections d'air ou de divers liquides dans la caisse du tympan par le conduit guttural de cette caisse.

Les premiers jours qui suivirent le développement de son ouïe furent pour Honoré des jours de ravissement. Tous les sons, les bruits même, lui causaient un plaisir ineffable, et il les recherchait avec avidité; il était particulièrement dans une sorte d'extase en écoutant une tabatière harmonique; mais il lui fallut un certain temps avant qu'il s'aperçût que la parole était un moyen de communication; encore s'attacha-t-il d'abord, non aux sons qui la forment, mais aux mouvements des lèvres qui l'accompagnent, et auxquels jusque-là il n'avait donné aucune attention : aussi crut-il pendant quelques jours qu'un enfant de sept mois parlait, parce qu'il lui voyait remuer les lèvres. On lui fit bientôt reconnaître son erreur, et il sut dès lors que c'était aux sons qu'il fallait attacher de l'importance, et non aux mouvements des lèvres qui les accompagnent.

Mais le malheur voulut qu'il entendît une pie prononcer quelques mots; généralisant aussitôt ce fait particulier, il en conclut que tous les animaux étaient doués de la parole, et voulut absolument faire parler un chien qu'il affectionnait. Il recourut à la violence pour lui faire dire : *Papa, du pain,* seuls mots qu'il pût lui-même prononcer. Les cris aigus de l'animal finirent par l'effrayer, et il renonça à sa singulière entreprise.

Histoire d'Honoré Trésel, sourd-muet de naissance, rendu à l'ouïe et à la parole.

Un mois s'écoula, et cependant Honoré restait à peu près au même point. Absorbé par ses sensations et ses remarques nouvelles, il ne pouvait pas saisir les syllabes qui forment les mots. Il lui fallut près de trois mois avant qu'il distinguât et comprît quelques mots composés, et le sens de quelques phrases simples et courtes.

Il lui fallut aussi beaucoup de temps pour reconnaître la direction du son. Une personne, s'étant cachée dans une chambre où se trouvait l'enfant, l'appela à diverses reprises ; ce ne fut qu'avec grand'peine qu'il découvrit le lieu d'où partait la voix ; encore fut-ce plutôt par les yeux et le raisonnement qu'il y parvint, que par son oreille. (Voir *la fin de cette observation à l'article des rapports de l'ouïe et de la voix.*)

Action simultanée des deux appareils de l'ouïe.

Nous recevons deux impressions, et cependant nous n'en percevons qu'une. On a dit que nous ne nous servions jamais que d'une oreille à la fois, ce qui est inexact. A la vérité, quand le son arrive

Action simultanée des deux appareils de l'ouïe.

directement à une oreille, il est saisi bien plus facilement par celle-là, et bien plus difficilement
par l'autre : aussi, dans ces cas, n'employons-nous
qu'une oreille ; et lorsque nous écoutons attenti-
vement un son que nous craignons de ne pas
entendre, faisons-nous en sorte que les rayons
entrent directement dans la conque. Mais, quand

Comment nous estimons la direction du son.

il s'agit de juger de la direction du son, c'est-à-
dire de décider du point d'où il part, nous sommes
obligés de nous servir de nos deux oreilles, car ce
n'est qu'en comparant l'intensité des deux impressions, que nous parvenons à reconnaître le lieu
d'où part le son. Si, par exemple, on se bouche
exactement une oreille, et que l'on fasse produire,
à quelque distance de soi, un bruit léger dans un
lieu obscur, il sera impossible de juger de la direction du son ; on pourra y réussir en se servant
des deux oreilles. La vue est d'un grand secours
pour ces sortes de jugement, car souvent, dans
l'obscurité, même en se servant des deux oreilles,
il est impossible de décider d'où part le bruit qui
nous frappe.

Manière dont nous jugeons de la distance des corps sonores.

Le son peut aussi nous faire juger de la distance
qui nous sépare du corps qui le produit ; mais,
pour porter des jugemens justes à cet égard, il
faut que la nature du son soit familière, car, sans
cette condition, nous tombons dans des erreurs
inévitables. Nous jugeons, dans ce cas, d'après ce
principe, *qu'un son très-intense part d'un corps voi-*

sin, tandis qu'un son faible part d'un corps éloigné; s'il arrive qu'un son intense vienne d'un corps éloigné, si un son faible part d'un corps voisin, il y a alors ce qu'on nomme *erreurs d'acoustique.* En général, nous sommes facilement trompés sur le point d'où part le son; la vue, le raisonnement, sont d'un grand secours pour asseoir un certain jugement à cet égard.

Les divers degrés de divergence ou de convergence des rayons sonores ne paraissent pas influer sur l'audition; aussi l'art ne modifie-t-il la marche des rayons sonores que pour en faire entrer à la fois un plus grand nombre dans l'oreille : c'est à quoi servent les cornets acoustiques mis en usage quand l'ouïe est *dure.* Il est quelquefois nécessaire de diminuer l'intensité des sons : nous plaçons alors instinctivement un corps mou et peu élastique dans le conduit auditif.

Modifications de l'audition par l'âge.

L'oreille est formée de très-bonne heure chez le fœtus. A la naissance, tout ce qui appartient à l'oreille interne, aux osselets, est à peu près tel qu'il restera par la suite; mais les autres parties de l'oreille moyenne et de l'oreille externe ne sont point encore en état d'agir, ce qui établit une différence très-grande entre l'œil et l'oreille. Le pavillon est relativement très-petit, mou et par conséquent peu élastique; il est tout-à-fait impropre

Oreille
de l'enfant.

à remplir les fonctions qui lui sont attribuées. Les parois du conduit auditif participent de la structure du pavillon; la membrane du tympan est très-oblique, et fait en quelque sorte suite à la paroi supérieure du conduit; elle est, en conséquence, mal disposée pour recevoir les rayons sonores. Toute l'oreille externe est recouverte d'une matière blanchâtre, molle, et qui s'oppose encore à ce qu'elle puisse remplir ses fonctions. La caisse du tympan est un peu plus petite, proportionnellement; au lieu d'air, elle contient un mucus épais. Les cellules mastoïdiennes n'existent point. Par les progrès de l'âge, l'appareil auditif acquiert assez prompte-

Oreille
du vieillard.

ment la disposition que nous avons indiquée pour l'adulte. Dans la vieillesse, les changements qu'il éprouve, sous les rapports physiques, loin d'être défavorables, comme cela arrive pour l'œil, semblent au contraire le perfectionner : toutes les parties deviennent plus dures, plus élastiques; les cellules mastoïdiennes s'étendent jusqu'au sommet du rocher, enveloppent ainsi de tous côtés les cavités de l'oreille interne.

Audition
à la naissance.

Les bruits les plus forts n'affectent pas sensiblement l'enfant qui vient de naître : après quelque temps, il paraît reconnaître les sons aigus; aussi, est-ce le genre de sons que les nourrices choisissent pour attirer son attention. Il se passe fort

Audition
chez l'enfant.

long-temps avant que l'enfant juge sainement de l'intensité, de la direction du son, et surtout avant qu'il attache un sens aux différens sons articulés. De même qu'il affectionne la lumière vive, de même les sons les plus aigus, les plus intenses, sont ceux qu'il préfère pendant long-temps.

Quoique l'appareil auditif se perfectionne physiquement avec l'âge, il est certain cependant que l'ouïe devient dure avec la première vieillesse, et qu'il est très-peu de vieillards qui ne soient plus ou moins sourds. Cette circonstance paraît tenir, d'une part, à la diminution de l'humeur de Cotunni, et de l'autre, à la diminution progressive de la sensibilité du nerf acoustique.

Audition chez le vieillard.

ODORAT.

La plupart des corps de la nature laissent échapper des particules excessivement ténues, qui se répandent dans l'air, et sont quelquefois portées, par ce véhicule, à une grande distance. Ces particules constituent les odeurs ; un sens est disposé à les reconnaître et à les aprécier : ainsi s'établit un rapport important entre les animaux et les corps.

Des odeurs.

Les corps dont toutes les molécules sont fixes sont nommés *inodores*.

Parmi les corps odorants, il est de grandes différences, relatives à la manière dont se développent les odeurs : les uns ne les laissent échapper que lorsqu'ils ont été échauffés ; ceux-ci, que lorsqu'ils ont été frottés ; d'autres ne répandent que des

Manière dont se développent les odeurs.

odeurs faibles, d'autres n'en exhalent que de fortes. Telle est la ténuité des particules odorantes, qu'un même corps peut en dégager pendant un temps très-long sans changer sensiblement de poids.

Classification
des
odeurs.

Chaque corps odorant a une odeur particulière. Comme ces corps sont très-nombreux, on a voulu classer les odeurs : toutes les tentatives qu'on a faites à cet égard ont été également infructueuses. On ne peut guère distinguer les odeurs qu'en *faibles* et *fortes*, *agréables* et *désagréables*. On reconnaît encore des odeurs *musquées*, *aromatiques*, *fétides*, *vireuses*, *spermatiques*, *piquantes*, *muriatiques*, etc. Il en est de *fugitives*, de *tenaces*. Dans la plupart des cas, on ne peut désigner une odeur qu'en la comparant à celle d'un corps connu.

Des propriétés nourrissantes, médicamenteuses, et même vénéneuses ont été attribuées aux odeurs; mais, dans les cas qui ont donné lieu à ces opinions, n'aurait-on pas confondu l'influence des odeurs avec les effets de l'absorption ? Un homme qui pile du jalap pendant quelque temps sera purgé comme s'il avait avalé de cette substance. Cet effet ne dépend pas de l'action des effluves odorantes sur l'organe olfactif, mais bien des particules répandues dans l'air et qui se sont introduites dans la circulation, soit avec la salive, soit avec l'air que nous respirons ; à cette même cause doit être attribuée l'ivresse des personnes exposées pendant quelque temps à la vapeur des liqueurs spiritueuses.

L'air est le véhicule ordinaire des odeurs, il les transporte au loin : cependant elles se produisent aussi dans le vide, et il y a des corps qui semblent lancer des particules odorantes avec une certaine force. Cette question physique demande de nouvelles recherches; on ne sait pas s'il y a dans la marche des odeurs quelque chose d'analogue à la divergence ou à la convergence, à la réflexion ou à la réfraction des rayons lumineux. Les odeurs s'attachent ou se combinent à plusieurs liquides ainsi qu'à beaucoup de solides. On se sert de ce moyen, soit pour les fixer, soit pour les conserver.

Propagation des odeurs.

Les liquides, les vapeurs, les gaz, plusieurs corps solides réduits en poudre impalpable ou même grossière, ont aussi la propriété d'agir sur les organes de l'odorat.

Appareil de l'odorat.

L'appareil olfactif représente une espèce de crible placé sur le chemin que l'air parcourt le plus souvent pour s'introduire dans la poitrine, et destiné à retenir tous les corps étrangers qui seraient mêlés avec l'air, et particulièrement les odeurs.

Appareil de l'odorat.

Cet appareil est extrêmement simple, il diffère

essentiellement de celui de la vue et de l'ouie, en ce que l'on ne voit pas au-devant du nerf des parties destinées à modifier physiquement l'excitant : le nerf y est en quelque sorte à nu. L'appareil se compose de la membrane pituitaire, qui revêt les cavités nasales de la membrane qui tapisse les sinus, du nerf olfactif et de divers filets nerveux de la cinquième paire.

Membrane pituitaire.

La membrane pituitaire recouvre toute l'étendue des fosses nasales, augmente beaucoup l'épaisseur des cornets, se prolonge au-delà de leurs bords et de leurs extrémités, de manière que l'air ne peut traverser les fosses nasales que par des routes fort étroites et assez longues. Cette membrane est épaisse, adhère fortement aux os et aux cartilages qu'elle recouvre. Sa surface présente une infinité de petites saillies, que les uns ont considérées comme des papilles nerveuses, que les autres ont envisagées comme des cryptes muqueux, mais qui, selon toutes les apparences, sont vasculaires. Ces saillies donnent à la membrane un aspect velouté. La pituitaire est douce au toucher, molle, reçoit un très-grand nombre de vaisseaux et de nerfs.

Les routes que l'air parcourt pour arriver dans l'arrière-bouche méritent quelque attention.

Routes que l'air parcourt pour traverser les fosses nasales.

Elles sont au nombre de trois : on les distingue, en anatomie, par les noms de *meats inférieur, moyen,* et *supérieur.* L'inférieur est le plus large et le plus long, le moins oblique, le moins tortueux; le moyen est plus étroit, presque aussi long, mais plus étendu de haut en bas; le supérieur est beaucoup plus court, plus oblique et plus étroit encore. Il faut ajouter à ces routes l'intervalle étroit qui sépare, dans toute son étendue, la cloison des fosses nasales de la paroi externe. Telle est l'étroitesse de tous ces canaux, que le moindre gonflement de la pituitaire rend difficile, et même quelquefois impossible, le passage de l'air à travers les fosses nasales.

Dans les deux méats supérieurs communiquent des cavités plus ou moins spacieuses, creusées dans l'épaisseur des os de la tête, et nommés *sinus*. Ces sinus sont le *maxillaire*, le *palatin*, le *sphénoïdal*, le *frontal*, et ceux qui sont pratiqués dans l'épaisseur de l'ethmoïde, plus connus sous le nom de *cellules ethmoïdales*.

Ces sinus n'ont de communication qu'avec les deux méats supérieurs. Le sinus frontal, le maxillaire, les cellules antérieures de l'ethmoïde s'ouvrent dans le méat moyen; le sinus sphénoïdal, le palatin, les cellules postérieures de l'ethmoïde, s'ouvrent dans le méat supérieur. Les sinus sont tapissés par une membrane mince, molle, peu adhérente à leurs parois, qui paraît du genre des muqueuses. Elle sécrète avec plus ou moins d'abondance une matière nommée *mucus nasal*, qui se répand continuellement sur la pituitaire, et paraît être utile dans l'olfaction. L'étendue considérable des sinus

Des sinus.

Du mucus nasal.

paraît coïncider avec une perfection plus grande de l'odorat : c'est au moins là un des résultats les plus positifs de la physiologie comparée.

Le nerf olfactif naît par trois racines distinctes de la partie postérieure, inférieure et interne du lobe antérieur du cerveau. D'abord prismatique, il marche vers la lame criblée de l'ethmoïde; là, il se gonfle tout à coup, puis il se divise en un très-grand nombre de filets qui se répandent sur la pituitaire, principalement dans la partie supérieure de cette membrane. Semblable aux nerfs de la vue et de l'ouïe, le nerf olfactif est insensible aux pressions, piqûres, etc., et même au contact des corps dont les odeurs sont les plus fortes.

Il est important de remarquer que l'on n'a pas encore pu suivre les filets du nerf olfactif sur le cornet inférieur, sur la face interne du moyen, ni dans aucun sinus. La pituitaire ne reçoit pas seulement le nerf de la première paire, elle reçoit encore un grand nombre de filets, nés de la face interne du ganglion sphéno-palatin; ces filets se distribuent dans les méats et à la partie inférieure de la membrane. Elle recouvre aussi assez long-temps le filet ethmoïdal du nerf nasal, et en reçoit un assez grand nombre de filaments. N'omettons pas de rappeler que tous ces nerfs sont des branches de la cinquième paire. La membrane qui revêt les sinus reçoit aussi quelques ramuscules nerveux.

Les fosses nasales communiquent au dehors par

le moyen des narines dont la forme, la grandeur et la direction varient beaucoup. Les narines sont intérieurement garnies de poils, et peuvent s'agrandir par l'action musculaire. Les fosses nasales s'ouvrent dans le pharynx par les narines postérieures.

Mécanisme de l'odorat.

L'appareil olfactif se présente d'une manière bien différente de l'appareil de la vue ou de l'ouïe; dans ces derniers, la sensibilité générale est distincte, par son siége, de la sensibilité spéciale. A l'œil, la conjonctive offre l'une, la rétine l'autre; à l'oreille, le conduit auditif exerce la première, et le nerf acoustique est l'organe de la seconde. Dans la pituitaire, si les deux propriétés existent, elles sont beaucoup plus difficiles à distinguer.

Cependant il semble que les deux phénomènes s'isolent quelquefois; il existe des hommes qui n'ont point d'odorat, et qui ont la pituitaire très-sensible au contact de certains corps jusqu'au point d'en distinguer les propriétés physiques; par exemple, celle de diverses sortes de tabac.

L'expérience m'a démontré que la sensibilité générale de la pituitaire cesse par la section de la cinquième paire dans les quatre classes des vertébrés; dès que cette section est faite, aucun contact, aucune piqûre, aucun corrosif même, ne produisent

Mécanisme de l'odorat.

Sensibilité générale et sensibilité spéciale de la pituitaire.

La sensibilité de la pituitaire dépend de la cinquième paire.

d'impression appréciable sur la membrane du nez; sous ce rapport, la pituitaire est semblable à la conjonctive. Mais ce qui n'est pas moins remarquable, même insensibilité se manifeste pour les odeurs les plus fortes et les plus pénétrantes, telles que celle d'ammoniaque ou d'acide acétique.

Il semble donc que le nerf olfactique est dans le même cas que les nerfs optique et acoustique : il ne peut agir si la cinquième paire n'est point intacte.

Expériences sur l'odorat.

Voici un fait qui s'éloigne encore davantage des idées généralement répandues touchant les fonctions des nerfs de la première paire :

J'ai détruit ces deux nerfs sur un chien, j'ai présenté à l'animal des odeurs fortes, il les a parfaitement senties, et s'est comporté comme s'il eût été dans son état ordinaire. J'ai voulu faire les mêmes essais pour des odeurs faibles, telles que celle des aliments; mais je n'ai pu obtenir de résultats assez prononcés pour affirmer que ce genre d'odeurs agissaient sur le nez de l'animal. Il serait donc possible que le nerf olfactique ne fût pas le nerf de l'odorat, et que la sensibilité olfactive fût confondue avec la sensibilité générale dans le même nerf. (*Voyez* mon *Journal de Physiologie*, tom. IV.)

Cas pathologiques relatifs aux fonctions des nerfs olfactifs.

Plusieurs faits pathologiques, qui sans doute auraient passé inaperçus avant la publication de ces expériences, sont venus en confirmer les résultats.

On a vu des individus dont les nerfs olfactifs étaient complètement détruits conserver l'odorat jusqu'au dernier instant de leur vie, prendre du tabac avec plaisir et en distinguer les diverses qualités, tout en se plaignant de la mauvaise odeur répandue dans leur voisinage. (Voyez *Journal de Physiologie*, tom. V, *Observation de M. Bérard communiquée par M. Béclard*) D'une autre part, des malades, dont la cinquième paire était altérée, bien que les nerfs olfactifs fussent intacts, avaient perdu entièrement l'odorat et toute sensibilité de la pituitaire.

Faits pathologiques relatifs aux nerfs de l'odorat.

Ne dirait-on pas que ces cas authentiques, recueillis publiquement dans les hôpitaux de la capitale, sont la répétition exacte de mes expériences, et n'en rendent-ils pas les résultats beaucoup plus probables?

L'odorat s'exerce ordinairement dans le moment où l'air traverse les fosses nasales en se dirigeant vers les poumons. Il est rare que nous percevions les odeurs dans le moment où l'air s'échappe de ce viscère; cependant cela se rencontre quelquefois, par exemple dans les maladies organiques du poumon.

Le mécanisme de l'odorat est des plus simples : il faut seulement que les molécules odorantes soient arrêtées sur la pituitaire, particulièrement dans les endroits où elle reçoit les filets du nerf olfactif. Comme c'est précisément dans la partie

Mécanisme de l'odorat.

supérieure des fosses nasales que les routes de l'air sont les plus étroites et les plus enduites de mucus, il est naturel que ce soit là que les molécules s'arrêtent. Quant à l'utilité du mucus, ses propriétés physiques paraissent telles, qu'il a une plus grande affinité avec les molécules odorantes qu'avec l'air; il les sépare de ce fluide, et les arrête sur la pituitaire, où elles produisent l'impression des odeurs : aussi est-il très-important pour l'exercice de l'olfaction, que le mucus nasal conserve les mêmes propriétés physiques; toutes les fois qu'elles sont changées, comme on le remarque dans les différents degrés du coryza, l'odorat ne s'exerce point, ou se fait d'une manière incomplète (1). D'après ce que nous avons dit sur la distribution des nerfs olfactifs et branches de la cinquième paire dans les cavités nasales, il est évident que les odeurs qui parviendront à la partie supérieure de ces cavités seront plus aisément et plus vivement perçues : aussi modifions-nous l'inspiration de manière que l'air se dirige vers ce point lorsque nous voulons sentir plus

---

(1) Cette explication est, au premier aperçu, satisfaisante : cependant, en l'examinant de près, on voit qu'elle repose sur plusieurs suppositions gratuites : telle est l'affinité des odeurs pour le mucus nasal le dépôt des molécules odorantes sur la pituitaire, etc.

exactement l'odeur d'un corps. C'est pour la même raison que les priseurs de tabac cherchent à porter cette substance vers la voûte des fosses nasales. Il semble que la face interne des cornets est très-bien disposée pour arrêter les odeurs au moment du passage de l'air; et, comme la sensibilité y est très-grande, nous sommes portés à croire que l'olfaction s'y exerce, quoiqu'on ne puisse suivre jusque-là les filets de la première ni de la cinquième paire.

Les physiologistes n'ont point encore déterminé les usages du nez dans l'odorat; il paraît destiné à diriger l'air chargé d'odeurs vers la partie supérieure des fosses nasales. Les personnes dont le nez est difforme, surtout celles qui l'ont écrasé, celles qui ont des narines petites, dirigées en avant, ont ordinairement l'odorat presque nul. La privation du nez, par maladie ou par accident, entraîne le plus souvent la perte de l'odorat. Suivant la remarque intéressante de Béclard, on rétablit ce sens chez les individus qui sont dans ce cas, en leur adaptant un nez artificiel. *Usage du nez.*

Quel est l'usage des sinus? Celui de fournir en partie le mucus nasal est le seul qui soit généralement connu. Les autres usages qu'on leur a attribués, savoir de servir de dépôt à l'air chargé d'effluves odorants, d'augmenter l'étendue de la surface sensible aux odeurs, de recevoir une portion d'air quand nous inspirons, pour mettre en jeu *Usages des sinus.*

l'odorat, etc., ne sont rien moins que certains. Il est positif du moins que ces cavités ne sont pas aptes à recevoir des impressions de la part des odeurs; des lésions maladives l'ont montré pour l'homme, et l'expérience directe sur les animaux donne le même résultat.

Action des vapeurs et des gaz sur la pituitaire.

Les vapeurs et les gaz paraissent agir à la manière des odeurs sur la pituitaire. Le mécanisme en doit être cependant un peu différent. Les corps réduits en poudre assez grossière ont aussi une action très-forte sur cette membrane, leur premier contact même est douloureux; mais l'habitude finit par changer la douleur en plaisir, comme on le voit pour le tabac. On se sert, en médecine, de cette propriété de la pituitaire pour exciter instantanément une douleur très-vive.

Il ne faut pas négliger, dans l'histoire de l'odorat, l'usage des poils qui garnissent les narines et l'entrée des fosses nasales; peut-être sont-ils destinés à s'opposer à ce que les corps étrangers répandus dans l'air parviennent jusque dans les fosses nasales. Ils auraient ainsi beaucoup d'analogie de fonctions avec les cils et les poils qui garnissent le conduit auditif.

Modifications de l'odorat par l'âge.

Modifications de l'odorat par l'âge.

L'appareil olfactif est peu développé à la naissance; les cavités nasales, les divers cornets existent à peine, les sinus n'existent pas, et cependant il paraît que l'olfaction a lieu. Je crois avoir reconnu que les enfants, peu après leur naissance, exercent l'odorat sur les aliments qu'on leur présente. Avec les progrès de l'âge, les cavités nasales se développent, les sinus se forment, et, sous ce rapport, l'appareil olfactif se perfectionne jusqu'à la vieillesse. L'odorat se maintient jusqu'aux derniers moments de la vie, à moins de lésions particulières de l'appareil, telles que des modifications dans la sécrétion du mucus, modifications qui surviennent assez souvent.

L'odorat nous donne des notions sur la composition des corps, et surtout sur celle des aliments. En général, un corps dont l'odeur est désagréable est un aliment peu utile, souvent même dangereux. La répugnance extrême que nous inspirent les odeurs nées des matières végétales ou animales en putréfaction est un avertissement bien salutaire, puisque ces matières et surtout les animales sont puissamment délétères, et sont fréquemment la cause de maladies épidémiques et meurtrières.

Ce sens est en outre la source d'une foule de sensations agréables, qui ont une influence marquée sur l'état de l'esprit et l'énergie des organes générateurs. Beaucoup d'animaux paraissent avoir l'odorat plus fin que le nôtre.

Usages de l'odorat.

GOUT.

Des saveurs.

Des saveurs.　Les saveurs ne sont que l'impression de certains corps sur l'organe du goût. Les corps qui la produisent sont nommés *sapides*.

La sapidité des corps n'est point en rapport avec leur solubilité.　On a cru que le degré de sapidité d'un corps pouvait se juger par celui de sa solubilité ; mais il y a des corps insolubles qui ont une saveur très-prononcée, et l'on voit des substances très-solubles n'avoir qu'une saveur à peine sensible. La sapidité paraît être en rapport avec la nature chimique des corps et avec le genre des effets qu'ils produisent sur l'économie animale.

Classifications des saveurs.　Les saveurs sont très-variées et très-nombreuses. On a essayé, à diverses reprises, de les classer, sans jamais y réussir complètement : cependant on s'entend un peu mieux pour les saveurs que pour les odeurs, sans doute parce que les impressions que reçoit le sens du goût par exemple sont moins fugitives que celles qui sont reçues par le sens de l'odorat. Dire qu'un corps a une saveur *âcre*, *acide*, *amère*, *acerbe*, *douce*, etc., est s'exprimer sans obscurité.

Il est une distinction des saveurs sur laquelle tout le monde est d'accord, parce qu'elle est fondée sur l'organisation : c'est celle qui les partage en *agréables* et en *désagréables*. Les animaux l'établissent instinctivement.

Cette distinction est aussi la plus importante, car les corps dont la saveur nous plaît sont aussi ceux qui en général sont utiles à notre nutrition; tandis que ceux dont la saveur nous est désagréable sont le plus souvent nuisibles.

Appareil du goût.

La langue est l'organe principal du goût : cependant les lèvres, la face interne des joues, le palais, les dents, le voile du palais, le pharynx, l'œsophage et l'estomac lui-même paraissent susceptibles de recevoir des impressions par le contact des corps sapides. Les glandes salivaires, dont les canaux excréteurs s'ouvrent dans la bouche, les follicules qui y versent la mucosité qu'ils sécrètent, concourent puissamment à l'exercice du goût. Indépendamment des follicules muqueux que présente la face supérieure de la langue, et qui y forment les *papilles fongueuses*, on y remarque encore de petites saillies dont les unes, très-nombreuses, s'appellent *papilles villeuses*, et dont les autres, en bien moindre nombre, et disposées en deux rangées sur les côtés de la langue, sont appelées *papilles coniques*.

Organes du goût.

Tous les nerfs qui se rendent aux parties destinées à recevoir l'impression des corps sapides, doi-

Nerfs du goût.

vent être compris dans l'appareil du goût. Ainsi le nerf maxillaire inférieur, plusieurs branches du supérieur, parmi lesquelles il faut remarquer les filets qui naissent du ganglion sphéno-palatin, particulièrement le nerf naso-palatin de Scarpa, le nerf de la neuvième paire, le glosso-pharyngien, paraissent concourir à l'exercice du goût.

Le nerf lingual de la cinquième paire est celui que les anatomistes considèrent comme le principal nerf du goût; car ses filets, disent-ils, se prolongent dans les papilles villeuses et côniques de la langue. J'ai fait vainement des tentatives pour les suivre jusque-là; je me suis servi d'instruments très-déliés, de loupes et de microscopes perfectionnés d'après les principes de Wollaston, et tous mes efforts ont été infructueux : on les perd entièrement de vue dès l'instant qu'on en arrive à la membrane la plus extérieure de la langue. On ne réussit pas mieux pour les autres nerfs qui se portent à cet organe.

On ne peut suivre aucun nerf jusqu'aux papilles de la langue.

Mécanisme du goût.

Conditions qui favorisent ou nuisent à l'exercice du goût.

Pour que le goût puisse s'exercer, il faut que la membrane muqueuse qui en revêt les organes soit dans une intégrité parfaite; il faut qu'elle soit enduite de mucosité, et que la salive coule à sa surface et la lubrifie : quand elle est *sèche*, le goût ne peut s'exercer. Il faut encore que ces li-

quides ne soient point altérés, car si la mucosité est épaisse, jaunâtre, si la salive est acide,
amère, etc., le goût ne s'exercera qu'imparfaitement.

Quelques auteurs ont assuré que les papilles de
la langue entraient dans une véritable érection pendant l'exercice du goût : je crois cette assertion entièrement dénuée de fondement.

Il suffit qu'un corps soit en contact avec les organes du goût, pour que nous en puissions apprécier sur-le-champ la saveur; mais s'il est solide, il
faudra, dans beaucoup de cas, qu'il se dissolve dans la
salive avant d'être dégusté : cette condition n'est point
nécessaire pour les liquides ni pour les gaz.

Il paraît qu'il y a une certaine action chimique
des corps sapides sur l'épiderme de la membrane
muqueuse de la bouche ; cela est évident, du
moins pour quelques-uns : tels sont le vinaigre,
les acides minéraux, les alcalis, un grand nombre
de sels, etc. Dans ces divers cas, la couleur de
l'épiderme change, devient tantôt blanche, tantôt
jaune, etc. Il se produit par les mêmes causes des
effets analogues sur le cadavre. C'est probablement
à la manière dont se fait cette combinaison qu'il
faut rapporter l'impression plus ou moins prompte
des différents corps sapides, et la durée variable de
cette impression.

Action chimi-
que des corps
sapides sur
les organes du
goût.

On ne s'est pas rendu compte jusqu'ici de la
faculté qu'ont les dents d'être fortement influen-

Imbibition
des dents.

cées par certains corps sapides. Il paraît d'après
M. Miel, dentiste distingué de Paris (1), que cet
effet doit être rapporté à l'imbibition. Les recherches de M. Miel prouvent que les dents s'imbibent
promptement des liquides avec lesquels elles sont
en contact. Ceux-ci arrivent ainsi jusqu'à la partie
centrale de la dent où se trouve le nerf qui est une
division de la cinquième paire : de là l'impression
sapide.

Les différentes parties de la bouche ou de l'arrière-bouche paraissent avoir un mode particulier
de sensibilité pour les corps sapides, car ceux-ci
agissent tantôt de préférence sur la langue, tantôt
sur les dents et les gencives ; d'autres fois ils ont une
action exclusive sur le palais, le pharynx, etc.

Nous devons à MM. Guyot et Admyrault des expériences curieuses et nouvelles sur ce point.

Première expérience. La partie antérieure de la
langue étant engagée dans un sac de parchemin
très-souple, on place entre les lèvres une petite
quantité de conserve ou de gelée très-sapide, on l'y
agite, l'y presse, et l'on n'éprouve d'autre impression que celles qui résultent de la consistance et de
la température. Il en sera de même si la substance

Expériences sur le goût.

_____

(1) Ce savant modeste était aussi un patriote courageux : il
est mort les armes à la main dans les premiers moments des
événements de juillet 1830.

sapide est promenée à la partie antérieure de la face interne des joues et de la voûte palatine ; pourvu que la substance ni la salive qui en serait imprégnée n'arrivent pas à la langue. Ces effets ont été vérifiés avec l'acide hydrochlorique faible et l'eau sucrée sans qu'il ait été possible de distinguer non-seulement ces deux corps l'un de l'autre, mais même d'y trouver une saveur quelconque.

Deuxième expérience. Si l'on écarte la joue de l'arcade alvéolaire, qu'on la recouvre intérieurement d'une gelée acide ou sucrée, la sensation de la saveur est tout-à-fait nulle dans toute son étendue, en prenant pour la salive et pour la langue les précautions indiquées. Cette expérience peut être variée en mettant entre les joues et les arcades alvéolaires serrées un corps soluble, comme du sucre, du chlorure de sodium, ou un peu d'extrait d'aloès ; la sapidité ne se manifeste pas, même lorsqu'ils sont tombés en *deliquium ;* elle devient au contraire très-vive lorsqu'on permet à la salive de s'épancher sur les bords de la langue.

Expériences sur le goût.

Troisième expérience. La langue recouverte comme dans le premier cas seulement, mais dans une plus grande étendue, au moyen d'un prolongement qui descende jusqu'à l'épiglotte, si l'on avale plusieurs substances pulpeuses, d'une saveur très-prononcée, et que dans le mouvement de déglutition on ait soin de les mettre successivement en contact

Expériences sur le goût.

avec tous les points de la voûte palatine et du voile
du palais, on observe que la saveur se manifeste
vers ce dernier organe seulement.

Quatrième expérience. Si l'on recouvre dans toute
son étendue la voûte palatine d'une feuille de parchemin, un corps sapide placé sur la langue et avalé
n'en produit pas moins sur cette dernière une vive
impression.

Cinquième expérience. Un fragment d'extrait
d'aloès fixé à l'extrémité d'un stylet, et porté sur
tous les points de la voûte palatine et du voile du
palais, donne les résultats suivants : Dans toute l'é-
tendue de la voûte palatine, à ses bords comme à son
centre, nulle autre impression que celle du tact; il
en est exactement de même pour la luette, les pil-
liers du voile du palais et la plus grande partie de
cet organe; mais à la partie antérieure moyenne et
supérieure de cet organe, une ligne au-dessous de
son point d'insertion à la voûte palatine, existe une
petite surface sans limites précises, ne descendant pas jusqu'à la base de la luette, dont elle
est distante de trois à quatre lignes, se pro-
longeant et se perdant insensiblement sur les côtés :
cette surface perçoit les saveurs d'une manière
très-marquée. Le même instrument porté dans
l'arrière-bouche nous a démontré que la partie postérieure du voile du palais et la muqueuse du pharynx ne prenaient aucune part au sens du goût.
Si donc nous exceptons le point que nous venions

d'indiquer à la partie supérieure du voile du palais, la langue est le siége unique du goût; mais toutes les parties de cet organe ne concourent point à l'exercice de ce sens.

Sixième expérience. La langue étant recouverte d'un morceau de parchemin percé à son centre, de manière que l'ouverture corresponde au milieu de sa face dorsale, si on applique sur cette partie une conserve sucrée ou acide, il n'y a aucune sensation du goût, même en la pressant contre la voûte palatine; la saveur ne se manifeste que lorsque la salive imprégnée arrive aux bords de la langue. En répétant cette expérience sur la plus grande partie de sa force dorsale, le résultat reste le même.

Septième expérience. Un corps sapide quelconque, placé au-devant du frein de la langue, et comprimé par la face inférieure de cet organe, n'y cause aucune impression de goût.

Huitième expérience. Un stylet disposé comme le précédent, c'est-à-dire muni à son extrémité d'un fragment d'aloès, ou d'une éponge imbibée de vinaigre, et porté sur les différentes parties de la langue, nons a donné les résultats suivants : Toute la face dorsale de la langue ne jouit pas de la propriété de percevoir les saveurs; cette propriété se manifeste en approchant de la circonférence, dans une étendue d'une à deux lignes sur les côtés, et de trois à quatre à la pointe, tout-à-

Expériences
sur le goût.

Expériences
sur le goût.

fait en arrière, elle se prononce dans un espace situé au-delà d'une légère courbe qui passerait par le trou borgne, et dont la concavité serait tournée en avant.

Les saveurs sont aussi perçues plus vivement et d'une manière à peu près uniforme dans toute l'étendue par les bords de la langue, jusqu'à quelques lignes de leur extrémité antérieure. A dater de ce point, l'impression de saveurs devient de plus en plus forte jusqu'à la pointe de la langue, où elle est à son maximum d'intensité.

Durée des impressions sapides.

Arrière-goût.

Il y a des corps qui laissent long-temps leur saveur dans la bouche : ce sont particulièrement les corps aromatiques. Tantôt cet *arrière-goût* se fait sentir dans toute la bouche, tantôt il n'en occupe qu'une région. Les corps âcres, par exemple, laissent une impression dans le pharynx; les acides, sur les lèvres et sur les dents; la menthe poivrée en laisse une qui existe à la fois dans la bouche et le pharynx, etc.

Intensité des saveurs.

Il est nécesssire que les corps restent quelque temps dans la bouche pour que leurs saveurs soient appréciées : lorsqu'ils ne font que traverser rapidement cette cavité, l'impression qu'ils y produisent est presque nulle : c'est pourquoi nous avalons vite les corps dont la saveur nous déplaît; nous nous complaisons, au contraire, à laisser séjourner dans la bouche les corps dont le goût nous est agréable.

Lorsque nous dégustons une substance dont la

saveur est forte et tenace, un acide végétal, par exemple, nous devenons, pour quelques instants, insensibles à la saveur plus faible d'autres corps. On fait usage de cette observation en médecine pour éviter aux malades la saveur désagréable de certains médicaments.

Nous pouvons percevoir plusieurs saveurs à la fois, distinguer leurs différents degrés d'intensité, comme le font les chimistes, les gourmets, les dégustateurs de boissons. Par ce moyen, nous parvenons quelquefois à des connaissances très-exactes de la nature chimique des corps; mais le goût n'acquiert cette perfection que par un long exercice, ou, si l'on veut, par une véritable éducation.

Perfection du goût par l'expérience.

Le nerf lingual est-il le nerf essentiel du goût? Cette question, naguère si obscure, n'offre plus aujourd'hui aucune difficulté; les expériences physiologiques et la pathologie la résolvent complètement.

Quel nerf préside au goût?

Si le nerf lingual est coupé sur un animal, la langue continue à se mouvoir, mais elle a perdu la faculté d'être sensible aux saveurs. Dans ce cas, le palais, les gencives, la face interne des joues, conservent leur sensibilité. Mais si le tronc de la cinquième paire est coupé dans le crâne, alors la propriété de reconnaître les saveurs est complètement perdue pour toute espèce de corps, même les plus âcres et les plus caustiques, dans la langue, les lèvres, les joues, les dents, les

Expériences sur les nerfs du goût.

gencives, le palais, etc. (*Journal de Physiologie*, t. IV.)

Cette abolition totale du goût existe chez les personnes qui ont le tronc de la cinquième paire comprimé ou altéré. *Tous les corps que je mâche, me disait un malade dans ce cas, me paraissent de la terre.*

Dans le sens du goût, la sensibilité générale est confondue avec celle qui paraît spéciale, et, ce qui est digne d'intérêt, les deux phénomènes semblent appartenir évidemment au même nerf.

Modifications du goût par l'âge.

Modifications du goût par l'âge.

Il est difficile de dire si le goût existe chez le fœtus, bien que l'organe principal en soit très-développé, ainsi que les nerfs qui s'y rendent.

Goût chez l'enfant.

A coup sûr, ce sens existe chez l'enfant naissant, comme on peut s'en convaincre en lui mettant sur la langue une substance amère ou salée. Les impressions du goût paraissent très-vives chez les enfants; on sait qu'ils répugnent en général à tous les mets dont la saveur est un peu forte.

Goût du vieillard.

Le goût se maintient jusque dans l'âge le plus avancé : il est vrai qu'il devient plus faible, et qu'il faut au vieillard des aliments ou des boissons dont la saveur soit très-forte, mais cela est en harmonie avec les besoins de son organisme, qui réclament des excitans énergiques, nécessaires pour ranimer ses forces épuisées.

Le goût préside au choix des aliments : réuni à l'odorat, il nous fait distinguer les substances qui peuvent nuire, d'avec celles qui nous sont utiles. Ce sens est celui qui nous donne les connaissances les plus certaines sur la composition chimique des corps.

DU TOUCHER.

Par le toucher nous connaissons la plupart des propriétés des corps ; et, parce que ce sens est moins sujet aux erreurs que les autres, que dans certains cas il nous sert à dissiper celles où ceux-ci nous ont conduits, il a été regardé comme le *sens par excellence*, le *premier des sens* ; mais nous verrons qu'il faut beaucoup restreindre les avantages que lui ont attribués les physiologistes, et surtout les métaphysiciens.

Toucher.

Le toucher se distingue facilement du *tact*. Celui-ci est, à quelques exceptions près, généralement répandu dans nos organes, et particulièrement aux surfaces cutanée et muqueuse ; il existe chez tous les animaux, tandis que le toucher n'est exercé que par des parties évidemment destinées à cet usage ; il n'existe pas chez tous les animaux, et n'est autre chose que le tact réuni à la contraction musculaire, dirigée par la volonté. Enfin, dans l'exercice du

Distinction du tact et du toucher.

I.

tact, nous pouvons être considérés comme passifs, tandis que nous sommes essentiellement actifs quand nous exerçons le toucher.

Propriétés physiques des corps qui mettent en jeu le toucher.

Propriétés
des corps
connues par le
toucher.

Presque toutes les propriétés physiques des corps sont susceptibles de mettre en jeu les organes du toucher : la forme, les dimensions, les divers degrés de consistance, le poids, la température, les mouvements de transport, ceux de vibration, etc., etc., sont autant de circonstances qui sont appréciées plus ou moins exactement par le toucher.

Appareil du toucher.

Organes
du toucher.

Les organes destinés au toucher n'exercent pas uniquement cette fonction ; en sorte que, sous ce rapport, le toucher diffère des autres sens. Cependant comme dans le plus grand nombre des cas c'est la peau qui reçoit les impressions tactiles produites par les corps qui nous environnent, il est nécessaire de dire quelques mots de sa structure.

De la peau
comme
organe du
toucher.

La peau forme l'enveloppe du corps ; elle se confond avec les membranes muqueuses à l'entrée de toutes les cavités ; mais il est inexact de dire que ces membranes en sont une continuation.

La peau est formée principalement par le *derme*

ou *chorion*, couche fibreuse, d'épaisseur différente, suivant les parties qu'elle recouvre ; elle adhère à ces parties tantôt par du tissu cellulaire plus ou moins serré, tantôt par des brides fibreuses. Le chorion est presque toujours séparé des parties sous-jacentes par une couche plus ou moins épaisse, qui sert dans l'exercice du toucher.

Derme ou chorion.

Le côté externe du chorion est recouvert par l'épiderme, matière solide, sécrétée par la peau. L'épiderme ne doit point être considéré comme une membrane ; c'est une couche homogène, adhérente par sa face interne au chorion, et percée d'un nombre infini de petits trous, dont les uns laissent passer les poils, et les autres la matière de la transpiration cutanée, en même temps qu'ils servent à l'absorption, dont la peau est le siége. Ces derniers sont nommés *les pores de la peau*.

Épiderme.

Il faut remarquer, relativement à l'épiderme, qu'il est insensible, qu'il ne jouit d'aucune des propriétés de la vie, qu'il n'est point sujet à la putréfaction, qu'il s'use et se répare continuellement, que son épaisseur augmente ou diminue selon le besoin ; on le dit inattaquable par les organes digestifs.

Propriétés de l'épiderme.

La connexion de l'épiderme au chorion est intime, et cependant on ne peut douter qu'il n'y ait entre ces deux parties une couche particulière, dans laquelle se passent des phénomènes importants. L'organisation de cette couche est encore peu

Couche située
entre le derme
et l'épiderme.

connue. Malpighi croyait qu'elle est formée par un mucus particulier, dont l'existence a été long-temps admise, et qui portait le nom de *corps muqueux de Malpighi*. D'autres auteurs l'ont considérée, avec plus de raison, comme un réseau vasculaire (1); Gall l'assimile, par un vrai paradoxe, à la matière grise qu'on remarque dans plusieurs endroits du cerveau. M. Gautier, en examinant avec attention la face externe du derme, y a remarqué de petites saillies rougeâtres, disposées par paires : on les aperçoit très - aisément quand le chorion est mis à nu par l'action d'un vésicatoire. Ces petits corps sont disposés régulièrement à la face palmaire de la main et à la plantaire du pied. Ils sont sensibles, et se reproduisent quand ils ont été arrachés. Ils paraissent essentiellement vasculaires. Ce sont ces corps que l'on a long-temps nommés, sans les avoir étudiés avec soin, les *papilles de la peau*. L'épiderme est percé, vis-à-vis de leur sommet, d'une petite ouverture, par laquelle on voit s'échapper de petites gouttelettes de sueur lorsque la peau est exposée à une température un peu élevée. La peau contient un grand nombre de follicules sébacés; elle reçoit beaucoup de vaisseaux et une très-grande quantité

Papilles de
la peau.

---

(1) On voit distinctement sur les cadavres, à la face externe du chorion, des vaisseaux très-nombreux, très-fins et remplis de sang, dans les points où des vésicatoires ont été appliqués quelque temps avant la mort.

de nerfs, particulièrement aux points de cette membrane qui doivent concourir au toucher. On ignore complètement la manière dont les nerfs se terminent dans la peau ; tout ce qui a été dit des papilles nerveuses cutanées est hypothétique.

L'exercice du tact et du toucher est favorisé par le peu d'épaisseur du derme, une température un peu élevée de l'atmosphère, une transpiration cutanée abondante, ainsi qu'une certaine épaisseur et une certaine souplesse de l'épiderme. Lorsque les dispositions contraires existent, le tact et le toucher sont plus ou moins imparfaits.

Conditions qui favorisent le toucher.

Jusqu'ici les physiologistes avaient considéré tous les nerfs comme pouvant concourir au tact, et même au toucher : cette idée est loin d'être exacte ; l'expérience montre, au contraire, qu'un grand nombre de nerfs ne paraissent pas doués de cette propriété, et, dans le même nerf, tous les filets ne la présentent pas ; par exemple : la plupart des nerfs qui naissent de la moelle épinière ont deux sortes de racines, les unes antérieures, et les autres postérieures ; ces dernières seules paraissent servir au tact des organes du tronc et des membres.

Mécanisme du tact.

Le mécanisme du tact est extrêmement simple ; il suffit que les corps soient en contact avec la peau

Exercice du tact.

pour que nous acquérions aussitôt des données plus ou moins exactes sur les propriétés tactiles des corps.

Utilité du tact.

Le tact nous fait particulièrement juger de la température. Lorsque les corps nous enlèvent du calorique, nous les nommons *froids ;* lorsqu'ils nous en cèdent, nous les disons *chauds;* et selon la quantité de calorique dont ils nous privent ou qu'ils nous donnent, nous déterminons leurs différents degrés de chaleur ou de refroidissement. Cependant les jugements que nous portons sur la température sont loin d'être rigoureusement en rapport avec la quantité de calorique que les corps nous cèdent ou nous enlèvent ; nous y mêlons à notre insu une comparaison avec la température de l'atmosphère,

Erreurs du tact sur la température du corps.

en sorte qu'un corps plus froid que le nôtre, mais plus chaud que l'atmosphère, nous paraîtra chaud, quoique réellement il nous enlève du calorique quand nous le touchons. C'est la raison pour laquelle les lieux dont la température est uniforme, comme les caves, les puits, nous paraissent froids en été et chauds en hiver. La capacité des corps pour le calorique influe aussi sur les jugements que nous portons sur la température ; témoin la sensation différente que causent le fer et le bois, quoique à la même température.

Sensations produites par les corps très-chauds ou très-froids.

Un corps assez chaud pour décomposer chimiquement nos organes produit la sensation *de la brûlure.* Un corps dont la température est assez basse pour absorber promptement une grande pro-portion du calorique d'une partie produit une sensation analogue : on peut s'en assurer en tou-chant du mercure congelé.

Les corps qui ont une action chimique sur l'é-piderme, ceux qui le dissolvent, comme les alcalis caustiques et les acides concentrés, produisent une impression facile à reconnaître, et qui peut servir à distinguer ces corps.

Tous les points de la peau ne sont pas doués du même degré de sensibilité ; de manière qu'un corps, appliqué successivement sur divers points de la surface du système cutané, produira une sé-rie d'impressions différentes.

Les membranes muqueuses jouissent d'un tact très-délicat. Qui ne connaît la grande sensibilité des lèvres, de la langue, de la conjonctive, de la pituitaire, de la muqueuse, de la trachée artère, de l'urètre, du vagin, etc.? Le premier contact des corps qui ne sont pas naturellement destinés à toucher ces membranes est d'abord douloureux, mais cet effet change bientôt par le pouvoir de l'habitude.

Le tact de ces parties s'exerce même sur les va-peurs ; qui ne sait que les vapeurs ammoniacales ou acides affectent douloureusement la conjonc-tive, le larynx, etc.? Ce phénomène a une ana-logie évidente avec l'odorat.

Actions des corps qui dissolvent l'épiderme.

Tact des muqueuses.

Analogie du tact et de l'odorat.

Mécanisme du toucher.

Dispositions avantageuses de la main pour le toucher.

Chez l'homme, la main est l'organe principal du toucher ; toutes les circonstances les plus avantageuses s'y trouvent réunies. L'épiderme y est mince, poli et très-souple, la transpiration cutanée abondante, ainsi que la sécrétion huileuse. Les bourgeons vasculaires y sont plus nombreux que partout ailleurs. Le chorion n'y a pas une épaisseur trop considérable ; il reçoit beaucoup de vaisseaux et de nerfs, il est adhérent à l'aponévrose sous-jacente par des brides fibreuses, et il est soutenu par du tissu cellulaire graisseux, fort élastique. C'est à l'extrémité ou à la pulpe des doigts que toutes ces dispositions sont à leur plus haut degré de perfection ; les mouvements de la main sont faciles, très-multipliés, tels enfin que cette partie peut s'appliquer à tous les corps, quelle que soit l'irrégularité de leur figure.

Comment la main exerce le toucher.

Tant que la main reste immobile à la surface d'un corps, elle n'agit que comme organe du tact. Pour exercer le toucher, il faut qu'elle se meuve, soit pour parcourir leur surface, afin de nous en indiquer la forme, les dimensions, etc. ; soit pour les comprimer, afin d'acquérir des notions sur leur consistance, leur élasticité, etc.

Quand un corps a des dimensions considérables, nous employons la main tout entière pour le toucher; si, au contraire, le corps est très-peu volumineux, nous le touchons avec l'extrémité des doigts. La faculté qu'a l'homme d'opposer les doigts par leur pulpe lui donne, sous ce rapport, un grand avantage sur les animaux.

. Relativement au toucher, le calorique joue le même rôle que la lumière par rapport à la vue. Il nous fait connaître la présence et certaines propriétés des corps, bien qu'ils se trouvent souvent très-éloignés de nous; et, de même que cela arrive pour la vue, nous reportons instinctivement à distance l'impression qui s'effectue au contact.

Dès la plus haute antiquité on a donné au toucher une grande prépondérance sur les autres sens; quelques philosophes ont été jusqu'à dire qu'il était la cause de la raison humaine. Cette idée s'est maintenue jusqu'à nos jours; elle a reçu même une extension remarquable dans les écrits de Condillac, de Buffon et des physiologistes modernes. Buffon, en particulier, donnait au toucher une telle importance, qu'il croyait *qu'un homme n'avait beaucoup plus d'esprit qu'un autre, que pour avoir fait, dès sa première enfance, un plus prompt et plus grand usage de ses mains. On ferait bien, dit-il, de laisser aux enfants le libre usage des mains dès le moment de leur naissance* (1).

---

(1) Il existe en ce moment, à Paris, un jeune artiste peintre, qui n'a aucune trace de bras, d'avant-bras, ni de main;

Le toucher n'a pas de prééminence sur les autres sens.

Le toucher n'a réellement aucune prérogative sur les autres sens ; et si dans certains cas il aide à l'exercice de la vue ou de l'ouïe, dans d'autres ces sens lui sont aussi d'un grand secours ; il n'y a aucune raison de croire que les idées qu'il excite dans le cerveau soient d'un ordre plus relevé que celles qui y naissent par l'action des autres sens.

Modifications du tact et du toucher par l'âge.

État du toucher selon l'âge.

Le fœtus jouit-il du tact et du toucher? La négative est probable, au moins en prenant ces mots dans leur acception la plus rigoureuse. On dit que le premier contact de l'air sur la peau de l'enfant naissant est la cause d'une douleur très-vive qui lui arrache les cris qu'il pousse : je crois cette idée peu fondée.

Le tact et le toucher se détériorent avec les

---

ses pieds n'ont que quatre orteils (le second manque), et cependant son intelligence ne le cède en rien à celle d'un homme de son âge; il annonçait il y a quelques années et il possède aujourd'hui un talent distingué. Il dessine et peint avec les pieds. Ajoutons cependant que ces parties ont une flexibilité et une sensibilité qui paraît beaucoup plus développée que dans les pieds ordinaires. N'est-ce pas un phénomène bien remarquable que le goût et le talent de peintre d'histoire chez un homme aussi peu favorisé de la nature !

années. Dans le vieillard, ils sont sensiblement altérés; mais à cet âge la peau a subi des changements désavantageux : l'épiderme n'est plus aussi souple, la transpiration de la peau ne se fait plus qu'imparfaitement; la graisse, qui auparavant soutenait le chorion, ayant le plus souvent disparu, celui-ci se plisse, devient flasque. On conçoit que toutes ces causes doivent nuire à l'exercice du tact et du toucher, surtout lorsqu'on sait que la faculté de sentir, elle-même, a éprouvé chez le vieillard une diminution considérable.

Par l'exercice, le toucher peut arriver à un degré de perfection très-élevé, comme on l'observe dans un grand nombre de professions. Un toucher très-exercé est indispensable pour un chirurgien, et surtout pour un médecin.

Effet de l'exercice sur le toucher.

Du tact interne.

La plupart des organes jouissent, comme la peau, de la faculté de transmettre au cerveau des impressions quand ils sont touchés par les corps extérieurs, ou simplement quand ils sont médiatement comprimés, froissés, etc. On peut dire qu'ils jouissent généralement du tact.

Tact interne.

Les os, les tendons, les aponévroses, les ligaments, ne sont pas dans ce cas, etc.; à l'état sain, ils sont insensibles, et peuvent même être

Parties insensibles.

coupés, brûlés, déchirés sans que nous en soyons avertis par aucune sensation.

Un fait pour ainsi dire incroyable, d'après les idées admises, c'est que plusieurs nerfs paraissent être dans le même cas que les tendons, aponévroses, etc. Ils sont insensibles à tous les excitants mécaniques; tels sont la première, la seconde, la troisième, la quatrième, la sixième et la portion molle de la septième paire de nerfs, les branches et les ganglions du sympathique (1). (*Voy.* le détail de mes expériences à ce sujet dans mon *Journal de Physiologie*, tom. IV.)

Nerfs insensibles.

---

(1) Quant à la portion dure de la septième paire ou nerf facial, il est dans une position toute particulière : il ne paraît pas être sensible par lui-même; cependant s'il est mis à nu sur un animal vivant, il donne des indices non équivoques de sa sensibilité; mais un de mes anciens collaborateurs, maintenant professeur de physiologie à Copenhague, M. Eschriht, a prouvé, par plusieurs expériences très-finement conduites, que si ce nerf est sensible il le doit, comme toutes les parties de la face, à l'intégrité de la cinquième paire; ce fait remarquable découlait aussi d'une expérience que j'ai faite, et qui consiste à couper le tronc des deux cinquième paire dans le crâne : alors toute la face perd sa sensibilité; par conséquent celle de la septième paire y est comprise; mais l'idée de faire ressortir cette conséquence ne m'était pas venue. Il est heureux pour la science que mon savant confrère y ait songé, et qu'il en ait fait un sujet spécial de recherches Cela nous a valu un bon mémoire. (*Voyez* mon *Journal de Physiologie.*)

L'insensibilité des organes fibreux n'était point connue des anciens; ils envisageaient toutes les parties blanches comme nerveuses, et leur attribuaient les propriétés que nous savons maintenant n'appartenir qu'à un ordre distinct de nerfs. C'est aux expériences de Haller et à celles de ses disciples, que nous sommes redevables de savoir qu'entre tous les tissus fibreux blancs les nerfs seuls sont sensibles (1); cet utile résultat devait avoir une grande influence sur les progrès récents de la chirurgie. En effet, avant de connaître cette conséquence inattendue d'expériences directes, ce que redoutaient le plus les opérateurs, c'était de léser des parties blanches. Aujourd'hui elles sont intéressées sans aucune crainte. N'eussions-nous que cette preuve de la grande utilité des expériences physiologiques sur les animaux vivants, il me semble qu'il serait difficile de ne pas l'accorder. Combien de malheureux ont dû la vie à cette sécurité des chirurgiens!

Le fait que j'ai été assez heureux pour découvrir, savoir que, parmi les nerfs, il en est qui égalent les tendons, les aponévroses, les cartilages pour l'insensibilité complète, n'aura pas, je l'espère, une

Expériences de Haller sur les parties insensibles.

_____

(1) J'ai remarqué cependant plusieurs fois, dans mes expériences, que la partie de la dure-mère qui forme les parois du sinus longitudinal supérieur était d'une sensibilité non douteuse.

moindre influence sur les progrès futurs de la chirurgie.

Sensations spontanées.

Sensations spontanées.

Sans l'intervention d'aucune cause externe, tous les organes peuvent spontanément développer en nous un grand nombre d'impressions diverses. Elles sont de trois espèces. Les premières naissent quand il est nécessaire que les organes agissent; on les nomme *besoins, désirs instinctifs*: tels sont la faim, la soif, le besoin d'uriner, celui de respirer, les appétits vénériens, etc., etc.

Besoins, désirs.

Sensations qui accompagnent l'action des organes.

Les secondes ont lieu pendant l'action des organes; elles sont souvent obscures, quelquefois très-vives. De ce nombre sont les impressions qui accompagnent les diverses excrétions, comme celle du sperme, de l'urine, du lait. Telles sont encore les impressions qui nous avertissent de nos mouvements, des périodes de la digestion : les rêves, la pensée elle-même se rattachent à ce genre d'impression.

Fatigue.

La troisième espèce de sensations internes se développe quand les organes ont agi. A cette espèce appartient le sentiment de la fatigue, variable dans les différents appareils de fonctions.

Il faut ajouter à ces trois espèces d'impressions celles qui se font sentir dans les maladies : celles-ci sont infiniment nombreuses et variées; leur étude approfondie est indispensable au médecin.

Toutes les sensations venant du dedans, naissant presque toujours indépendamment de l'action des corps extérieurs, ont été désignées collectivement par la dénomination de *sensations internes*, ou *sentiments*.

Leur considération avait été négligée par les métaphysiciens du siècle dernier; mais cette étude a été, de nos jours, l'objet des méditations de plusieurs auteurs distingués, particulièrement de Cabanis et de MM. Destutt-Tracy et Thurot; leur histoire est une des parties les plus curieuses de l'idéologie.

Sensations spontanées durant les maladies.

Du prétendu sixième sens.

Buffon, en parlant de la vivacité des sensations agréables qui sont produites par le rapprochement des sexes, a dit, dans un langage figuré, qu'elles dépendaient d'un sixième sens.

Les magnétiseurs, et surtout ceux d'Allemagne, parlent beaucoup d'un sens qui est présent dans tous les autres, qui veille quand ceux-ci dorment, qui est surtout développé dans les individus somnambules : il donne à ces personnes le pouvoir de prédire les événements. *Ce sens, qui forme l'instinct des animaux, leur fait pressentir les dangers prochains. Il réside dans les os, les viscères, les gan-*

Du sixième sens

glions et les plexus nerveux. Répondre à de semblables rêveries serait à coup sûr perdre son temps.

Ayant découvert dans l'os incisif des animaux
un organe particulier, M. Jacobson a soupçonné
qu'il pouvait être la source d'un ordre distinct
de sensations, sans en donner d'ailleurs aucune
preuve.

Enfin la faculté qu'ont les chauves-souris de se
diriger, en volant, dans les lieux les plus obscurs,
avait fait penser à Spallanzani et à M. Jurine, de
Genève, que ces animaux étaient doués d'un sixième
sens; mais M. Cuvier a fait voir que cette faculté
de se conduire ainsi dans l'obscurité devait être
attribuée au sens du toucher.

Il n'existe donc pas de sixième sens.

DES SENSATIONS EN GÉNÉRAL (1).

Considéra-
tions généra-
les sur les
sensations.

Les sensations forment la première partie de la
vie de relation; elles établissent nos relations passives avec les corps environnans, et avec nous-
mêmes. Cette expression de *passives*, comme on le
sentira aisément, n'est vraie qu'en un certain
sens; car les sensations, de même que les autres

---

(1) Les considérations générales étant fondées sur la connaissance des faits particuliers, nous les placerons toujours
après l'exposition de ceux-ci : cette marche est conforme au
mécanisme de la formation des idées.

fonctions de l'économie, sont le résultat de l'action des organes, et par conséquent essentiellement actives.

Tout ce qui existe peut agir sur nos sens; nous ne sommes instruits positivement de l'existence des corps que par ce moyen. Tantôt les corps agissent directement sur nos organes, tantôt leur action s'établit par le secours de corps intermédiaires, tels que la lumière, les odeurs, etc.

La plupart des corps peuvent agir sur plusieurs de nos sens; d'autres, au contraire, n'ont d'influence que sur un seul.

Les appareils de sensations, ou les sens, sont formés, 1° d'une partie extérieure qui possède des propriétés physiques en rapport avec celles des corps; 2° de nerfs qui reçoivent les impressions et les transmettent au cerveau.

La partie extérieure des appareils de la vue et de l'ouïe est très-compliquée; celle des trois autres sens est beaucoup plus simple : mais, dans tous, l'état physique de cette partie a une telle influence, que la moindre altération de cet état jette un trouble marqué dans la fonction.

Des nerfs.

Les nerfs, qui forment la seconde partie des appareils de sensation, sont des organes essentiels des sens.

Causes des sensations.

Tous les nerfs ont deux extrémités : l'une est confondue avec la substance du cerveau ; l'autre est disposée diversement dans les organes. Ces deux extrémités ont été tour à tour nommées *origine* ou *terminaison des nerfs*. Les uns disent que tous les nerfs naissent du cerveau et se terminent aux organes ; les autres pensent, au contraire, que les nerfs naissent des organes, et qu'ils forment le cerveau en se réunissant. Ces expressions sont inexactes et donnent une idée fausse ; elles ne peuvent être utiles que dans la description des organes ; et comme on pourrait aisément les remplacer sans nuire à la clarté, peut-être serait-il à désirer qu'on les abandonnât ; car il est évident que les nerfs *ne forment pas plus le cerveau par leur réunion, que le cerveau ne donne naissance aux nerfs*. Par ces termes, on exprime d'une manière métaphorique la disposition des deux extrémités de chaque nerf.

Ce qu'on nomme origine et terminaison des nerfs.

L'extrémité *cérébrale* des nerfs présente des filaments très-déliés, qui se confondent avec la substance du cerveau ; à peu de distance du point où l'on commence à les apercevoir, ces filaments se réunissent et forment le nerf.

Extrémité cérébrale des nerfs.

Il existe des différences marquées entre les nerfs : les uns sont arrondis, ceux-là sont aplatis ; d'autres sont comme cannelés sur leurs côtés ; un grand nombre sont longs, plusieurs sont très-courts, quelques-uns sont mous, d'autres offrent une ténacité de tissu remarquable. On peut dire que, pour la forme, la couleur, etc., il n'y a pas deux nerfs qui se ressemblent entièrement. En général, ces organes sont placés de manière à n'être exposés que rarement à des lésions qui viendraient de causes extérieures.

En se portant vers les diverses parties, les nerfs se divisent en branches, rameaux, ramuscules; ils finissent dans l'épaisseur des organes par des filaments tellement fins, qu'ils ne peuvent plus être aperçus, même à l'aide des instruments d'optique. Les nerfs communiquent entre eux, s'*anastomosent*, et forment ce qu'on appelle des *plexus*.

Extrémité organique des nerfs.

A l'exception du nerf optique, dont on peut voir facilement l'extrémité *organique*, et du nerf acoustique, sur lequel on a quelques notions, on ignore absolument la disposition des extrémités des filaments nerveux dans le tissu des organes. On a beaucoup parlé des extrémités ou *papilles nerveuses*, on en parle même encore dans les explications physiologiques; mais tout ce qu'on a dit sous ce rapport est purement imaginaire. Il est facile de démontrer que les corps qui ont été et qui sont encore nommés *papilles nerveuses*, n'en sont point.

Organisation des nerfs.

Les nerfs sont en général formés par des filaments excessivement déliés, qui probablement se réduiraient en filaments plus fins encore si nos moyens de division étaient plus parfaits. Ces fila-

ments, qui ont été nommés *filres nerveuses*, communiquent fréquemment entre eux, et affectent
dans le corps des nerfs une disposition qui est en
petit ce que sont en grand les plexus. On croit généralement que chaque fibre est formée par une
enveloppe (*nevrilème*), et par une pulpe centrale,
semblable, par sa nature, à la substance cérébrale.
Je crois hypothétique ce qu'on dit à cet égard. J'ai
fait tous mes efforts pour répéter les préparations
que les anatomistes conseillent pour voir cette structure, je n'ai jamais pu parvenir à la reconnaître. La
seule ténuité des fibres nerveuses me paraît une objection puissante. Comment, quand on peut à peine,
à l'aide du microscope, apercevoir la fibre elle-même,
et que l'on peut très-raisonnablement la supposer
formée par la réunion de fibres plus petites; comment, dis-je, y distinguer une cavité remplie par
une pulpe? Il y a quelques années un préparateur
d'anatomie fort habile, M. Bogros, a cru être parvenu à injecter les nerfs avec du mercure par une
forte pression, mais il était seulement arrivé à faire
marcher l'injection sous le nevrilème commun à plusieurs fibrilles nerveuses (1).

_____

(1) J'ai vu une seule fois, au centre du nerf interne du pénis
d'un cheval, l'apparence d'un canal. Persuadé que cette apparence se montrerait sur d'autres chevaux, j'avais fait mes pré-
paratifs pour en tenter l'injection, mais elle ne s'est plus mon-
trée à mon observation et n'était probablement qu'accidentelle.

Quelle que soit la disposition physique de la substance qui forme le parenchyme des fibres nerveuses, il est certain qu'elle a les mêmes propriétés chimiques que la substance cérébrale, et que chaque nerf reçoit des artérioles nombreuses, relativement à son volume, et qu'il présente des radicules veineuses en nombre proportionné.

La branche postérieure de tous les nerfs qui *naissent* de la moelle de l'épine offre, non loin du point où elle se réunit avec la branche antérieure, un renflement qui est appelé *ganglion*. Ces corps, d'une couleur, d'une consistance et d'une structure tout-à-fait différentes de celles des nerfs, n'ont aucun usage connu. Le nerf de la huitième paire, au moment où il sort du crâne, présente assez souvent un renflement de ce genre. Le nerf de la cinquième paire a lui-même un très-gros ganglion pour sa branche supérieure. Ces divers ganglions méritent aujourd'hui l'attention particulière des physiologistes; leur étude sur les animaux vivants peut conduire à des découvertes importantes; en général ces ganglions appartiennent aux nerfs qui sont plus particulièrement destinés à la sensibilité générale.

Ganglion de la branche sensible des nerfs spinaux

Du mécanisme ou des explications physiologiques des sensations.

Les explications physiologiques des sensations

PRÉCIS ÉLÉMENTAIRE

consistent dans l'application plus ou moins exacte des lois de la physique, de celles de la chimie, etc., aux propriétés physiques que présente la partie des appareils placés au-devant des nerfs, comme on a dû le remarquer dans l'histoire particulière de chaque sensation. Dès l'instant qu'on arrive aux usages des nerfs dans ces fonctions; il n'y a plus aucune explication à donner : il faut s'en tenir rigoureusement à l'observation des phénomènes.

Conjectures et hypothèses sur le mécanisme des sensations

Cette conséquence, bien facile à déduire, ne paraît avoir été sentie que par un petit nombre d'auteurs, et même elle n'est exprimée qu'assez vaguement dans leurs ouvrages. Dans tous les temps, on a cherché à expliquer cette action des nerfs. Les anciens considéraient ces organes comme les *conducteurs des esprits animaux*. A l'époque où la physiologie était dominée par les idées de mécanique, on envisageait les nerfs comme des cordes vibrantes, sans réfléchir qu'ils n'ont aucune des conditions physiques nécessaires pour vibrer. Quelques hommes de mérite ont imaginé que les nerfs étaient les conducteurs et même les organes sécréteurs d'un fluide subtil, qu'ils ont nommé *nerveux* : d'après eux, c'est au moyen de ce fluide que les sensations sont transmises au cerveau. Dans ce moment, où la direction des esprits est portée vers l'étude des fluides impondérables, cette opinion compte un assez grand nombre de sectateurs. Je connais des savants qui honorent notre siècle par leurs lumières, et qui ne sont pas éloignés de *croire* que l'électricité joue un grand rôle dans les sensations et les autres fonctions; mais *croire* ou *ignorer*, n'est-ce pas la même chose? Prétendre expliquer les sensations en les rapportant à une propriété vitale qu'on appelle *animale*, *percevante*, *relative*, etc., c'est avoir recours au mode d'explication le plus vicieux : car ici on change seulement le mot qui exprime la chose, et la difficulté n'est pas même reculée.

Sans qu'il faille rien préjuger, nous rangeons l'action des nerfs parmi les actions vitales qui, comme on l'a vu au commencement de cet ouvrage, ne sont susceptibles, dans l'état actuel de la science, d'aucune explication.

Mais est-il bien certain que les nerfs soient des agents indispensables des impressions reçues par les sens? L'observation et l'expérience le démontrent d'une manière péremptoire.

Un homme reçoit une blessure qui intéresse un tronc nerveux : la partie où ce nerf se distribue devient insensible. Si le nerf optique est celui qui a souffert, l'individu devient aveugle; il devient sourd si c'est le nerf acoustique qui a été lésé.

On produit à volonté ces effets sur les animaux, en coupant, ou simplement en liant ou comprimant les nerfs. Lorsqu'on enlève la ligature, ou lorsqu'on cesse de comprimer ce nerf, la partie reprend la sensibilité qu'elle avait auparavant.

Sur l'homme, comme sur les animaux, la blessure d'un nerf produit des douleurs horribles. Enfin, toutes les maladies qui altèrent, même légèrement, les tissus des nerfs influent manifestement sur leur fonction d'agent des sensations.

La science a fait récemment, sous le rapport des fonctions des nerfs, des progrès remarquables. Au moyen des notions nouvelles, plusieurs idées anciennes doivent être réformées. (*Voyez* mon *Journal de Physiologie.*)

Il est devenu, par exemple, indispensable de distinguer les nerfs en *sensibles,* et en *insensibles.*

Les nerfs sensibles ont pour caractères anatomiques d'offrir un ganglion non loin de leur origine. Ces nerfs se composent : 1° de la branche supérieure de la cinquième paire, qui donne la sensibilité à la peau et aux membranes muqueuses de toute la partie antérieure de la tête; 2° des nerfs qui résultent de la réunion des racines postérieures des nerfs rachidiens; ils donnent la sensibilité à la peau du cou, du tronc, et des membres, et à presque tous les organes de la poitrine et de l'abdomen; 3° de la huitième paire qui préside à la sensibilité du pharynx, de l'œsophage, du larynx et de l'estomac; 4° du sous-occipital ou dixième paire, qui préside à la sensibilité de la partie postérieure de la tête, et en partie à celle du pavillon de l'oreille.

J'ai prouvé, par l'expérience, que si ces différents nerfs sont coupés près de leur origine , les parties où ils vont se répandre perdent toute sensibilité.

Les nerfs que l'on peut regarder comme *insensibles*, bien qu'il ne faille pas prendre cette expression dans un sens absolu , puisque parmi eux se trouvent les nerfs principaux des sensations spéciales de la vue et de l'ouïe, sont : les nerfs optique, olfactif et acoustique; mais on a vu que ces trois nerfs ont une sensibilité spéciale, qui est, en très - grande partie, soumise à l'influence de la cinquième paire ; cette influence d'un nerf sur l'action d'autres nerfs est neuve dans la science, et mérite toute l'attention des physiologistes.

Nerfs insensibles.

Plusieurs autres nerfs paraissent aussi dépourvus de sensibilité ; tels sont les troisième, quatrième, et sixième paires, la portion dure de la septième , avec des modifications particulières que j'ai indiquées plus haut ; le nerf hypoglosse , et la branche antérieure de toutes les paires qui naissent de la moelle épinière.

Quand on coupe ces divers nerfs, les parties où ils se distribuent conservent la sensibilité ; chez l'homme malade, quand ces nerfs sont seuls intéressés, plusieurs fonctions sont altérées ; mais la faculté tactile, et en général celle de sentir , ne paraît même pas diminuée. (*Voyez* mon *Journal de Physiologie* , tom. III et IV.)

On ignore complètement l'utilité des anastomoses

nombreuses qu'ont entre eux les nerfs ; on ignore
également quelles sont les conséquences qui résultent
des communications des nerfs, des sensations avec
les ganglions du grand sympathique : les suppositions qu'on a faites pour en expliquer l'usage montrent assez que sur ce point la physiologie est encore
à son berceau.

De la
sensation.

Jusqu'ici il n'a été question que des agents de
la sensation : parlons maintenant du phénomène
lui-même, faisons-en connaître les principaux
caractères, et d'abord signalons les plus remarquables.

Toute sensation au moment même où nous
l'éprouvons est rapportée à une cause extérieure ;
nous savons que l'impression ressentie vient de ce
qui n'est pas nous, ou, comme diraient certains
philosophes, du *monde extérieur*, en sorte que sentir une impression, est en même temps savoir :

Nous
rapportons
les sensations
à leurs causes

1° qu'elle nous vient d'une cause ; 2° que cette
cause nous est étrangère (1). Ce merveilleux
résultat n'est pas l'œuvre isolée des organes spéciaux des sensations, c'est le premier comme le
plus important des actes de *l'intelligence* que je
nomme *instinctive*, et par conséquent le produit

_____

(1) Il ne s'agit ici que des sensations proprement dites, et
non des sensations internes   qui, plus tard, seront examinées
sous ce point de vue.

de l'action combinée du cerveau et des organes des sens.

Conjecturer ce qui se passe à l'intérieur du système nerveux tandis que nous éprouvons une sensation, est une tentative hors de la portée de l'esprit humain; et cependant tel est notre besoin irrésistible de mettre des images partout où il y a obscurité, que nous avons dû représenter chaque sensation comme résultant du développement successif, mais très-rapide, d'un certain nombre de phénomènes, en sorte que dans toute sensation il y aurait : 1° action de sa cause sur le sens; 2° action du nerf pour transmettre; 3° impression reçue par le *centre* cérébral *sentant* ou *le moi*; 4° réaction instinctive qui nous fait reconnaître que la cause de la sensation est hors de nous, quelquefois à une distance considérable, ayant comme agent intermédiaire l'air, la lumière ou la chaleur. Telle est l'image ou l'idée que les métaphysiciens se sont formée de toute sensation complète à laquelle un de nos plus savants idéologistes a consacré récemment le mot *perception*.

Analyse
métaphysique
d'une
sensation.

Mais cette analyse, si fine qu'elle serait parvenue à partager en plusieurs éléments une sensation, est-elle réelle? est-il possible de prouver physiologiquement ces actes successifs du phénomène le plus instantané, le plus simple qui existe? Notre esprit, d'autant plus impatient du doute, qu'il est plus ignorant, ne nous impose-t-il point ce petit roman analytique pour, comme en bien d'autres circonstances, nous masquer notre ignorance, et peut-être l'absolue impossibilité d'atteindre jamais à concevoir, avec quelque apparence de vérité, de semblables résultats.

Dans la voie expérimentale, que nous cherchons à ne jamais abandonner, la sensation, et par conséquent sa relation établie avec sa cause extérieure, sont pour nous un seul et même phénomène indivisible en temps distincts ou en actes séparés. Il n'est pas moins possible que le système nerveux sente à sa surface qu'à son centre, si tant est qu'il en ait un, ce qui est au moins douteux, comme nous chercherons à le prouver par la suite.

Notre instinct nous conduit à trouver les caractères de la cause des sensations.

Le même instinct qui nous fait placer la cause des sensations au dehors de nous nous conduit encore à rechercher quelle est cette cause et quels en sont les caractères. Arriver sur-le-champ à cette connaissance est un de nos plus pressants besoins et un de nos plaisirs les plus vifs; aussi quand, par un concours de circonstances, ou par la nature de la cause de notre sensation, il ne nous est pas possible de la reconnaître, nous sommes dans une anxiété des plus pénibles, nous faisons tous nos efforts pour en sortir; et quand nous y parvenons, nous ressentons une satisfaction manifeste.

Les sensations sont vives ou faibles. La pre-

mière fois qu'un corps agit sur nos sens, il y produit en général une impression vive. La vivacité
de l'impression diminue si l'action des corps sur
nos sens se répète; elle peut même, par ce moyen,
devenir presque nulle. C'est ce fait qu'on exprime
en disant que *l'habitude émousse le sentiment.* L'intensité de l'existence se mesurant par la vivacité
des sensations, l'homme en cherche continuellement de nouvelles qui sont toujours plus vives : de
là son inconstance, son inquiétude et son ennui,
s'il reste exposé aux mêmes causes de sensations.

Il dépend de nous de rendre nos sensations et
plus vives et plus nettes. Afin d'y réussir, nous dis-
posons les appareils sensitifs de la manière la plus
avantageuse : nous ne recevons qu'un petit nombre de sensations à la fois, et nous portons sur elles
toute notre attention ; ainsi s'établit une différence
importante entre *voir* et *regarder, ouir* et *écouter.*
La même différence existe entre l'*exercice ordinaire de l'odorat* et l'*action de flairer,* entre *goûter*
et *déguster, toucher* et *palper.*

La nature nous a aussi donné la faculté de diminuer la vivacité des sensations. Ainsi nous fron-
çons les sourcils, nous rapprochons les paupières,
quand l'impression produite par la lumière est trop
vive; nous respirons par la bouche quand nous
voulons nous soustraire à l'action d'une odeur trop
forte, etc.

Nous pouvons rendre nos sensations plus vives et plus nettes.

Relations réciproques des sensations.

D'ailleurs, les sensations se dirigent, s'éclairent, se modifient, et peuvent même se dénaturer mutuellement. L'odorat semble être le guide et la sentinelle du goût; le goût, à son tour, exerce une puissante influence sur l'odorat. L'odorat peut isoler ses fonctions de celles du goût. Ce qui plaît à l'un ne plaît pas toujours également à l'autre : mais comme les aliments et les boissons ne peuvent guère passer par la bouche sans agir plus ou moins sur le nez, toutes les fois qu'ils sont désagréables au goût, ils le sont bientôt à l'odorat, et ceux que l'odorat avait d'abord le plus fortement repoussés, finissent par vaincre toutes ses répugnances quand le goût les désire vivement (1).

Les sensations sont d'autant plus vives qu'elles sont moins nombreuses.

On sait, par des observations nombreuses, que la vivacité des impressions reçues par les sens augmente par la perte d'un de ces organes. Par exemple, l'odorat est plus fin chez les aveugles ou chez les sourds, que chez les personnes qui jouissent de tous leurs sens. Je crois cependant avoir remarqué que l'absence de l'odorat, qui se rencontre assez souvent, ne donne pas aux autres sens plus de finesse.

La science possède aujourd'hui l'histoire curieuse d'un jeune homme né sourd et aveugle; il

_____

(1) Cabanis.

a été observé par un grand nombre de médecins et de philosophes.

Jacques Mitchel est né le 11 novembre 1795, *sourd et aveugle*, de parents intelligents. Il ne donne aucun indice d'ouïe; cependant il éprouve du plaisir à frotter des corps durs contre ses dents, il s'y complaît quelquefois durant des heures entières; il distingue le jour de la nuit et les couleurs très-tranchées, le rouge, le blanc et le jaune. Dès sa jeunesse il s'est amusé à regarder le soleil à travers les fentes de la porte, et à allumer du feu. Ses relations avec les corps environnants sont principalement établies par l'odorat et le toucher; à l'âge de quatorze ans, M. Wardrop lui fit l'opération de la cataracte sur l'œil droit, ce qui a légèrement amélioré sa vue imparfaite; aujourd'hui (1818) il a moins recours à l'odorat, il manie les corps avec promptitude dans tous les sens, la tête penchée, semblable en cela aux autres aveugles. Son désir de connaître les objets extérieurs, leurs quantités et leurs usages, a toujours été très-vif; il examine tout ce qu'il rencontre, hommes, animaux, choses; ses actions indiquent de la réflexion. Un jour le cordonnier lui apporte des souliers trop petits; sa mère les enferme dans un cabinet voisin, et en retire la clef. Quelques momens après Mitchel demanda la clef à sa mère en tournant la main comme quelqu'un qui ouvre, et en montrant le cabinet; sa mère la lui donne, il

Histoire de J. Mitchel, sourd et aveugle de naissance.

ouvre, apporte les souliers, et les met aux pieds du jeune garçon qui l'accompagne dans ses excursions, et auquel en effet ils allaient fort bien.

Dans son enfance, il flairait toujours les personnes dont il s'approchait en portant leurs mains à son nez, et en aspirait l'air; leur odeur déterminait son affection ou sa répugnance. Il a toujours reconnu les habits par l'odorat, et refusé de mettre ceux d'un autre. Les exercices du corps l'amusent.

Histoire de J. Mitchel, sourd et aveugle de naissance.

Les traits de son vissge sont très-expressifs, son langage naturel est d'un être intelligent. Quand il a faim il porte la main à la bouche et montre l'armoire où les comestibles sont renfermés. Quand il veut se coucher, il incline la tête d'un côté sur sa main, comme s'il voulait la mettre sur un oreiller; il imite les gens de métiers pour les indiquer, tels que les mouvements d'un cordonnier qui tire le fil en étendant le bras, ou d'un tailleur en cousant. Il aime à monter à cheval; il désigne cet exercice en joignant ses deux mains ensemble, et en les portant sous la plante d'un de ses pieds, sans doute pour imiter l'étrier. Il fait, comme tout le monde, les signes naturels de oui et non avec la tête. Il ne veut pas qu'on l'embrasse à la figure, et si sa sœur le fait en plaisantant, il s'essuie et se frotte d'un air mécontent. Il est remarquable que presque tous les signes qu'il invente sont calculés pour la vue des autres. Il paraît connaître son infériorité à l'égard de ce sens. Autrefois il était accompagné d'un petit garçon dans ses excursions; il allait où il voulait; mais, rencontrant un objet inconnu qui lui paraissait un obstacle, il attendait toujours l'arrivée de son compagnon.

Il se rappelle facilement la signification des signes qu'on lui fait. Pour lui faire connaître le nombre des jours, on lui incline la tête, comme signe qu'il doit se coucher tant de fois avant que la chose se fasse. On lui témoigne du contentement en lui caressant l'épaule ou le bras, et du mécontentement, en frappant un coup un peu sec; il est sensible aux caresses et à la satisfaction de ses parents; il aime les jeunes enfants, et les prend dans ses bras. Il est naturellement bon, et n'offense personne; cependant son humeur n'est pas égale. Quelquefois il aime qu'on badine avec lui et il rit aux éclats. Un de ses plaisirs favoris est d'enfermer quelqu'un dans une chambre ou dans l'étable; mais si on le contrarie trop, ou trop longtemps, il se fâche et pousse des cris très-désagréables. En général, il paraît content de sa situation.

Il a du courage naturel; mais il a toujours agi avec prudence. Étant jeune, il voulait toujours aller plus loin qu'il n'était allé la veille. Un jour, il trouva en son chemin un pont de bois étroit, qui était sur la rivière, près de la maison de son père; il se mit sur ses genoux et ses mains pour y passer en rampant; son père, afin de l'intimider, envoie un homme pour le faire tomber dans l'eau à un endroit où il n'y avait pas de danger, et pour le retirer à l'instant. Cette leçon produisit l'effet désiré, et il n'y passa plus. Quelques années après, il se souvint encore de cette punition. Un jour, étant mécontent de son petit compagnon, lorsqu'ils jouaient dans une barque attachée au rivage, il le plongea dans l'eau et le retira.

Concluons de cette narration abrégée que, si la vue et l'ouïe fournissent beaucoup de faits à l'intelligence, celle-ci peut arriver à un développement remarquable sans le secours de ces deux sens.

Il est un autre résultat singulier et inattendu récemment donné par l'expérience : dans les conditions ordinaires de la vie, au moment de la naissance, les sens sont presque tous inhabiles à agir, mais ils se développent graduellement par l'exercice, et, à l'âge d'un an, l'enfant a la jouissance à peu près complète de ses cinq sens.

Mais il arrive quelquefois que certaines causes physiques s'opposent au développement d'un sens, et plus fréquemment de l'ouïe; et si ces causes sont de nature à persister long-temps, les individus restent étrangers à toute idée de son : ce sont les sourds-muets de naissance. On a cru long-temps, et quelques médecins croient encore, que si l'art parvient à enlever l'obstacle qui s'oppose à l'ouïe, le sourd-muet se trouve dans le cas de l'enfant nouveau-né, et que son ouïe, se développant peu à peu par l'usage, finit par lui servir, comme aux autres hommes, de moyen de sensation, et surtout de moyen de communication avec ses semblables, et que l'acquisition d'un sens nouveau, à un âge où l'homme est en état d'apprécier sa situation, serait pour lui la source d'un grand bonheur ; mais il n'en est rien. Il résulte d'observations récentes, que des sourds-muets rendus à l'ouïe à l'âge de dix à quinze ans n'ont attaché que fort peu d'importance à leur nouvel état, qu'ils n'ont cherché à en faire aucun usage, et qu'enfin ce sens, trop tard acquis, est pour eux comme s'ils ne le possédaient pas. Ils continuent à communiquer par gestes et ne prêtent aucune attention aux sons. Pour qu'un sourd de naissance puisse tirer quelque parti de l'ouïe qui lui est donnée, il faut une longue et pénible éducation, et encore n'est-il pas démontré que jamais ces individus se servent de leur oreille comme un homme né avec ses cinq sens.

Sourds de naissance rendus à l'ouïe.

Les sensations sont *agréables* ou *désagréables* : les premières, surtout lorsqu'elles sont vives, forment le *plaisir* ; les secondes constituent la *douleur*. Par la douleur et le plaisir, la nature nous porte à concourir à l'ordre qu'elle a établi parmi les êtres organisés.

Quoiqu'on ne puisse pas, sans sophisme, dire que la douleur n'est qu'une nuance du plaisir, il est cependant certain que les personnes qui ont épuisé toutes les sources de jouissances, et qui sont

Douleur et plaisir.

ainsi devenues insensibles à toutes les sources ordinaires des sensations, recherchent les causes de
douleurs et se complaisent dans leurs effets. Ne
voit-on pas dans toutes les grandes villes des hommes blasés, dégradés par le libertinage, trouver des
sensations agréables où d'autres éprouveraient des
souffrances intolérables?

Caractère des sensations externes.

Il est nécessaire de remarquer que les sensations
qui viennent des sens sont en général nettes, distinctes : les idées et toutes les connaissances que
nous avons sur la nature en résultent plus particulièrement.

Caractère des sensations internes.

Les sensations qui naissent du dedans, ou les
sentiments, ne présentent point ces caractères. En
général, elles sont confuses, vagues, souvent même
nous n'en avons pas la conscience; elles ne se gravent pas dans l'esprit, elles sont toujours plus ou
moins fugitives surtout quand la santé est parfaite.

Nos organes agissent-ils librement et selon les
lois ordinaires de l'organisation, les sentiments qui
en résultent sont agréables, peuvent même nous
causer un plaisir très-vif; mais nos fonctions sont-
elles troublées, nos organes sont-ils blessés, malades, y a-t-il empêchement à leur action, les sensations internes prennent une vivacité qui attire
souvent notre attention au point de nous faire
négliger les sensations extérieures; et, selon l'espèce d'empêchement ou de lésion, elles portent un

caractère particulier. Ces sensations internes spontanées, nées du trouble de nos fonctions, c'est-à-dire des maladies, sont extrêmement variées, et le plus souvent différentes de celles de l'état de santé. Nous éprouvons, comme pour les sensations externes, le besoin instinctif de les rapporter à une cause, et cette cause à un lieu; mais nous nous abusons le plus souvent, nous croyons le siége de la sensation dans une partie, et il est réellement dans une autre. A cet égard, il existe même des illusions tellement constantes, qu'elles sont un signe de certaines maladies. Ainsi, dans une lésion de la hanche, le malade souffre au genou; une pierre dans la vessie fait souffrir au bout du gland. C'est pourquoi la douleur, et toutes les sensations qui accompagnent nos maladies, doivent être un objet important dans les études du médecin (1).

Illusions causées par les sensations internes

Les nerfs qui se rendent directement au cerveau ou à la moelle épinière sont-ils les organes de transmission des sensations internes? La chose est

(1) Après certaines opérations de chirurgie il se développe des illusions singulières. Un amputé croit encore souffrir dans le membre qu'il a perdu. Un nez artificiel est-il fait aux dépens de la peau du front, dont on en renverse un lambeau sur la face, où il contracte des adhérences, toutes les sensations reçues par cette portion de peau déplacée sont rapportées à sa situation primitive, c'est-à-dire au front.

probable ; cependant les physiologistes de l'époque actuelle semblent accorder une part très - grande, dans cet usage, à ce qu'ils nomment le *nerf grand sympathique* (1). Peut-être ont-ils rencontré juste;

Le grand sympathique est-il l'agent des sensations internes ?

---

(1) Le grand sympathique est-il un nerf? Les ganglions et les filaments qui en partent ou qui s'y rendent n'ont aucune analogie avec les nerfs proprement dits : couleur, forme, consistance, disposition, structure, propriétés de tissu, propriétés chimiques, tout est différent. L'analogie n'est pas plus marquée pour les propriétés vitales : on pique, on coupe un ganglion, on l'arrache même; l'animal ne paraît point en avoir la conscience, et il ne se montre aucune contraction dans les muscles. J'ai souvent fait ces essais sur les ganglions du cou chez des chiens et des chevaux : de semblables opérations, faites sur des nerfs cérébraux sensibles, produiraient des douleurs affreuses, ou bien, si l'on agissait sur des nerfs non sensibles ou du mouvement, d'énergiques contractions. Qu'on enlève tous les ganglions du cou, et même les premiers ganglions thoraciques, on ne voit pas qu'il en résulte aucun dérangement sensible et immédiat dans les fonctions des parties mêmes où l'on peut suivre les filets qui en naissent. Quelle raison donc de considérer le système des ganglions comme faisant partie du système nerveux ? Ne serait-il pas plus sage, et surtout plus utile aux progrès futurs de la physiologie, de convenir qu'en ce moment les usages du grand sympathique sont entièrement ignorés ?

On est bien confirmé dans cette idée par la lecture des auteurs : chacun a sur ce point son opinion particulière. On voit, par exemple, les ganglions considérés comme des centres nerveux, comme de petits cerveaux, des noyaux de substance grise, destinés à nourrir les nerfs, etc. Si l'on mais il est impossible d'admettre cette opinion : elle n'est fondée sur aucun fait, sur aucune expérience positive.

Les causes qui modifient les sensations externes ou internes sont innombrables : l'âge, le sexe, le tempérament, les saisons, le climat, l'habitude, la disposition individuelle, sont autant de circonstances qui, chacune isolément, suffiraient pour apporter des modifications nombreuses dans les sensations : à plus forte raison, quand elles sont réunies, doivent-elles avoir un résultat plus manifeste ; aussi la différence des sensations chez chaque individu est exprimée dans le langage vulgaire par cette phrase : *Chacun a sa manière d'être ou de sentir.*

Causes qui modifient les sensations.

Chez le fœtus il n'existe très-probablement que des sensations internes : c'est au moins ce qu'on peut soupçonner par les mouvements qu'il exécute, et qui semblent résulter d'impressions nées sponta-

Sensations chez le fœtus.

---

cherche les preuves sur lesquelles ces auteurs établissent leur doctrine, on est tout étonné de n'en trouver aucune, et de voir que leur assertion n'est qu'un jeu de leur esprit. D'après les tentatives infructueuses qui ont eu lieu jusqu'à ce jour, il me semble que la conjecture la plus probable relativement à ce singulier organe, intimement lié avec tous les nerfs, est que ses fonctions sont d'un ordre dont les physiologistes n'ont pas encore l'éveil, mais qui peut se révéler à celui qui saura interroger la nature par des expériences fines et ingénieuses.

nément dans les organes. On sait, par des expériences directes, que les dérangements qui surviennent dans la circulation ou dans la respiration de la mère, sont suivis de mouvements très-marqués du fœtus.

Sensations à la naissance.

A la naissance, et quelque temps après, tous les sens n'existent pas encore. Le goût, le toucher et l'odorat sont les seuls qui s'exercent ; la vue et l'ouïe ne se développent que plus tard, comme nous l'avons dit dans l'histoire particulière de ces fonctions.

Chaque sens doit passer par divers degrés avant d'arriver à celui où il s'exerce d'une manière parfaite : il est donc indispensable qu'il soit soumis à une véritable éducation. Si l'on suit chez un enfant le développement des sens, comme l'ont fait les métaphysiciens, on peut aisément s'assurer des modifications qu'ils éprouvent en se perfectionnant.

Éducation des sens.

Pour les sensations qui s'exercent à distance, l'éducation est plus lente et plus difficile ; pour celles qui se font au contact, elle est beaucoup plus prompte, et paraît se faire plus aisément. Pendant tout le temps que dure cette éducation des sens, c'est-à-dire dans la première enfance, les sensations sont confuses et faibles ; mais celles qui leur succèdent, et surtout celles des jeunes gens, se font remarquer par leur vivacité, leur multiplicité.

A cet âge, elles se gravent profondément dans

la mémoire, et par conséquent sont destinées à faire partie de notre existence intellectuelle pendant toute la durée de notre vie.

Avec les progrès de l'âge, les sensations perdent de leur vivacité, mais elles se perfectionnent sous le rapport de l'exactitude, comme on le voit chez l'homme adulte. Chez le vieillard, elles s'affaiblissent, ne sont plus produites qu'avec difficulté et lenteur.

Sensations chez le vieillard.

Cet effet est plus marqué pour les sens qui nous font connaître les propriétés physiques des corps, et l'est beaucoup moins pour ceux qui nous mettent en rapport avec les propriétés chimiques.

Ces derniers sens (le goût et l'odorat) sont les seuls qui conservent quelque activité dans la décrépitude; les autres sont ordinairement à peu près éteints par la diminution de la sensibilité, et par la succession des altérations physiques qu'ils ont éprouvées.

DES FONCTIONS DU CERVEAU.

Ce que la nature de l'homme presente de plus merveilleux et de plus sublime, l'intelligence, la pensée, l'instinct, les passions et cet admirable faculté par laquelle nous dirigeons nos mouvements, et exerçons la parole, etc., etc., sont des phénomènes tellement dépendants du cerveau que plusieurs

Fonctions du cerveau.

physiologistes les désignent par l'épithète de *fonctions cérébrales*.

De l'âme.　D'autres physiologistes, soutenus et inspirés par des croyances religieuses, les envisagent comme appartenant à l'âme, être d'essence divine, dont l'un des attributs est l'immortalité.

Il ne nous appartient pas ici de prendre parti entre ces deux manières de voir ; nous faisons de la science et non pas de la théologie. Nous ne cherchons pas d'ailleurs à expliquer les actes de l'intelligence ou de l'instinct ; notre unique but est de les étudier, et de montrer la liaison physiologique qu'ils peuvent avoir, soit avec le cerveau en général, soit avec certaines de ses parties.

Nous conserverons ainsi pour l'étude des phénomènes de l'intelligence la même méthode d'investigation, et nous éviterons ainsi des erreurs graves dans lesquelles sont tombés des hommes justement célèbres pour avoir voulu tenter une autre voie.

Du cerveau.

Sous la dénomination de *cerveau*, je comprends trois parties distinctes entre elles, quoique réunies dans certains points. Ces parties sont le *cerveau* proprement dit, le *cervelet*, et la *moelle de l'épine*.

Dans chacune de ces principales divisions on

trouve encore des parties faciles à distinguer, et qui ont en quelque sorte une existence isolée : de manière que rien n'est plus compliqué, plus difficile, en anatomie, que l'étude de l'organisation du cerveau. Cependant, à raison de l'importance des fonctions de cet organe, les anatomistes et les médecins, dans tous les temps, se sont occupés de sa dissection. De cette succession d'études, il est résulté que l'histoire matérielle du cerveau est un des points les plus connus de l'anatomie. Tout récemment, cette matière vient d'être éclaircie de nouveau par la publication de plusieurs ouvrages qui ont introduit d'importants perfectionnements sur cette partie intéressante de la science.

Toutefois le cerveau étant d'une texture extrêmement délicate, et ses fonctions étant empêchées par le moindre dérangement physique, la nature a pris un soin extrême de le défendre contre toute atteinte de la part des corps environnants.

Parmi les parties protectrices du cerveau, que l'on pourrait nommer *tutamina cerebri*, il faut remarquer les cheveux, la peau, les muscles épicrâniens, le péricrâne, les os du crâne et la dure-mère, le fluide céphalo-spinal, qui sont particulièrement destinés à garantir le cerveau et le cervelet.

Par leur nombre et leur disposition, les cheveux sont propres à amortir les coups portés sur la tête, à s'opposer à ce que les pressions un peu fortes blessent la peau du crâne. Mauvais conducteurs du calorique, leur assemblage forme une sorte de tissu ou de feutre, dont les mailles interceptent un grand nombre de petites masses d'air : de sorte qu'ils sont très-bien disposés pour conserver à la tête une température uniforme et en quelque manière indépendante de celle de l'air ou des corps qui l'entourent ; en outre, comme ils sont imprégnés d'une matière huileuse, ils ne s'imbibent que d'une petite quantité d'eau, et se sèchent avec promptitude.

Les cheveux étant mauvais conducteurs du fluide électrique, ils mettent la tête dans une espèce d'isolement : d'où il résulte que le cerveau reçoit une influence moins marquée de la part de l'électricité lorsqu'elle abonde dans l'atmosphère.

Il est aisé de concevoir comment la peau de la tête, les muscles qu'elle recouvre, et le péricrâne, concourent à protéger le cerveau : il n'est pas nécessaire d'insister sur ce point.

Du crâne.   Mais de tous les moyens protecteurs du cerveau, le plus efficace c'est l'enveloppe que forment à cet organe les os du crâne. A raison de la dureté de cette enveloppe et de sa disposition en sphéroïde, toute pression ou percussion exercée sur la tête est répartie du point pressé ou frappé vers tous les autres, et porte moins sur le cerveau. Par exemple, un homme reçoit un coup de bâton sur le sommet de la tête : le mouvement se propage dans toutes les directions, jusqu'à la partie moyenne de la base du crâne, c'est-à-dire jusqu'au corps du sphénoïde. Si le bâton avait agi sur le front, l'effort se serait propagé et concentré vers la partie moyenne de l'occipital.

Dans cette transmission du mouvement communiqué au crâne, on a cru que les os éprouvaient de légers déplacements réciproques, qui étaient peu marqués à raison de la disposition des différentes articulations; mais il y a tout lieu de croire que le crâne résiste, comme s'il était formé d'une seule pièce.

Un fait sur lequel on n'a pas assez appuyé, c'est que le crâne doit nécessairement changer de forme chaque fois qu'il est pressé ou heurté un peu fortement. Le degré de mollesse dont jouit la masse cérébrale lui permet de supporter ces légers changements de son enveloppe, sans qu'il en résulte aucun effet fâcheux. Plus le cerveau sera mou, et plus il pourra éprouver des pressions ou percussions fortes sans inconvénients : c'est la raison pour laquelle les enfants naissants, dont les os sont très-mobiles les uns sur les autres, peuvent avoir la tête comprimée, et même déformée sensiblement, sans que rien de pernicieux en soit la suite. Il en est de même pour les enfants plus âgés, qui reçoivent sans danger des coups très-forts à la tête. A cet âge, et surtout au moment de la naissance, le

Changements de forme du crâne par les chocs.

cerveau est beaucoup plus mou que chez l'a
dulte (1).

C'est en quelque sorte pour protéger le cerveau
contre lui-même, qu'est disposée la dure-mère.
En effet, sans les replis qu'elle forme dans la faux
du cerveau, la tente, la faux du cervelet, l'hémisphère d'un côté peserait sur l'autre quand la tête
est inclinée ; le cerveau comprimerait le cervelet
quand la tête est droite : en sorte que les diverses
parties du cerveau nuiraient réciproquement à leur
action.

Moyens
protecteurs
de la moelle
épinière.

Si l'on compare les précautions prises par la
nature pour préserver le cerveau et le cervelet des
injures extérieures, avec celles dont on voit que la
moelle épinière est environnée, on pourrait présumer que cette dernière partie est d'une importance
plus grande que les premières, ou bien que sa texture, plus délicate, nécessitait des soins plus multipliés : c'est, en effet, ce qui existe. La moelle de
l'épine joue dans l'économie un rôle au moins

(1) Si le cerveau était parfaitement fluide et homogène,
quelle que soit l'étendue des changements de forme de son
enveloppe, il n'en résulterait aucun effet nuisible ; mais
comme le cerveau a une consistance molle, qu'il n'y a pas
homogénéité dans tous ses points, il suit que les coups
un peu forts sont fréquemment suivis d'accidents graves,
tels que la commotion, les épanchements sanguins, les
abcès, etc.

aussi important que la portion céphalique du système nerveux. Le moindre ébranlement la blesse, la moindre compression pervertit tout à coup ses fonctions : il était donc nécessaire que le canal vertébral qui la contient lui assurât une puissante protection. Le but est atteint d'une manière tellement parfaite, que rien n'est plus rare qu'une lésion de la moelle épinière, et pourtant la colonne vertébrale devait réunir à la solidité nécessaire une grande mobilité ; elle est l'aboutissant général de tous les efforts que le corps exerce, et de tous ceux qui sont exercés sur lui ; elle est le centre de tous les mouvements des membres ; elle exécute elle-même des mouvements très-étendus.

Moyens protecteurs de la moelle épinière.

Nous ne pouvons pas entrer dans les détails de cet admirable mécanisme : on peut lire à ce sujet le *Traité d'Anatomie descriptive* de Bichat, tom. 1, pag. 161 et suiv., et l'ouvrage de Desmoulin, *Anatomie des Systèmes nerveux*, tom. 1.

Mais il est une disposition ignorée de Bichat, que j'ai récemment découverte, et qui contribue d'une manière extrêmement efficace à conserver l'intégrité de la moelle.

Le canal que forme la dure-mère autour de la moelle, et qui est tapissé par un double feuillet de l'arachnoïde, est beaucoup plus grand qu'il ne faut pour contenir l'organe ; en sorte que sur le cadavre il existe un espace vide entre la moelle et ses enveloppes membraneuses. Je nomme cet espace *cavité*

Fluide céphalo-spinal.

Cavité sous-arachnoïdienne.

sous-arachnoïdienne; mais, durant la vie, cette cavité est remplie par un liquide séreux qui distend la membrane et qui jaillit souvent à plusieurs pouces de hauteur quand on fait une petite ponction à la dure-mère. Il existe une disposition analogue autour du cerveau et du cervelet qui ne remplissent pas non plus exactement la capacité du crâne. J'ai donné à ce liquide le nom de *céphalo-rachidien*, ou *céphalo-spinal*. Il n'est pas difficile de comprendre quelle protection efficace

Usage du fluide céphalo-spinal.

la moelle reçoit du liquide qui l'environne, et au milieu duquel elle est comme suspendue, à l'instar du fœtus dans l'utérus, avec cette différence qu'elle est fixée dans sa position centrale par le ligament dentelé et les divers nerfs rachidiens.

La manière dont les vaisseaux sanguins se rendent au cerveau, et dont ils sortent de cet organe, est extrêmement curieuse : nous en traiterons à l'article *circulation*. Nous nous bornerons ici à faire remarquer que les artères, avant de pénétrer dans la substance cérébrale, se réduisent en vaisseaux capillaires; que les veines affectent la même disposition en sortant de cette substance; et comme ces vaisseaux très-fins communiquent entre eux par des anastomoses multipliées, il en résulte à la surface du cerveau un lacis vasculaire, que

Pie-mère.

l'on qualifie à tort de *membrane pie-mère*. Ce lacis s'introduit dans les cavités du cerveau; c'est lui qui, dans les ventricules, forme le *plexus choroïde* et la *toile choroïdienne*.

Nous ne donnerons point ici la description anatomique du cerveau : nous nous bornerons à faire sur ce sujet quelques réflexions générales, et à exposer quelques faits fondamentaux.

Remarques sur le cerveau

A. Presque tous les auteurs qui ont donné la description anatomique du cerveau n'ont pas été assez sévères sur les expressions qu'ils ont employées, leur esprit étant prévenu par quelque idée hypothétique. Il est indispensable aux progrès futurs de l'anatomie et de la physiologie, de n'admettre que des termes précis, d'éloigner, autant que possible, les expressions métaphoriques, et surtout de rejeter toute supposition, par exemple, que *tous les nerfs aboutissent* ou se réunissent en un *certain point* du cerveau ; que l'*âme a son siége* dans une partie déterminée de cet organe ; que le *fluide nerveux est sécrété* par une portion de la masse cérébrale, tandis que le reste sert *de conducteur* à ce fluide, etc. Pour ne point avoir suivi cette méthode, les auteurs qui ont décrit le cerveau ont présenté des idées fausses, et se sont exprimés d'une manière obscure.

B. On doit entendre par cerveau, ou mieux *système cérébro-spinal*, l'organe qui remplit la cavité du crâne et celle du canal vertébral. Pour la facilité de l'étude, les anatomistes l'ont divisé en trois parties, le *cerveau* proprement dit, le *cervelet*,

Composition du cerveau de l'homme.

et la *moelle épinière*. Cette division est purement scolastique. Dans la réalité, ces trois parties ne forment qu'un seul et même organe. La moelle épinière n'est pas plus un *prolongement* du cerveau et du cervelet, que ceux-ci ne sont un *épanouissement* de la moelle épinière.

C. Le cerveau de l'homme est celui qui présente la plus grande complication de structure, et le nombre le plus considérable de parties distinctes; parmi celles-ci, il en est qui ne se trouvent chez aucun animal; tel sont les corps *mammillaires* et les *olivaires*; d'autres se voient chez beaucoup d'animaux, mais nous n'en savons pas encore les usages; ce sont le *corps calleux* ou la grande *commissure des lobes*, la *voûte à trois piliers*, le *septum lucidum*, la *bandelette demi-circulaire*, la *corne d'Ammon*, la *commissure antérieure* et la *postérieure*, la *glande pinéale* et la *glande pituitaire*, l'*infundibulum*. Toutes ces parties remplissent probablement des fonctions importantes; mais telle est la méthode défectueuse suivie jusqu'ici pour étudier les fonctions cérébrales, qu'on les ignore complètement. Il est d'autres parties du cerveau dont l'expérience commence à dévoiler quelques usages : ce sont les *hémisphères*, les *corps striés*, les *couches optiques*, les *tubercules quadrijumeaux*, le *pont*, les *pyramides*, et leur prolongation jusqu'au-delà des corps striés, les *pédoncules du cervelet*, les *hémisphères de ces organes*, les *divers faisceaux* qui

Composition du cerveau de l'homme.

forment la moelle alongée, et ceux de la moelle épinière.

D. De tous les animaux, l'homme est celui dont le cerveau proprement dit est proportionnellement le plus volumineux (1). Les dimensions de cet organe sont proportionnées le plus souvent à celles de la tête. A cet égard, les hommes diffèrent beaucoup entre eux. En général, le volume du cerveau est en relation directe avec la capacité de l'esprit. On aurait tort, cependant, de croire que tout homme ayant une grosse tête a nécessairement une intelligence supérieure, car plusieurs causes indépendantes du cerveau peuvent augmenter le volume de la tête ou diminuer le volume du cerveau, celui de la tête restant le même (2); mais il est rare qu'un homme distingué par ses facultés mentales n'ait pas une tête volumineuse. Le seul moyen d'apprécier approximativement le volume du cerveau dans un homme vivant, est de mesurer les dimensions de son crâne : tout autre procédé, même celui qui a été proposé par Camper, c'est-à-dire la mesure de l'angle facial, est infidèle.

(1) Il existe quelques exceptions à ce fait général.

(2) Dans la paralysie des aliénés le crâne conserve ses dimensions, mais le cerveau diminue d'une quantité considérable; ce qui en a disparu est remplacé par le fluide céphalo-spinal, qui augmente alors selon la diminution de la masse cérébrale.

Lobes ou hé-
misphères du
cerveau.

E. Les hémisphères de l'homme sont ceux qui offrent les *circonvolutions* les plus nombreuses et les *anfractuosités* les plus profondes. Le nombre, le volume, la disposition des circonvolutions sont variés; sur quelques cerveaux elles sont très-grosses, sur d'autres elles sont plus multipliées et plus petites. Leur disposition est différente sur chaque individu; celles du côté droit ne sont pas disposées comme celles du côté gauche. Il serait curieux de

Circonvolu-
tions, anfrac-
tuosités.

rechercher s'il n'existe pas un rapport entre le nombre des circonvolutions et la perfection ou l'imperfection des facultés intellectuelles, entre les caractères de l'esprit et la disposition individuelle des circonvolutions cérébrales. Les hémisphères du cerveau humain ont encore pour marque distinctive un lobe postérieur qui recouvre le cervelet.

Forme des
lobes du
cerveau.

F. La forme générale des lobes du cerveau varie suivant les individus, et peut-être aussi suivant la capacité intellectuelle. Dans le cerveau de l'un des savants les plus illustres dont la France s'honore, ils étaient presque demi-sphériques. Dans la plupart des idiots au contraire, leur diamètre antéro-postérieur est double au moins de la hauteur. (*Voyez* la planche Ire.)

Poids du
cervelet.

F. Le volume et le poids du cervelet diffèrent suivant les individus, et surtout suivant les âges. Dans l'homme adulte, le cervelet équivaut en poids à la huitième ou neuvième partie de celui du cerveau ; il n'en forme que la seizième ou la dix-huitième dans l'enfant naissant. On n'observe point de circonvolutions à la surface du cervelet, mais des lamelles superposées, séparées chacune par un sillon. Le nombre de ces lamelles est très-variable, suivant les individus, ainsi que leur disposition. On peut répéter, à cette occasion, la remarque que nous avons faite plus haut en parlant des circonvolutions cérébrales. Un anatomiste italien (Malacarné) dit n'avoir trouvé que trois cent vingt-quatre lames dans le cervelet d'un insensé, tandis que dans d'autres individus il en a trouvé plus de huit cents. J'ai ouvert le crâne d'un grand nombre d'aliénés de tous genres sans avoir fait la même remarque. Le cervelet de l'homme est caractérisé par les proportions considérables des lobes latéraux, relativement au lobe médian.

H. Dans la profondeur de la substance cérébrale existent des cavités qui, depuis un temps fort éloigné, portent le nom bizarre aujourd'hui de *ventricules*. De ces cavités l'une appartient au cervelet et à la moelle épinière, c'est le *quatrième ventricule*; l'autre est située entre les lobes cérébraux, c'est le *troisième ventricule*; enfin, dans chacun des hémisphères il existe une cavité beaucoup plus spacieuse que les précédentes, ce sont les *ventricules latéraux*, ces diverses cavités communiquent librement entre elles, le troisième ventricule avec les latéraux au moyen de deux ouvertures arrondies.

Lamelles du cervelet.

nommées les trous de Monro. Un canal, l'*aqueduc de Silvius*, réunit le troisième et le quatrième ventricule ; enfin ce dernier s'ouvre par une ouverture constante, que j'ai découverte il y a quelques années, et qui, variable dans son étendue et sa configuration, est toujours placée sur la ligne médiane vis-à-vis le *calamus scriptorius*, et s'ouvre dans la cavité sous-arachnoïdienne, et par conséquent est en rapport immédiat avec le fluide céphalo-rachydien ; aussi par cette ouverture ce fluide pénètre-t-il dans les cavités du cerveau, et, dans certains cas, s'y accumule en quantité considérable ; le mécanisme par lequel le fluide entre dans les ventricules et en sort par cette ouverture sera décrit en son lieu.

La substance qui forme le cerveau est molle, pulpeuse ; elle se déforme aisément d'elle-même ; dans le fœtus, elle est presque fluide, elle a plus de consistance dans l'enfant, et davantage encore dans l'adulte. Son degré de consistance varie dans les différents points de l'organe et selon les individus. Le cerveau a une odeur fade, spermatique, qui est assez tenace, et qui a persisté plusieurs années dans des cerveaux desséchés. (Chaussier.)

H. On distingue deux substances dans le cerveau : l'une est grise, l'autre blanche. La *substance blanche*, ou *médullaire*, forme la plus grande partie de l'organe, en occupe plus particulièrement l'intérieur et la partie qui correspond à la base du

---

Marginal notes:

Comment les ventricules communiquent entre eux.

Entrée des cavités du cerveau.

Deux substances dans le cerveau, la blanche et la grise.

crâne ; elle a plus de fermeté que la matière grise ; elle a l'apparence fibreuse ; elle forme en grande partie la moelle épinière, mais particulièrement sa couche superficielle.

La substance grise, nommée encore *cendrée, corticale*, forme une couche d'épaisseur variable à l'extérieur du cerveau et du cervelet ; on trouve cependant de la matière grise dans leur intérieur : tantôt elle est recouverte par la matière blanche, tantôt elle paraît comme mêlée intimement avec elle, ou bien ces deux substances sont disposées par couches ou par stries alternatives. En s'en tenant à la couleur, on pourrait distinguer plusieurs autres substances dans le cerveau, car on y observe des parties jaunes, noires, etc. (1).

Dire que la substance grise du cerveau produit la matière blanche, c'est avancer une supposition gratuite, attendu que la matière grise ne produit pas plus la blanche, qu'un muscle ne produit le tendon qui le termine ; que le cœur ne produit l'aorte, etc. Sous ce point de vue, le système anatomique de MM. Gall et Spurzheim est sans aucun fondement. D'ailleurs en général la matière blanche est formée avant la grise, et plusieurs parties blanches n'ont aucun rapport avec la substance grise.

---

(1) M. Sœmmering distingue quatre substances dans le cerveau, la blanche, la grise, la jaune et la noire.

Globules du cerveau.

Lorsqu'on examine, à l'aide du microscope, la substance cérébrale, elle paraît formée d'une immense quantité de globules d'une grosseur inégale. Ils sont, dit-on, huit fois plus petits que ceux du sang ; dans la substance médullaire, ils sont disposés en lignes droites, et prennent l'apparence de fibres ; dans la substance cendrée ils paraissent entassés confusément.

D'après M. Vauquelin, il n'existe point de différence entre les diverses parties du système nerveux ; l'analyse du cerveau, du cervelet, de la moelle épinière, et des nerfs, a donné le même résultat. Il a trouvé partout la même matière ; elle est composée :

Composition chimique du cerveau.

Eau.	80,00
Matière blanche grasse.	4,53
Matière grasse rouge.	0,70
Osmazôme.	1,12
Albumine.	7,00
Phosphore	1,50
Soufre et sels, tels que	
Phosphate acide de potasse. . . . .⎫	
————— de chaux . . . .⎬	5,15
————— de magnésie. . . . .⎭	

M. John s'est assuré que la matière grise ne contient pas de phosphore, et M. Chevreul a décrit récemment une substance blanche et nacrée qu'il regarde comme un principe immédiat propre au système nerveux.

I. Les artères du cerveau sont volumineuses. Elles sont au nombre de quatre (les deux carotides internes et les deux vertébrales); elles affectent une disposition sur laquelle nous insisterons à l'article de la *Circulation artérielle*.

Nous dirons seulement ici qu'elles sont principalement placées à la partie inférieure de l'organe, qu'elles y forment un cercle par la manière dont elles s'anastomosent, et qu'elles se réduisent en vaisseaux capillaires avant de pénétrer dans le tissu du cerveau.

Quelques auteurs estiment que le cerveau reçoit à lui seul la huitième partie du sang qui part du cœur; mais cette estimation ne peut être qu'approximative, la quantité de sang qui se porte au cerveau varie suivant un grand nombre de circonstances. On sait par des dissections faites récemment, que les artères cérébrales sont accompagnées par des filets du nerf grand sympathique; ces filets peuvent être suivis assez aisément sur les principales branches de ces artères. Il est présumable qu'ils les accompagnent jusqu'à leurs dernières divisions; mais il ne faut pas conclure de cette disposition, qui est générale pour toutes les artères, que le cerveau reçoit des nerfs. Les filaments du grand sympathique n'ont ici, comme ailleurs, de relations évidentes qu'avec les parois artérielles.

Les veines cérébrales ont aussi une disposition

Artères du cerveau.

Le cerveau reçoit beaucoup de sang.

Nerfs des artères cérébrales.

particulière : elles occupent la partie supérieure de
l'organe ; elles ne présentent pas de valvule ; elles
se terminent dans des canaux situés entre les lames de la dure-mère, etc. Nous reviendrons sur ce
point, à l'article *Circulation veineuse*. Il n'existe
point de vaisseaux lymphatiques dans le cerveau,
du moins personne ne les y a remarqués.

Observations faites sur le cerveau de l'homme et sur celui des animaux vivants.

Sur les enfants nouveau-nés, dont le crâne est
encore en partie membraneux, et sur les adultes, à
la suite des plaies et des maladies qui ont mis le
cerveau à nu, on remarque qu'il éprouve deux
mouvements distincts. Le premier, généralement
obscur, est isochrone au battement du cœur et des
artères ; le second, beaucoup plus apparent, est en
rapport avec la respiration, c'est-à-dire que l'organe s'affaisse, revient sur lui-même dans l'instant de l'inspiration, tandis qu'il présente un
phénomène opposé, c'est-à-dire qu'il se gonfle
visiblement dans le moment de l'expiration : selon
que les mouvements de la respiration sont plus
ou moins étendus, ceux du cerveau sont plus ou
moins manifestes. Ces deux espèces de mouvements,
mais surtout le dernier, sont très-faciles à
voir sur les animaux, et je ne conçois pas comment ils ont pu être révoqués en doute dans ces

derniers temps. Ils doivent être très-peu sensibles quand le crâne est intact, car pour s'affaisser le cerveau doit sans doute supporter la pression atmosphérique ; mais rien n'est démontré à cet égard. Ce genre de gonflement et d'affaissement alternatif existe dans le cervelet et la moelle épinière. (*Voyez* mon *Journal de Physiologie*.)

Le cerveau, le cervelet et la moelle épinière, entourés du fluide céphalo-spinal, remplissent fort exactement les membranes *sacciformes* qui les entourent ; ils exercent même une certaine pression sur leur surface. La pression a sa source dans l'effort du sang qui pénètre leur parenchyme, d'où il résulte que la substance cérébrale, incapable d'effort par elle-même, est incessamment pressée entre l'effort du sang, et la résistance des enveloppes membraneuses ou osseuses.

Pression que supporte le cerveau.

Et, comme l'effort du sang varie suivant plusieurs circonstances, la pression que subit le cerveau varie dans la même proportion.

Il paraît que cette pression est indispensable aux fonctions de l'organe. Toutes les fois qu'elle est subitement diminuée ou augmentée, les fonctions sont suspendues ; si la diminution ou l'augmentation se fait par degré, les fonctions cérébrales persistent. Un des moyens les plus simples de diminuer cette pression est de faire une ponction derrière l'occipital dans l'intervalle qui le sépare de la première vertèbre. Le liquide céphalo-spinal s'échappe ordinairement sous la forme de jet, et aussitôt les fonctions cérébrales sont évidemment troublées. J'ai vu cependant des animaux auxquels j'avais soustrait le liquide dont je parle, continuer de vivre sans dérangements très-apparents dans les fonctions nerveuses.

Le cerveau est peu ou point sensible.

Examiné sur l'animal vivant, le cerveau présente des propriétés remarquables, et bien éloignées de ce que l'imagination pourrait nous représenter. Qui croirait, par exemple, que la plus grande partie des hémisphères, sinon la totalité, est insensible aux piqûres, déchirements, sections, et même aux cautérisations? C'est pourtant un fait sur lequel l'expérience ne laisse aucun doute. Qui penserait qu'un animal peut vivre plusieurs jours et même plusieurs semaines après la soustraction totale des hémisphères? et cependant plusieurs physiologistes et nous-même avons vu des animaux de différentes classes dans cette situation. Mais ce qui est moins connu, et qui pourra surprendre davantage, c'est que la soustraction des hémisphères sur certains animaux, tels que des reptiles, produit si peu de changement dans leurs allures habituelles, qu'il serait difficile de les distinguer d'animaux intacts.

Les lésions de la surface du cervelet montrent aussi que cet organe n'est point sensible; mais les blessures plus profondes, et surtout celles qui intéressent les pédoncules, ont des résultats dont nous parlerons plus tard.

Il n'en est pas de même de la moelle épinière : la sensibilité de cette partie du cerveau est des plus prononcée, avec cette circonstance remarquable, qu'elle est exquise sur la face postérieure, beaucoup plus faible sur la face antérieure, et pour ainsi dire nulle au centre même de l'organe. Aussi est-ce de la partie postérieure de la moelle, que naissent les nerfs qui sont plus particulièrement destinés à la sensibilité générale. *Sensibilité de la moelle épinière.*

Une sensibilité très-vive se fait aussi remarquer à l'intérieur et sur les côtés du quatrième ventricule; mais cette propriété diminue à mesure que l'on avance vers la partie antérieure de la moelle alongée; elle est déjà très-affaiblie dans les tubercules quadrijumeaux des mammifères. *Sensibilité du quatrième ventricule.*

Nous renvoyons à un autre article les propriétés du cerveau qui ont rapport aux mouvements.

Les usages que remplit le cerveau dans l'économie animale sont extrêmement importants et multipliés. Il est l'organe de l'intelligence; il dirige nos moyens d'agir sur les corps extérieurs; il exerce une influence plus ou moins marquée sur les phénomènes les plus intimes de la vie; il établit une relation mystérieuse, mais réelle, entre les divers organes, ou, en d'autres termes, il est l'agent principal des sympathies. Nous ne l'envisagerons ici que sous le premier rapport. *Usages du cerveau.*

De l'intelligence.

Quel que soit le juste orgueil que nous inspirent nos facultés mentales et les immenses avantages qu'elles nous procurent, il est vrai qu'elles se confondent sous certains rapports avec les phénomènes généraux de la vie. En effet, les fonctions intellectuelles sont soumises aux mêmes lois que les autres fonctions; elles se développent et se détériorent avec les progrès de l'âge; elles se modifient par l'habitude, le sexe, le tempérament, la disposition individuelle; elles se troublent, s'affaiblissent ou s'exaltent dans les maladies; les lésions physiques du cerveau les pervertissent ou les détruisent, etc.; enfin, de même que toutes les actions d'organe, elles ne sont susceptibles d'aucune explication, et, pour les étudier, il faut, comme dans toutes les questions de physiologie positive, se borner à l'observation et aux expériences, en se dépouillant autant que possible de toute prévention hypothétique.

Analogie des facultés intellectuelles avec les autres fonctions.

Ajoutons qu'il faut se garder de croire que l'étude des fonctions du cerveau est infiniment plus difficile que celle des autres organes, et qu'elle appartient exclusivement à la métaphysique. En s'en tenant rigoureusement à l'observation, et en évitant avec soin de se livrer à aucune explication décevante, cette étude devient purement physiologique, et peut-être est-elle plus aisée que celle de la plupart des autres fonctions, puisqu'il suffit de porter notre attention sur nous-même, de nous *écouter penser*, pour que les phénomènes s'offrent à notre observation.

Mais c'est là précisément une des grandes difficultés de la question. Cet esprit qui tourne son activité sur lui-même, qui s'efforce à se connaître, est sans doute un merveilleux attribut de l'homme ; nous devons à cette aptitude une foule d'avantages. Cependant nous trouvons là un obstacle insurmontable à notre insatiable besoin de savoir, nous ne pouvons réellement conquérir des notions quelque peu satisfaisantes, que sur les phénomènes qui se passent dans notre propre intelligence, ce qui se passe dans les autres cerveaux n'est plus autant à notre portée et devient forcément l'objet de nos conjectures, et nous sommes destinés à ignorer les facultés que nous ne possédons pas, ou du moins à n'en avoir que des notions très-incomplètes.

Cette incapacité de connaître ce qui n'est point en nous est aussi vraie pour les idéologistes ou les philosophes que pour le commun des hommes ; aussi, quelque désir qu'ils aient eu de décrire et de classer les facultés intellectuelles, aucun n'y a réussi ; car il ne suffit pas de nous annoncer ce qui arrive dans une tête, il faudrait résumer ce qui se passe dans toutes ; or, qui oserait se flatter de savoir au juste l'intelligence de l'être qui nous est le plus cher, avec qui nous avons les habitudes les plus intimes, qui peut être certain de se connaître soi-même ? Ne sommes-nous pas souvent surpris par le développement subit de facultés que nous ne nous soupçonnions pas ? Et, dès-lors, qui peut entreprendre avec quelque espoir de succès de tracer l'histoire de l'esprit humain ?

L'idéologie est une science distincte.

Quoi qu'il en soit, l'étude de l'intelligence ne fait pas en ce moment partie essentielle de la physiologie : une science s'en occupe spécialement, c'est l'*idéologie*. Les personnes qui veulent acquérir des notions étendues sur ce sujet intéressant à tant d'égards, doivent consulter les ouvrages de Bacon, de Locke, de Condillac, de Cabanis, de Dugald Stewart, Kent, Destutt Tracy, Thurot. Nous nous bornerons ici à présenter quelques-uns des principes fondamentaux de cette science d'après les idées des philosophes désignés par l'épithète de *sensualistes*.

Les innombrables phénomènes qui forment l'intelligence de l'homme (1) ne sont que des modifications de la *faculté de sentir*, en prenant cette expression dans son acception la plus étendue et la plus générale.

On reconnaît quatre modifications principales de la faculté de sentir :

(1) L'intelligence de l'homme est encore nommée *esprit, moral, facultés de l'âme, facultés intellectuelles, mentales, fonctions cérébrales*, etc.

1° La *sensibilité*, ou l'action du cerveau, par laquelle nous éprouvons des impressions, soit du dedans, soit du dehors ;

2° La *mémoire*, ou la faculté de reproduire des impressions ou des sensations précédemment reçues ;

3° La faculté de sentir des rapports entre les sensations ou le *jugement* ;

4° Les *désirs*, ou la *volonté*.

De la sensibilité.

Ce que nous avons dit des sensations en général s'applique entièrement à la sensibilité ; c'est pourquoi nous nous bornons ici à faire observer que cette faculté s'exerce de deux manières bien différentes. Dans la première, l'acte se passe à notre insu, nous n'en avons aucune connaissance, c'est un des nombreux phénomènes de notre existence, qui ne sont pas destinés à nous être jamais connus ; dans la seconde, nous en sommes avertis, nous en avons conscience, nous *percevons* la sensation, et alors nous la rapportons à une cause extérieure ou intérieure. Cette cause, nous la plaçons dans un lieu, etc., etc. Il ne suffit donc pas qu'un corps agisse sur l'un de nos sens, qu'un nerf transmette l'impression produite au cerveau ; ce n'est pas assez même que cet organe reçoive cette impression : pour qu'il y ait réellement sen-

Sensibilité.

Deux modes, avec ou sans conscience.

Sensibilité.

sation, il faut que le cerveau *perçoive* l'impression reçue par lui. Une impression ainsi perçue forme ce qu'on nomme, en idéologie, une *perception* ou une *idée*.

Chacun peut constater sur soi-même l'existence de ces deux modes de la sensibilité. Il n'est pas difficile de se convaincre, par exemple, qu'une foule de corps agissent continuellement sur nos sens sans que nous en ayons aucune connaissance : cet effet dépend en grande partie de l'habitude.

Ses degrés.

La sensibilité varie à l'infini : chez certains, elle est en quelque sorte obtuse; chez d'autres, elle a un degré d'exaltation extraordinaire : en général, une bonne organisation tient le milieu entre ces deux extrêmes.

Dans l'enfance et la jeunesse, la sensibilité est vive; elle se conserve à un degré un peu moins marqué jusque passé l'âge adulte; dans la vieillesse, elle éprouve une diminution évidente; enfin, le vieillard décrépit paraît insensible à toutes les causes ordinaires des sensations.

Siége de la sensibilité.

Avec quelles parties du système nerveux la sensibilité est-elle plus particulièrement en rapport? Nous pouvons répondre aujourd'hui avec quelque précision à cette question importante. Déjà nous avons signalé la classe des nerfs qui concourent spécialement à ce phénomène. Ce sont les racines postérieures qui naissent de la moelle épinière et la branche supérieure de la cinquième paire. J'ai montré par des expériences que, si ces nerfs sont coupés, toute sensibilité est éteinte dans les parties où ils se distribuent.

L'expérience m'a appris également que, si l'on coupe les cordons postérieurs de la moelle, la sensibilité générale du tronc est abolie. Quant à celle de la tête et plus particulièrement de la face et de ses cavités, j'ai montré qu'elle dépend de la cinquième paire. Si ce nerf est coupé avant la sortie du crâne, toute la sensibilité de la face est perdue. Ce même résultat arrive si le tronc du nerf est coupé sur les côtés du quatrième ventricule.

Enfin il faut descendre au-dessous du niveau de la première vertèbre cervicale pour qu'une section latérale de la moelle ne soit pas suivie de la perte de la sensibilité générale de la face et de celle des sens. Comme l'origine de la cinquième paire se rapproche beaucoup des cordons postérieurs de la moelle, qui paraissent les principaux organes de la sensibilité du tronc, il est probable qu'il y a continuité entre ces cordons et la cinquième paire; mais ce fait n'est encore démontré ni par l'anatomie, ni par les expériences physiologiques.

Ce n'est donc pas dans le cerveau proprement dit, ni dans le cervelet, que réside le siége principal de la sensibilité ni des sens spéciaux.

J'en donne encore une démonstration que je regarde comme satisfaisante. Enlevez les lobes du cerveau et ceux du cervelet sur un mam-

mifère, cherchez ensuite à vous assurer s'il peut
éprouver des sensations, et vous reconnaîtrez
facilement qu'il est sensible aux odeurs fortes, aux
saveurs, aux sons, et aux impressions sapides. Il
est donc bien positif que les sensations n'ont pas
leur siége dans les lobes cérébraux et cérébelleux.

Triple siége
de la vue dans
le cerveau.

Je n'ai pas cité la vue dans l'énumération des
sens que je viens de faire : c'est qu'en effet la vue
est dans un cas particulier. Il résulte des expériences de MM. Rolando et Flourens, que la vue
est abolie par la soustraction des lobes cérébraux.
Si le lobe droit est enlevé, c'est l'œil gauche qui
n'agit plus, *et vice versâ*.

Le lecteur peut d'autant plus compter sur la
réalité de ce fait, que j'ai douté quelque temps de
son exactitude, et que j'ai dû, pour m'éclairer, le
vérifier un grand nombre de fois.

La blessure de la couche optique sur les mammifères est aussi suivie de la perte de la vue pour
l'œil opposé. Je n'ai jamais vu que la blessure du
tubercule optique ou quadrijumeau antérieur al-
térât la vue chez les mammifères ; mais cet effet
est très-apparent chez les oiseaux. Dans ces derniers, la soustraction des hémisphères rend l'œil
insensible à la lumière la plus vive.

Ainsi les parties du système nerveux nécessaires
à l'exercice de la vue sont multiples ; il faut, pour
que ce sens soit exercé, intégrité des hémisphères,
des couches optiques, et peut-être des tubercules

quadrijumeaux antérieurs, et enfin de la cinquième paire. Remarquons que l'influence des hémisphères et des couches optiques est croisée, tandis que celle de la cinquième paire est directe.

Triple siége de la vue dans le cerveau.

Si nous cherchons pourquoi le sens de la vue diffère autant des autres sens par rapport au nombre et à l'importance des parties nerveuses qui y concourent, nous trouverons que bien rarement la vue consiste dans une simple impression de la lumière ; que même cette impression peut avoir lieu sans que la vue existe ; qu'au contraire l'action de l'appareil optique est presque toujours liée à un travail intellectuel ou instinctif, par lequel nous établissons la distance, la grandeur, la forme, le mouvement des corps, travail qui nécessite probablement l'intervention des parties les plus importantes du système nerveux, et particulièrement celle des hémisphères cérébraux.

De la mémoire.

Non seulement le cerveau peut percevoir des sensations, mais il lui appartient encore de reproduire celles qu'il a déjà perçues. Cette action cérébrale se nomme *mémoire* quand elle fait renaître les idées acquises il n'y a pas très-long-temps ; elle s'appelle *souvenir* quand les idées sont plus anciennes. Un vieillard qui se rappelle les événements de sa jeunesse a des souvenirs ; un homme qui se

Mémoire.

retrace les sensations qu'il a éprouvées l'année précédente, a de la mémoire.

La *réminiscence* est une idée reproduite, et qu'on ne se rappelle pas avoir eue précédemment.

De même que la sensibilité, dans l'enfance et dans la jeunesse, la mémoire est très-développée : aussi est-ce durant ce temps de la vie, que nous acquérons les connaissances les plus multipliées, mais surtout celles qui ne demandent pas une réflexion très-grande : telles sont les langues, l'histoire, les sciences descriptives, etc. La mémoire s'affaiblit ensuite avec les progrès de l'âge : elle diminue chez l'adulte; elle se perd presque entièrement chez le vieillard. On voit cependant des individus qui conservent une mémoire fidèle jusqu'à un âge très-avancé; mais si cet avantage ne dépend pas d'un grand exercice, comme on l'observe chez les acteurs, il n'existe souvent qu'au détriment des autres facultés intellectuelles.

Plus les sensations sont vives, et plus on se les rappelle aisément. La mémoire des sensations internes est presque toujours confuse; certaines maladies du cerveau détruisent complètement la mémoire.

La mémoire s'exerce d'une manière pour ainsi dire exclusive sur des sujets très-différents : il y a la mémoire des mots, celle des lieux, celle des noms, des formes, celle de la musique, etc. Un homme présente rarement toutes ces mémoires réunies;

elles ne se montrent guère qu'isolément, et presque toujours elles forment le trait le plus marquant de l'intelligence dont elles font partie.

Les maladies nous offrent aussi des analyses psychologiques de la mémoire : tel malade perd la mémoire des noms propres ; tel autre celle des substantifs ; un troisième celle des nombres, et ne peut compter au-delà de trois ou quatre. Celui-ci oublie jusqu'à sa propre langue, et perd ainsi la faculté de s'exprimer sur aucun sujet. Dans tous ces cas, après la mort, on observe des lésions plus ou moins grandes du cerveau, ou de la moelle alongée; mais l'anatomie morbide n'a pas encore pu établir de relation directe et constante entre le lieu lésé et l'espèce de mémoire abolie, de sorte que nous ignorons encore s'il existe quelque partie du cerveau qui soit plus particulièrement destinée à exercer la mémoire (1).

Influence des maladies sur la mémoire.

---

(1) La Phrénologie, *pseudo-science* de nos jours, comme étaient naguère *l'astrologie*, la *nécromancie*, *l'alchimie*, prétend localiser dans le cerveau les diverses sortes de mémoires; mais ses efforts se réduisent à des assertions qui ne soutiennent pas un instant l'examen. Les *crânologues*, à la tête desquels est le docteur Gall, vont beaucoup plus loin; ils n'aspirent à rien moins qu'à déterminer les capacités intellectuelles par la conformation des crânes, et surtout par les saillies locales qui s'y remarquent. Un grand mathématicien offre certaine élévation non loin de l'orbite; c'est là, n'en doutez point, qu'est l'organe du calcul. Un artiste célèbre a

Du jugement.

La plus importante des facultés intellectuelles est, sans contredit, le jugement. C'est par cette faculté que nous acquérons toutes nos connaissances ; sans elle, notre vie serait purement végétative, nous n'aurions aucune idée de l'existence des corps ni de la nôtre, car ces deux genres de notions, comme toutes nos connaissances, sont la conséquence immédiate de notre faculté de juger.

Porter un jugement, c'est établir un rapport entre deux idées, ou entre deux groupes d'idées.

---

telle bosse au front, c'est là qu'est le siége de son talent. Mais, répondra-t-on, avez-vous examiné beaucoup de têtes d'hommes qui n'ont pas ces capacités ? Êtes-vous sûr que vous n'en rencontreriez pas avec les mêmes saillies, les mêmes bosses ? N'importe, dit le crânologue, si la bosse s'y trouve, le talent existe, seulement *il n'est pas développé ;* mais voilà un grand géomètre, un grand musicien, qui n'ont pas votre bosse ; n'importe, répond le sectaire, croyez ! Mais quand il y aurait toujours, reprend le sceptique, telle conformation réunie avec telle aptitude, il faudrait encore prouver que ce n'est pas une simple coïncidence, et que le talent d'un homme tient réellement à la forme de son crâne. Croyez, vous dis-je, répond le phrénologue ; et les esprits qui accueillent avec empressement le vague et le merveilleux croient ! ils ont raison ! car ils s'amusent, et la vérité ne leur inspirerait que de l'ennui.

Quand je juge qu'un ouvrage est bon, je sens que l'idée de bonté convient au livre que j'ai lu ; j'établis un rapport, je me forme une idée d'un genre différent de celle que font naître la sensibilité et la mémoire.

Une suite de jugements qui s'enchaînent les uns les autres forment un *raisonnement*.

On conçoit combien il importe de ne porter que des jugements justes, c'est-à-dire de n'établir que des rapports qui existent réellement. Si je juge salutaire une substance vénéneuse, je cours le danger de perdre la vie ; le jugement faux que j'aurai porté me sera nuisible. Il en est de même de tous ceux du même genre. Presque tous les malheurs qui accablent moralement l'homme ont leur source dans des erreurs de jugement ; les crimes, les vices, la mauvaise conduite, proviennent de faux jugements.

Importance des jugements justes.

Il existe une science dont la prétention est d'enseigner à raisonner juste, c'est la *logique* : mais le jugement sain, ou le bon sens, le jugement erroné, ou l'esprit faux, tiennent à l'organisation. Il est impossible de se changer à cet égard : nous restons tels que la nature nous a faits.

Logique.

Certains hommes sont doués du don précieux de trouver des rapports qui n'avaient pas encore été aperçus. Si ces rapports sont très-importants, s'ils procurent de grands avantages à l'humanité, ces hommes ont du *génie ; s'ils sont moins utiles, s'ils portent

Esprit, génie.

sur des objets d'une importance moindre, ces hommes ont de l'*esprit*, de l'*imagination*.

C'est principalement par la manière de sentir les rapports ou de juger, que les hommes diffèrent entre eux.

La vivacité des sensations paraît nuire à l'exactitude du jugement, c'est pourquoi cette faculté se perfectionne avec l'âge.

On ignore quelle partie du cerveau sert de siége plus particulier au jugement; on croit depuis longtemps que ce sont les hémisphères, mais rien ne le prouve directement.

Du désir ou de la volonté.

Désir, Volonté.

On donne le nom de *volonté* ou désir à ce phénomène intellectuel par lequel nous éprouvons des désirs. En général, la volonté est la conséquence de nos jugements; mais elle a ceci de remarquable, en ce que notre bonheur ou notre malheur y est nécessairement lié.

Lorsque nous satisfaisons nos désirs, nous sommes *heureux*; nous sommes *malheureux*, au contraire, si nos désirs ne sont point accomplis : il importe donc de donner à nos désirs une direction telle que nous arrivions au bonheur. Il ne faut donc pas désirer, par exemple, des choses qu'il est impossible de posséder; il faut éviter avec plus de soin encore de vouloir les choses qui nous sont nuisibles : car, dans ce cas, nous ne pouvons échapper au malheur, soit que nos désirs soient ou non satisfaits. La *morale*, qui est à la fois notre intérêt du présent et celui de l'avenir, donne la meilleure direction possible à nos désirs, et nous conduit sûrement au bonheur.

Morale.

On confond ordinairement les désirs avec l'action cérébrale qui préside à la contraction volontaire des muscles : je crois avantageux pour l'étude d'en établir la distinction.

Telles sont les quatre *facultés simples de l'esprit.* En se combinant, en réagissant les unes sur les autres, elles constituent l'intelligence de l'homme et des animaux les plus parfaits, avec cette différence que, chez ces derniers, elles restent à peu près dans leur état de simplicité, tandis que l'homme en tire un tout autre parti, et s'assure ainsi la supériorité intellectuelle qui le distingue.

La faculté de généraliser, qui consiste à créer des signes pour représenter les idées, à penser au moyen de ces signes, et à former des idées abstraites, est ce qui caractérise l'intelligence humaine, et qui lui permet d'acquérir cette extension prodigieuse qu'on lui voit chez les nations civilisées. Mais cette faculté comporte nécessairement l'état de société : un homme qui aurait toujours vécu isolé, et qui n'aurait eu, même dans ses premières années, aucun rapport avec ses semblables, comme on en a plusieurs exemples, ne différerait pas beau-

Faculté de généraliser et d'abstraire.

Importance
de l'emploi
des signes et
des
abstractions.

coup des animaux, car il resterait borné aux quatre facultés simples de l'esprit. Il en est de même des individus auxquels la nature, par une organisation vicieuse, a refusé la faculté d'employer des signes et celle de former des abstractions ou des idées générales : ils restent toute leur vie dans un véritable abrutissement, comme on l'observe chez les *idiots*.

Influence du
bien-être sur
le développe-
ment de l'in-
telligence.

En général, les circonstances physiques au milieu desquelles l'homme se trouve placé influent beaucoup sur le degré de développement de son intelligence. S'il se procure aisément sa subsistance, s'il satisfait de même toutes les nécessités physiques de la vie, il sera dans la position la plus avantageuse pour cultiver son esprit et pour laisser un libre essor à ses facultés mentales : c'est là l'inappréciable privilége d'un petit nombre d'habitants des pays civilisés. Mais si l'homme ne peut que très-difficilement pourvoir à sa subsistance et à ses autres besoins, son intelligence, toujours dirigée vers le même but, pourra atteindre un certain développement dans ce sens, mais restera sur tout autre point dans un état d'imperfection ou d'infériorité relative : c'est ce qui arrive chez le paysan esclave, l'ouvrier pauvre et laborieux qui parvient à grand' peine à faire vivre sa famille.

L'intelligence de tout homme est limitée, soit pour le nombre des facultés, soit pour le degré de chacune d'elles. Nul ne peut dépasser le point qui lui est départi par son organisation ; en vain s'efforcerait-il de conquérir les aptitudes que la nature ne lui a pas accordées. Mais chacun peut, en exerçant les facultés qu'il possède, les étendre et les porter à un point de perfection loin duquel elles seraient restées si elles n'avaient point été fréquemment mises en jeu : c'est vers ce but important que doit être dirigée l'éducation.

Certains philosophes, ou plutôt certains rêveurs, supposent que tous les hommes naissent égaux en capacité intellectuelle ; que l'éducation et les circonstances au milieu desquelles ils se sont trouvés font leurs différences. Mais rien de plus contraire à la vérité qu'une telle supposition ; depuis l'idiot, qui ne peut parvenir à manger seul, et qu'il faut nourrir comme un enfant à la mamelle, jusqu'à l'homme de génie dont les découvertes améliorent la condition sociale, il y a une foule de nuances intermédiaires qui sont le partage individuel de l'humanité.

Les hommes naissent inégaux en capacités intellectuelles.

Idiot, homme de génie.

Tel homme a toutes ses facultés à un degré très-minime, tel autre a plusieurs facultés éminentes, tandis qu'il est inférieur ou même incapable sur le reste ; un troisième n'a pour ainsi dire qu'une faculté, il est tellement mal partagé relativement aux autres, qu'il semble en être dépourvu. Enfin, il est des hommes privilégiés chez lesquels la nature a réuni à un haut degré toutes les capacités de l'esprit humain ; ces hommes, si heureusement organisés, jouissent

Hommes incomplets.

Hommes complets.

d'immenses avantages inconnus au reste des humains; ils peuvent, par exemple, comprendre tout le monde, et se faire comprendre de chacun, ce qui est refusé aux intelligences vulgaires. Ces hommes *complets* sont très-rares.

L'intelligence diffère selon les races humaines.

Ce qui est vrai des hommes pris individuellement sans distinction de race l'est aussi des variétés de l'espèce humaine. Les récits des voyageurs et des historiens permettent d'établir une sorte d'échelle de capacité intellectuelle, depuis la variété caucasique à laquelle nous appartenons, jusqu'au sauvage océanique féroce et stupide, qui n'a jamais pu s'élever jusqu'à se servir d'un canot. Les différents états de civilisation, qui s'observent à la surface du globe parmi les nombreuses races d'hommes, seraient ainsi, non point des nuances accidentelles, conséquence des mœurs, des coutumes, des climats, mais des résultats immédiats et nécessaires de l'organisation.

Il faudrait maintenant énumérer et décrire successivement les diverses facultés de l'esprit humain; mais j'ai dit plus haut pour quels motifs cette tentative a été jusqu'ici l'écueil des idéologues les plus distingués; il serait par trop téméraire à nous d'entreprendre une tâche aussi difficile, et peut-être même impossible à accomplir.

Usage des facultés intellectuelles.

Toutefois, par ses sens et son intelligence, l'homme acquiert des idées ou des connaissances sur les corps qui l'environnent, et sur les phénomènes qu'ils présentent ; ainsi se forme son *savoir*, dont l'étendue varie suivant ses aptitudes et l'exercice qu'elles ont reçu, c'est-à-dire suivant son expérience. Il dépend de nous, avec des facultés données, d'acquérir plus ou moins de connaissances, et d'augmenter ainsi l'intensité de notre existence et les chances de notre bonheur ; car, en général, plus l'homme est instruit et plus il est heureux ; le malheur au contraire a presque toujours sa source dans l'ignorance.

Il est un grand nombre de points sur lesquels notre esprit n'a que peu ou point de prise, et qui cependant nous intéressent vivement. Poussés par l'admirable faculté que nous possédons de rechercher les causes, nous imaginons là où tout devrait nous porter à sentir notre impuissance, ou bien si nous n'imaginons pas nous-mêmes, nous *admettons* ce qui a été imaginé par d'autres d'un esprit plus fertile ou plus audacieux ; ainsi naissent les hypothèses, les systèmes, les doctrines, enfin les *croyances* qui se partagent, avec le *savoir*, l'esprit de tout homme, et qui souvent en occupent une part trop considérable, même dans les meilleures têtes.

Ainsi la somme des idées que notre intelligence nous procure se compose de ce qui est réel, ou de ce que nous *savons* pour l'avoir appris, et de ce que nous *croyons*, ou de ce que nous avons imaginé, ou *admis* sans preuves, c'est-à-dire de ce que *nous ignorons*, en sorte que croire, créer un système, une doctrine, c'est rigoureusement ne pas savoir ou ignorer.

Je suis loin de prétendre que tout ce que nous croyons soit faux ou simplement imaginaire ; car il est possible de croire à une chose vraie et réelle, mais cette chose ne devient telle qu'autant qu'elle acquiert les caractères d'un fait susceptible de preuves expérimentales et véritables.

Esprit positif. Sous ce point de vue, les hommes forment deux classes bien distinctes, et destinées à ne jamais se rapprocher : les uns ne cherchent que la vérité, le positif, l'expérimental ; les autres se complaisent dans le vague, l'imaginaire, le merveilleux, l'absurde même ; ils y attachent d'autant plus d'importance et d'intérêt, que leur croyance étant leur propre ouvrage, ou s'adaptant parfaitement à leur esprit, fait Esprit ami du vague et du merveilleux. en quelque sorte partie d'eux-mêmes : aussi mettent-ils à la soutenir et à la défendre une chaleur, une énergie, une ténacité extrême ; aussi est-il impossible de leur démontrer qu'ils sont dans l'erreur.

Ces deux genres d'esprit se sont montrés, mais avec des avantages différents, dans toutes les voies parcourues par l'intelligence de l'homme. Le premier a fondé et perfectionné les sciences et toutes les connaissances positives ; le second a brillé d'un vif éclat dans les arts d'imagination ; cette carrière est son domaine, c'est là qu'il doit s'exercer pour le plus grand avantage de tous. Malheureusement les hommes qui possèdent ce genre d'esprit cultivent aussi la philosophie naturelle; mais, loin de concourir à ses progrès, là, comme ailleurs, les idées suppléent les faits; les produits de leur imagination deviennent les grands phénomènes de la nature : activité funeste, zèle stérile, qui peuvent aller jusqu'à anéantir les sciences dont ils s'occupent, en élevant à leur place des échafaudages fantastiques qui s'évanouissent au premier regard d'un esprit positif ami de la réalité !

DE L'INSTINCT ET DES PASSIONS.

La nature n'abandonne point les animaux à eux-mêmes : chacun d'eux doit exercer une série déterminée d'actions, d'où résulte ce merveilleux ensemble qui règne parmi les êtres organisés. Pour porter les animaux à exécuter ponctuellement les actes qui leur sont dévolus, la nature leur a donné l'*instinct*, c'est-à-dire des penchants, des inclinations, des besoins, au moyen desquels ils sont incessamment excités et même forcés de remplir les intentions de la nature.

Instinct
et passions.

L'instinct peut exister de deux manières différentes, avec ou sans connaissance du but. Le premier est l'*instinct éclairé*, le second est l'*instinct aveugle* ou brut : l'un est l'apanage de l'homme,

Deux espèces
d'instinct.

l'autre appartient plus particulièrement aux animaux.

En examinant avec soin les phénomènes nombreux qui dépendent de l'instinct, nous verrons qu'il a dans chaque animal un double but : 1° la conservation de l'individu, 2° la conservation de l'espèce. Chaque animal y travaille à sa manière et selon son organisation : aussi y a-t-il autant d'instincts différents qu'il y a d'espèces ; et, comme l'organisation varie dans les individus, l'instinct présente des différences individuelles quelquefois très-prononcées.

Double but de l'instinct.

Chez l'homme, on reconnaît deux genres d'instinct : l'un tient évidemment à son organisation, à sa condition d'animal ; il le présente, quel que soit l'état où il se trouve. Ce genre d'instinct est à peu près celui des animaux.

L'autre genre d'instinct naît de l'état social ; sans doute il dépend de l'organisation : quel phénomène vital n'en dépend point ? mais il ne se développe qu'autant que l'homme vit dans une société civilisée ; encore faut-il qu'il y jouisse des avantages que cet état procure.

Instinct animal.

Au premier, qu'on peut appeler *instinct animal*, se rapportent la faim, la soif, le besoin des vêtements, celui d'habitation, le désir du bien-être ou des sensations agréables, la crainte de la douleur et de la mort, le désir de nuire aux animaux ou à ses semblables, s'il y a quelques dangers à en craindre ou des avantages à tirer du mal qu'on leur fera ; les désirs vénériens, l'intérêt qu'inspirent les enfants ; la tendance à l'imitation, à vivre en société, qui conduit à parcourir les différents degrés de la civilisation, etc. Ces divers sentiments instinctifs portent continuellement l'homme à concourir à l'ordre établi parmi les êtres organisés. De tous les animaux l'homme est celui dont les besoins naturels sont les plus nombreux et les plus variés, ce qui est en rapport avec l'étendue de son intelligence : n'eût-il que ces besoins, il aurait encore une suprématie marquée sur les animaux.

Lorsque l'homme vit en société, qu'il satisfait aisément à tous les besoins dont nous venons de parler, il a du *loisir*, en d'autres termes, il a du temps et des facultés d'agir plus que ses premiers besoins n'exigent : alors naissent de nouveaux besoins, qu'on pourrait nommer *sociaux* : tel est celui de sentir vivement l'existence, besoin qui devient d'autant plus difficile à satisfaire, qu'il est plus souvent satisfait, parce que, comme nous avons déjà dit, les sensations s'émoussent en se répétant.

Instinct social.

Besoin de sentir vivement.

Ce besoin d'exister vivement, joint à l'affaiblissement continuel des sensations, cause une inquiétude machinale, des désirs vagues, excités par le souvenir importun des sensations vives précédemment éprouvées : l'homme est forcé, pour sortir de cet état, de changer continuellement d'objet, ou d'outrer les sensations du même genre. De là viennent une inconstance qui ne permet pas à nos vœux de s'arrêter, et une progression de désirs qui, toujours anéantis par la jouissance, mais irrités par le souvenir, s'élancent jusque dans l'infini : de là naît l'ennui qui tourmente et poursuit l'homme civilisé et heureux.

Inconstance, ennui.

Le besoin de vives émotions est balancé par l'amour du repos ou la paresse, qui agit si puissamment dans la classe opulente de la société, surtout dans les pays méridionaux. Ces deux sentiments contradictoires se modifient l'un l'autre, et de leur réaction réciproque résulte le désir du pouvoir, de la considération, de la fortune, etc., qui nous donnent les moyens de les satisfaire tous les deux (1).

Instinct du repos, ou paresse.

Ces sentiments instinctifs ne sont pas les seuls qui naissent dans l'état social : il s'en développe une foule d'autres, moins importants à la vérité, mais tout aussi réels ; en outre, les besoins naturels s'altèrent jusqu'au point de devenir méconnaissables : la faim est souvent remplacée par un goût capricieux ; les appétits vénériens par des désirs bizarres ou ignobles, etc. Les besoins naturels influent sur les besoins sociaux ; ceux-ci, à leur tour, modifient les premiers ; et si

_____

(1) Leroy, *Lettres sur l'Instinct des Animaux.*

l'on ajoute que l'âge, le sexe, le tempérament, etc., altèrent fortement toute espèce de besoin , on aura une idée de la difficulté que présente l'étude de l'instinct de l'homme : aussi cette partie de la physiologie est-elle à peine ébauchée.

Remarquons cependant que le développement des besoins sociaux entraîne le développement de l'intelligence ; il n'y a aucune comparaison, sous le rapport de la capacité de l'esprit, entre un homme de la classe aisée de la société, et l'homme dont toutes les forces physiques suffisent à peine à subvenir à ses premiers besoins. Les instincts, les dispositions innées, occupent beaucoup en ce moment les phrénologistes ; leurs efforts sont particulièrement dirigés vers le triple but de *reconnaître,* de *classer* les dispositions instinctives, et surtout de leur *assïgner* des *organes distincts* dans le cerveau ; mais il faut convenir qu'ils sont encore loin de voir leurs tentatives couronnées d'une apparence de succès.

Instinct social.

Des passions.

En général, on entend par *passion* un sentiment instinctif devenu extrême et exclusif. L'homme passionné ne voit, n'entend, n'existe que par le sentiment qui le presse ; et comme la violence de ce sentiment est quelquefois telle qu'il devient pénible , on l'a nommé *passion* ou *souffrance.*

Des passions.

Les passions ont le même but que l'instinct ;

But des passions.

comme lui, elles portent les animaux à agir selon les lois générales de la nature vivante.

Chez l'homme existent des passions qu'il a en commun avec les animaux, et qui consistent dans les besoins animaux exagérés; mais il en a d'autres qui ne se développent que dans l'état de société : ce sont les besoins sociaux très-accrus.

Passions animales. Les *passions animales* se rapportent au double but que nous avons indiqué en parlant de l'instinct, c'est-à-dire la conservation de l'individu, et la conservation de l'espèce.

A la conservation de l'individu appartiennent la peur, la colère, la tristesse, la haine; la faim excessive, etc.;

A la conservation de l'espèce, les désirs vénériens devenus extrêmes, la jalousie, la fureur ressentie quand les petits sont en danger, etc.

La nature a attaché une grande importance à ce genre de passions, qu'elle reproduit dans toute leur force chez l'homme civilisé.

Passions sociales. Les passions qui appartiennent à l'état de société ne sont que les besoins sociaux portés à un degré très-élevé. L'ambition est l'excès de l'amour du pouvoir; l'avarice, l'exagération du désir de la fortune; la haine, la vengeance, le désir naturel et impétueux de nuire à qui nous nuit; la passion du jeu, presque tous les vices qui sont aussi des passions, des moyens de sentir vivement l'existence, l'amour violent, une exaltation des désirs vénériens qui trouble, agit, pervertit et souvent anime notre vie d'un bien-être ineffable, etc.

Parmi les passions, les unes s'apaisent ou s'éteignent quand elles sont satisfaites, les autres s'irritent à mesure qu'elles sont assouvies : aussi le bonheur est-il souvent amené par les premières, comme on le voit dans l'amour et la philanthropie, tandis que le malheur est nécessairement attaché aux dernières : les ambitieux, les avares, les envieux, en fournissent des exemples.

Les passions
font naître
le bonheur ou
le malheur.

Si les besoins développent l'intelligence, les passions sont le principe ou la cause de tout ce que l'homme fait de grand, soit en bien ou en mal. Les grands hommes dans tous les genres, les grands criminels et les conquérants, sont des hommes passionnés.

Parlerons-nous du *siége* des passions? Dirons-nous avec Bichat qu'elles résident dans la vie organique ; ou bien, avec les anciens et quelques modernes, que la colère est dans la tête, le courage dans le cœur, la peur dans le ganglion semi-lunaire, etc. ?

Prétendu
siége des
passions.

Mais les passions sont des sensations internes ; elles ne peuvent avoir de siége. Elles résultent de l'action du système nerveux, et particulièrement de celle du cerveau : elles ne comportent donc aucune explication. Il faut les observer, les diriger, les calmer ou les entretenir, mais non chercher à les expliquer (1).

DE LA VOIX ET DES MOUVEMENTS.

Voix et mouvements.

Les fonctions que nous avons précédemment examinées reposent toutes sur la faculté de sentir : c'est par cette faculté que nous arrivons à connaître ce qui existe autour de nous, et que nous prenons connaissance de nous-mêmes.

Pour terminer l'histoire des fonctions de relation, il nous reste à parler des fonctions au moyen desquelles nous agissons sur les corps extérieurs; nous leur imprimons les changements que nous jugeons nécessaires, et nous exprimons nos sentiments, nos idées, aux êtres qui nous entourent. Ces fonctions ne sont que des nuances d'un même phénomène, la *contraction musculaire* : en sorte que la faculté de sentir d'une part, et la contraction musculaire de l'autre, constituent réellement toute

(1) Ce serait ici le lieu de traiter de l'usage des diverses parties du cerveau dans l'intelligence et dans les facultés instinctives; mais ce sujet est encore trop conjectural ou trop peu connu pour entrer dans un livre élémentaire. Nous nous occupons depuis long-temps d'observations et d'expériences directes sur ce point ; nous nous empresserons d'en faire connaître les résultats aussitôt que nous les jugerons dignes d'être rendus publics.

notre vie de relation. Nous allons traiter d'abord de la contraction musculaire, après quoi nous exposerons ses deux principaux résultats, la *voix* et les *mouvements*.

De la contraction musculaire.

La contractilité musculaire, aussi nommée *contractilité animale, myotilité, contractilité volontaire*, etc.; résulte de l'action successive ou simultanée de plusieurs organes; elle a pour effet le développement d'une force motrice qui range les animaux et l'homme parmi les puissances naturelles.

Contraction
des muscles.

Appareil de la contraction musculaire.

Les organes qui concourent à la contraction musculaire sont le *cerveau*, les *nerfs* et les *muscles*.

Parties du cerveau qui paraissent plus particulièrement destinées aux mouvements.

Certaines parties du système cérébro-spinal paraissent plus particulièrement destinées aux mouvements : telles sont, en procédant d'avant en arrière, les corps striés, les couches optiques dans leur partie inférieure, les crura-cerebri, le pont de varole et les pédoncules du cervelet, les parties latérales de la moelle alongée, les cordons antérieurs de la

Points du
cerveau qui
servent aux
mouvements.

moelle. Nous citerons bientôt les faits sur lesquels nous nous fondons pour indiquer ces parties comme ayant une influence remarquable sur la contraction musculaire.

Nerfs du mouvement.

Nerfs du mouvement. Long-temps les anatomistes ont cherché à distinguer les nerfs qui servent à la sensibilité, de ceux qui sont plus spécialement destinés aux mouvements; ils s'attachaient avec d'autant plus de zèle à cette recherche, que tous les jours des maladies isolent les deux phénomènes. Nous voyons fréquemment en effet une partie perdre sa sensibilité, et conserver son mouvement, ou réciproquement perdre son mouvement, et conserver sa sensibilité. J'ai été assez heureux pour établir cette distinction par l'expérience, et il est généralement connu aujourd'hui, depuis mon travail, que les racines antérieures des nerfs spinaux sont les nerfs qui appartiennent essentiellement au mouvement de toutes les parties du tronc et des membres.

Quant à la face, il résulte d'une très-belle expérience de M. Charles Bell, que le nerf de la septième paire est particulièrement l'organe qui sert aux mouvements des paupières, des joues, des lèvres. L'expérience a appris aussi que le nerf hypoglosse et le glosso-pharyngien sont plus particulièrement destinés aux mouvements de la langue,

que la portion musculaire de la cinquième paire
dirige ceux des mâchoires, et que les troisième,
quatrième et sixième paires, concourent plus spécialement au mouvement de l'iris et du globe de
l'œil. Nous reviendrons sur ces nouveaux faits à
l'article des mouvements partiels. J'ai donné ailleurs la preuve expérimentale que la huitième paire
dirige les mouvements de la glotte, comme on le
verra à l'article *Voix*.

MM. Prévot et Dumas se sont occupés récemment de la structure des nerfs qui se rendent aux
muscles, et de la manière dont ils se comportent
lorsqu'ils sont parvenus au milieu des fibres musculaires. Un grand nombre d'observations faites au
microscope sur les nerfs du lapin, du cochon-
d'Inde, de la grenouille, leur ont appris : 1° qu'avec
un grossissement de 10 à 15 fois le diamètre, les
nerfs présentent à leur surface des bandes alternativement blanches et obscures, qui simulent d'une
manière frappante les contours d'une spirale serrée
qui serait placée sous l'enveloppe celluleuse. Mais
cette apparence est illusoire, elle dépend simplement d'un petit plissement de l'enveloppe qui perd
sa transparence dans certain point, et la conserve
dans d'autres. Et la preuve, c'est qu'en tirant légèrement sur le filet nerveux placé sous la lentille,
tout disparaît.

Lorsqu'on prend un nerf, et qu'après l'avoir divisé longitudinalement on l'étale sous l'eau, on voit

Structure
des nerfs.

qu'il est composé d'un grand nombre de petits filaments parallèles, égaux en grosseur. Ces filaments
sont plats et composés de quatres fibres élémentaires, disposées à peu près sur le même plan. Ces
fibres sont elles-mêmes composées d'une série de
globules. (*Voyez* la planche, tom. III, de mon *Journal de Physiologie*). MM. Prévot et Dumas trouvent
qu'il peut y avoir jusqu'à 16,000 de ces fibres dans
un nerf cylindrique d'un millimètre de diamètre,
tel que le crural d'une grenouille, par exemple.

Des muscles.

On donne le nom de *système musculaire* à l'ensemble des muscles.

Muscles.

La forme, la disposition, etc., des muscles, varient à l'infini. Un muscle est formé par la réunion
d'un certain nombre de *faisceaux musculaires,* qui
sont composés de faisceaux plus petits; ceux-ci
résultent de faisceaux d'un moindre volume; enfin,
de division en division on arrive à une fibre excessivement fine, qui ne peut plus être divisée, mais
qui probablement pourrait l'être si nos sens et nos
moyens de division étaient plus parfaits. Cette fibre,

Fibre
musculaire.

pour nous indivisible, est la *fibre musculaire ;* elle
est formée par une série de globules qui sont main-
tenus en lignes droites par une matière amorphe.
Elle est plus ou moins longue, selon les muscles
dont elle fait partie. Presque toujours droite, elle

ne se bifurque point, et ne se confond point avec les autres fibres de la même espèce; elle est enveloppée d'un tissu cellulaire extrêmement fin : molle et peu extensible, elle se déchire aisément sur le cadavre; elle présente, au contraire, sur le vivant une grande élasticité et une résistance étonnante, relativement à son volume; elle est essentiellement composée de fibrine et d'osmazôme, reçoit beaucoup de sang, et au moins un filament nerveux. Quelques anatomistes ont prétendu expliquer comment les vaisseaux et les nerfs se comportent quand ils sont arrivés dans le tissu des fibres musculaires, mais ils n'ont rien dit de satisfaisant à cet égard. Les recherches auxquelles on peut davantage se confier sur ce point sont celles qui ont été faites il y a peu de temps par MM. Prévot et Dumas; ces savants naturalistes ont suivi au microscope la distribution des fibres nerveuses, et ils assurent qu'elles ne se confondent ni ne s'épanouissent dans les muscles, mais qu'elles y forment une anse qui va d'un nerf à l'autre, de manière à remonter vers le cerveau après avoir traversé le muscle. Selon les mêmes auteurs, chaque filament nerveux aurait une extrémité à la partie antérieure de la moelle, descendrait vers un muscle, en faisant partie d'un tronc nerveux, puis traverserait une ou plusieurs fibres musculaires, et enfin irait gagner la partie postérieure de la moelle en remontant un tronc nerveux.

Terminaison des vaisseaux et des nerfs dans les muscles.

Chaque fibre musculaire est attachée par ses deux extrémités à des prolongements fibreux (*tendons, aponévroses*), qui sont les conducteurs de la force développée quand elle se contracte.

La contraction musculaire, telle qu'elle a lieu dans l'état ordinaire de la vie, suppose l'exercice libre et facile du cerveau, des nerfs qui aboutissent aux muscles, et enfin des muscles eux-mêmes. Chacun de ces organes doit recevoir du sang artériel, et le sang veineux ne doit pas avoir séjourné trop long-temps dans son tissu. Si l'une de ces conditions manque, la contraction musculaire est impossible, pervertie ou très-affaiblie.

Phénomènes de la contraction musculaire.

Phénomènes de la contraction musculaire.

Examinées avec un grossissement très-faible, les fibres musculaires qui forment un muscle sont parallèles et droites si le muscle est en repos, mais très-disposées à changer de position. Si par une cause quelconque le muscle vient à se contracter, aussitôt il apparaît dans les fibres musculaires un phénomène des plus remarquables, et qui n'avait été que vaguement entrevu avant les recherches de MM. Prévot et Dumas. Tout à coup les fibres se *fléchissent en zigzag* et présentent en un instant un grand nombre d'ondulations anguleuses et régulièrement opposées. Si la cause qui avait amené la contraction vient à cesser, le parallélisme des fibres se reproduit avec la même promptitude qu'il avait cessé.

En répétant cette expérience, on ne tarde pas à reconnaître que les flexions de chaque fibre ont lieu dans certains points déterminés, et jamais ailleurs. Les plus fortes contractions ne vont point jusqu'à donner des angles qui soient de cinquante degrés ou au-dessous. Un fait fort digne d'intérêt, et qui a été observé par MM. Prévot et Dumas, c'est que les filets nerveux qui traversent les fibres musculaires passent justement par les points où se produisent les angles de flexion, et dans une direction perpendiculaire aux fibres.

Les mêmes auteurs ont constaté, par les observations les plus précises, que la fibre musculaire contractée, c'est-à-dire anguleuse, n'est pas raccourcie, et qu'ainsi dans la contraction, les extrémités de la fibre se rapprochent, mais que la fibre elle-même n'a rien perdu de sa longueur; ils sont parvenus à ce résultat, soit en mesurant directement la fibre contractée, soit en calculant les angles produits.

Long-temps il a été incertain si le muscle considéré en masse, et qui se contracte, augmentait ou diminuait de volume; Borelli soutenait qu'il y avait augmentation; Glisson soutenait le contraire, et s'appuyait d'une expérience : il faisait plonger dans un baquet rempli d'eau le bras d'un homme, et croyait apercevoir un abaissement du niveau du liquide au moment où il recommandait à l'homme de contracter ses muscles. Cette expérience, répétée avec plus de précautions par M. Carlisle, a donné un effet opposé; mais on a senti que le mode d'expérimenter était loin de présenter la précision nécessaire, puisqu'on n'y tient pas compte des changements qui doivent survenir, soit dans la peau, soit dans le tissu cellulaire.

Expérience de Barzoletti. M. Barzoletti a fait l'expérience d'une manière qui ne laisse rien à désirer : il suspend dans un flacon la moitié postérieure d'une grenouille, remplit celui-ci d'eau, et le ferme avec un bouchon traversé par un tube étroit et gradué; il fait alors contracter le muscle au moyen du galvanisme, mais dans aucun cas il n'a vu le niveau du liquide changer dans le tube. Il est donc bien positif que le volume des muscles ne change pas par l'effet de leur contraction.

Phénomènes de la contraction d'un muscle. Quand un muscle se contracte, il se raccourcit, se durcit plus ou moins brusquement, et sans qu'il y ait aucune oscillation ni hésitation préparatoire; il acquiert tout à coup une élasticité telle, qu'il devient susceptible de vibrer et de produire des sons. La couleur du muscle ne paraît pas changer dans le moment où il est contracté; mais il a une certaine tendance à se déplacer, à laquelle résistent les aponévroses.

Tous les phénomènes sensibles de la contraction musculaire se passent dans les muscles; mais il n'en est pas moins certain qu'ils ne peuvent se développer qu'autant que le cerveau et les nerfs y prennent part.

Comprimez le cerveau d'un animal ou d'un homme : aussitôt il perd la faculté de faire contracter ses muscles ; coupez les nerfs qui se distribuent à un membre, il est à jamais paralysé.

Influence du cerveau et des nerfs sur la contraction.

Quels changements arrivent dans le tissu musculaire durant l'état de contraction ? On l'ignore complètement ; et, sous ce rapport, la contraction musculaire ne se sépare point des actions vitales, dont on ne peut donner aucune explication.

Ce n'est pas qu'on n'ait plusieurs fois tenté d'expliquer non-seulement l'action des muscles, mais aussi celle des nerfs, et même du cerveau dans la contraction musculaire : aucune des hypothèses proposées ne peut être encore adoptée (1).

Au lieu de nous arrêter à de semblables spéculations, toujours faciles à inventer et à réfuter, et qui doivent enfin être bannies de la physiologie, il faut étudier dans la contraction musculaire, 1° l'intensité de la contraction , 2° sa durée, 3° sa vitesse, 4° son étendue.

---

(1) Je n'excepte même pas celle où le fluide électrique est considéré comme ayant une certaine influence sur le phénomène ; il résulte d'expériences aussi précises qu'ingénieuses de M. Person , qu'*aucune trace d'électricité* ne se développe durant la contraction musculaire.

L'intensité de la contraction musculaire, c'est-à-dire le degré de force avec lequel les fibres se raccourcissent, est réglée par l'action du cerveau; elle est en général soumise à la volonté, dans des limites variables pour chaque individu. Une organisation particulière des muscles favorise l'intensité des contractions : ce sont des fibres volumineuses, fermes, rouge foncé, présentant des stries transversales. A puissance de volonté égale, elles produiront des effets bien plus forts que des muscles dont les fibres sont fines, lisses et décolorées. Cependant, si avec de semblables fibres se trouve jointe une influence cérébrale très-forte, ou une grande puissance de volonté, la contraction pourra acquérir une intensité remarquable : en sorte que l'influence cérébrale d'une part, et la disposition du tissu musculaire de l'autre, sont les deux éléments de l'intensité de la contraction musculaire.

Il est rare qu'une action cérébrale très-énergique soit réunie chez le même individu avec la disposition des fibres musculaires favorable à l'intensité des contractions; presque toujours ces deux éléments sont en sens inverse. Quand ils sont réunis, des effets étonnants sont produits. Cette réunion existait probablement chez les athlètes célèbres de l'antiquité, comme elle se fait remarquer de nos jours chez certains bateleurs.

Par la seule influence de l'action du cerveau, la force musculaire peut être portée à un degré extraordinaire : qui ne connaît la force d'un homme en colère, celle des maniaques, celles des personnes qui éprouvent des convulsions, etc.

La durée de la contraction est soumise à la volonté : il ne faut pas cependant qu'elle se prolonge au-delà d'un temps variable selon les individus, car alors on éprouve un sentiment de lassitude d'abord peu marqué, qui va ensuite en croissant jusqu'au point où le muscle refuse de se contracter. La promptitude avec laquelle se développe ce sentiment pénible est en raison de l'intensité de la contraction et de la faiblesse de l'individu.

Durée de la contraction.

Pour obvier à cet inconvénient, les divers mouvements du corps sont calculés de manière que les muscles agissent successivement, la contraction de chacun ne durant pas long-temps : ainsi s'explique pourquoi nous ne pouvons rester long-temps dans la même position ; pourquoi une attitude qui nécessite la contraction forte et soutenue d'un petit nombre de muscles ne peut être conservée que peu d'instants.

Le sentiment de fatigue qui suit la contraction musculaire se dissipe par l'inaction, et, au bout de quelque temps, les muscles récupèrent la faculté de se contracter avec une énergie nouvelle.

Nécessité du repos.

Jusqu'à un certain degré, la vitesse des contractions est soumise à l'influence cérébrale : on en a la preuve dans la manière dont nous exerçons nos mouvements ordinaires ; mais, passé ce degré, la

Vitesse des contractions.

vitesse des contractions dépend évidemment de l'habitude. Voyez quelle différence existe, sous le rapport de la rapidité des mouvements, entre un écolier qui met sa main pour la première fois sur le clavier d'un piano, et ce même écolier lorsqu'il aura quelques années d'exercice.

On observe des différences individuelles très-prononcées par rapport à la vitesse des contractions, soit pour les mouvements ordinaires, soit pour ceux qui nécessitent un exercice approprié.

Étendue des contractions. Quant à l'étendue des contractions, la volonté la dirige, mais elle doit nécessairement varier avec la longueur des fibres, car des fibres longues ont une étendue de contraction plus considérable que des fibres plus courtes.

D'après ce qui précède, nous voyons qu'en général la volonté a une grande influence sur la contraction des muscles; cependant elle n'y est pas indispensable : dans une foule de circonstances, les mouvements s'exécutent non-seulement sans sa participation, mais aussi malgré elle; on en trouve des exemples remarquables dans les effets de l'habitude, des passions, et des maladies.

Ne confondons point la contraction musculaire, telle que nous venons de la décrire, avec les modifications qu'elle éprouve dans les maladies, telles que les convulsions, les spasmes, le tétanos, les blessures du cerveau, etc. ; gardons-nous de même de confondre la contraction qui nous occupe, avec les palpitements fibrillaires que présentent les muscles quelque temps après la mort. Sans doute ces phénomènes sont curieux à étudier, mais certes ils ne méritaient pas l'importance qu'y ont attachée Haller et ses disciples, et surtout il ne fallait pas les réunir, sous le nom d'*irritabilité* avec les autres modes de contraction qui se voient dans l'économie animale, et particulièrement avec la contraction musculaire.

Modifications de la contraction musculaire par l'âge.

C'est seulement au commencement du second mois, que l'on peut distinguer les muscles de la masse gélatiniforme qui constitue l'embrion; encore à cette époque ne présentent-ils presque aucun des caractères qu'ils ont chez l'adulte. Ils sont d'un gris pâle, légèrement rosé; ils ne reçoivent qu'une petite quantité de sang relativement à celle qu'ils recevront plus tard. Ils croissent et se développent par les progrès de la grossesse; mais ce développement est peu marqué, au point qu'à la naissance ils sont grêles et peu prononcés; exceptons-en cependant ceux qui doivent concourir à la digestion et à la respiration, qui devaient avoir, et qui ont en effet pris un accroissement beaucoup plus marqué.

Pendant l'enfance et la jeunesse la nutrition des muscles s'accélère, mais ils croissent particulièrement en longueur : aussi, chez l'enfant et le jeune

Muscles chez l'embryon et l'enfant.

Muscles chez l'adolescent et l'adulte.

homme, les formes sont-elles arrondies, sveltes, agréables : elles sont à peu près semblables chez les jeunes filles. Quand arrive l'âge adulte, les formes changent de nouveau : les muscles croissent en épaisseur, ils se prononcent fortement sous la peau, augmentent beaucoup de volume ; les intervalles qui les séparent n'étant plus remplis par la graisse, il en résulte des saillies et des enfoncements qui donnent au corps un aspect tout différent de celui de l'adolescent. A cet âge, le tissu du muscle prend plus de consistance ; sa couleur rouge se fonce, sa nature chimique même se modifie : car une expérience journalière apprend que le bouillon fait avec la chair de jeunes animaux est d'une saveur, d'une couleur et d'une consistance tout autres que celui qui a été fait avec la chair d'animaux adultes. Il paraît que les muscles de ces derniers contiennent plus de fibrine, d'osmazôme et de partie colorante du sang, par conséquent plus de fer.

Muscles du vieillard. La nutrition des muscles décroît sensiblement dans la vieillesse. Ces organes diminuent en volume, pâlissent, deviennent flasques et vacillants, surtout aux membres ; la contractilité du tissu est affaiblie, la fibre est devenue coriace et difficile à déchirer : aussi la préparation de la chaire musculaire est-elle bien différente dans nos cuisines, si l'animal est jeune, ou s'il est déjà vieux.

La contraction musculaire subit à peu près les mêmes phases que la nutrition des muscles. Faible et à peine marquée chez le fœtus, elle augmente d'activité à la naissance, s'accroît rapidement dans l'enfance et la jeunesse, acquiert son plus haut degré de perfection dans l'âge adulte, et finit par se perdre presque entièrement chez le vieillard décrépit.

DE LA VOIX.

On entend par *voix* le son qui est produit dans le larynx au moment où l'air traverse cet organe, soit pour entrer dans la trachée-artère, soit pour en sortir.

De la voix.

Pour l'intelligence du mécanisme par lequel la voix est produite et modifiée, il est nécessaire que nous disions quelques mots de la manière dont le son se produit, se propage et se modifie dans les instruments à vent, principalement sur ceux qui ont le plus d'analogie avec l'organe de la voix.

En général, un instrument à vent est formé d'un tuyau droit ou courbe, dans lequel l'air est mis en vibration par des procédés variables.

Instrument à vent.

Les instruments à vent sont de deux sortes : les uns, nommés *à bouche* ; et les autres, *à anche.*

Dans les instruments à bouche (cor, trompette, trombone, flageolet, flûte, tuyau d'orgue en flûte), c'est la colonne d'air contenue dans le tuyau qui est le corps sonore. Pour qu'elle produise des sons, il faut y exciter des vibrations. Les moyens qu'on

Instruments à bouche.

emploie à cet effet sont variables, suivant l'espèce d'instrument. La longueur, la largeur, la forme du tube, les ouvertures pratiquées sur ces côtés ou à ses extrémités, la force, la manière avec laquelle on excite les vibrations, sont les causes qui font varier les sons de cette espèce d'instrument. La nature de la matière qui les forme n'a d'influence que sur le timbre du son. La théorie de ces instruments lorsque leurs parois sont rigides est entièrement semblable à celle des vibrations longitudinales des cordes (1). Connaissant les conditions physiques dans lesquelles se trouve un semblable instrument, on peut déterminer exactement par le calcul le son qu'il produira ; il n'y a d'obscur dans leur théorie que certains points relatifs à leur embouchure, c'est-à-dire à la manière dont on y produit les vibrations. Il n'y pas de rapport évident, j'espère le démontrer, entre ce genre d'instrument et celui de la voix.

Instruments à anche.

Les instruments à anche sont ceux qu'il nous importe le plus de connaître, car l'organe de la voix est de ce genre, ou du moins s'en rapproche sous plusieurs rapports ; malheureusement leur théorie est bien moins parfaite que celle des instruments à bouche. On doit distinguer dans ce genre d'instru-

(1) Biot, *Traité de Physique expérimentale et mathématique,* liv. II, chap. IX.

ments (clarinette, hautbois, basson, jeu d'orgue à voix humaine, etc.), l'*anche* et le *corps* ou tuyau : le mécanisme en est essentiellement différent.

Une anche est toujours formée d'une et quelquefois de deux lames minces, susceptibles de se mouvoir rapidement, et dont les vibrations alternatives sont destinées à intercepter et à permettre tour à tour le mouvement d'un courant d'air : c'est pourquoi les sons qu'elles produisent ne suivent pas les mêmes lois que les sons formés par les lames élastiques, libres par un bout, fixes par l'autre, qui excitent immédiatement des ondulations sonores dans l'air libre : dans les instruments à anche, l'anche seule produit et modifie les sons. Si la lame est longue, les mouvements sont étendus, lents, et par conséquent les sons graves; une lame courte, au contraire, produit nécessairement des sons aigus, parce que les alternatives de transmission et de pression du courant d'air sont plus rapides. L'anche la plus parfaite et celle qui rend les sons les plus agréables est celle qui a été inventée ou renouvelée des Chinois par M. Grenier, et qui est connue sous le nom d'*anche libre*.

Quand on voudra tirer d'une anche une suite de sons, il faudra faire varier la longueur de la lame : c'est aussi ce que fait le joueur de basson, de clarinette, etc., lorsqu'il produit des sons différents avec ces instruments. C'est aussi ce que fait le facteur d'orgues par les mouvements de la *razette*.

Instruments à anche.

Anche libre.

Ajoutons cependant, comme circonstance importante, que le ton plus ou moins élevé que produit
l'instrument dépend en partie de l'élasticité, du
poids, de l'épaisseur, et même de la forme de la languette ou âme, et de l'intensité du courant d'air;
car tous ces éléments n'étant plus les mêmes, la longueur étant invariable, le ton change (1).

Tuyau porte-voix. Une anche ne s'emploie jamais seule; elle s'adapte toujours à un tuyau, à travers lequel passe le
vent poussé dans l'anche, et qui, pour cette raison,
doit être ouvert par ses deux extrémités. Le tuyau
long et rigide n'influe pas sur le ton du son, il n'a
d'influence que sur l'intensité, le timbre, et sur la
possibilité de faire *parler* l'anche. S'il est formé
par des lames membraneuses qui varient d'épaisseur, d'élasticité, de tension, elles peuvent influencer fortement le ton, ainsi qu'il résulte de très-belles
expériences de M. Savart; les tuyaux courts modifient surtout l'intensité. Ceux qui déterminent les
sons les plus éclatants sont les tuyaux côniques,
qui vont en s'évasant vers l'air extérieur. Si le cône
est renversé, le son devient sourd; mais si deux
cônes pareils, opposés base à base, sont ajustés à un
tuyau cônique, le son prend de la rondeur et de la
force. Les physiciens ne se rendent point raison de
ces modifications (2).

---

(1) Biot, *loc. cit.*; Savart; *Journal de Physiologie*, t. 5.
(2) Biot, *loc. cit.*

Une colonne d'air qui vibre dans un tuyau ne peut produire qu'un certain nombre de sons déterminés; par une conséquence de ce fait, un tuyau d'anche, lorsqu'il est long, ne transmet aisément que les sons qu'il est apte à produire; aussi faut-il en général établir d'avance un accord entre l'anche et le corps de l'instrument : par conséquent, lorsqu'on veut tirer successivement différents sons d'un même tuyau d'anche, il faut non-seulement modifier la longueur de la lame, mais modifier encore d'une manière correspondante la longueur du tuyau, et c'est à quoi servent les trous percés sur les côtés des clarinettes, des bassons, etc.; en les bouchant ou les ouvrant, on met le tuyau en rapport convenable avec l'anche. Cet accord a d'ailleurs l'avantage de pouvoir amener plus facilement, avec les lèvres, l'anche à donner le son voulu. Cette influence du tuyau est très-marquée pour ceux qui sont étroits (clarinettes, hautbois); elle est telle même, que l'anche pourrait à peine parler si le tuyau n'était amené à son ton. Dans les très-gros tubes (orgues), les anches vibrent à peu près comme dans l'air contenu dans de semblables tuyaux lorsqu'ils transmettent le son produit par l'anche. On a vu qu'il en est tout autrement pour les instruments à bouche.

Appareil de la voix.

Puisque le passage de l'air à travers le larynx est

une condition absolument nécessaire à la formation de la voix, on devrait compter les organes qui le déterminent au nombre des organes vocaux. Il devrait en être de même pour plusieurs autres parties qui servent à la production ou aux modifications de la voix; mais, devant en parler ailleurs, nous n'insisterons ici que sur le larynx qui doit être considéré comme l'organe de la voix proprement dit.

Du larynx.   Placé à la partie antérieure du cou, formant la saillie qu'on y remarque, intermédiaire de la langue et de la trachée-artère, le larynx a un volume qui varie suivant l'âge et le sexe. Proportionnellement plus petit dans l'enfant et la femme, il est plus volumineux chez le jeune homme déjà pubère, et davantage chez l'adulte.

Non-seulement le larynx produit la voix, mais il est encore l'agent de ses principales modifications : c'est pourquoi une connaissance exacte de l'anatomie de cet organe est indispensable si l'on veut parvenir à comprendre le mécanisme de la voix. Faute d'avoir suivi cette méthode, on n'a jusqu'ici donné que des idées imparfaites ou fausses sur ce point intéressant. Ne pouvant entrer ici dans tous les détails de la structure du larynx, nous n'insisterons que sur ceux qui sont les plus nécessaires à connaître, et dont plusieurs sont encore peu connus.

Anatomie   Quatre cartilages et trois fibro-cartilages entrent
du larynx.

dans la composition du larynx, et en forment en quelque sorte la charpente ou le squelette. Les cartilages sont, *le cricoïde*, *le thyroïde*, et les deux *aryténoïde*. Le thyroïde s'articule avec le cricoïde par l'extrémité de ses cornes inférieures. Dans l'état de vie, le thyroïde est fixe relativement au cricoïde, ce qui est contraire à ce que l'on croit généralement. Chaque cartilage aryténoïde est articulé avec le cricoïde au moyen d'une facette oblongue, et concave transversalement. Le cricoïde présente une facette dont la disposition est analogue à celle de l'aryténoïde, avec cette différence qu'elle est convexe dans le même sens que l'autre est concave. Autour de l'articulation, on trouve une capsule synoviale, serrée en avant et en arrière, lâche au contraire en dedans et en dehors. Devant l'articulation est le ligament thyro-aryténoïdien; derrière, est un fort faisceau ligamenteux que l'on pourrait nommer ligament *crico-aryténoïdien*, à cause de ses attaches.

Cartilages du larynx.

Disposée comme je viens de le dire, l'articulation ne peut permettre que des mouvements latéraux de l'aryténoïde sur le cricoïde; tout mouvement en avant ou en arrière est impossible, ainsi qu'un certain mouvement de bascule dont on parle dans les livres d'anatomie, mouvement qu'aucun muscle n'est disposé de manière à pouvoir produire. Cette articulation doit être considérée comme un ginglyme latéral simple. Les fibro-cartilages du larynx sont l'*épiglotte*, et deux petits corps que l'on trouve au-dessus du sommet des cartilages aryténoïdes, et que Santorini a nommés *capitula cartilaginum arytenoïdarum.*

Muscles du larynx.

Un grand nombre de muscles s'attachent médiatement ou immédiatement au larynx : on nomme ces muscles *extrinsèques*; ils sont destinés à mouvoir l'organe en totalité, soit pour l'abaisser ou l'élever, soit pour le porter en avant, en arrière, etc. En outre, le larynx a des muscles dont l'usage est de faire mouvoir, les unes par rapport aux autres, ses diverses parties ; ces muscles ont été nommés *intrinsèques* : ce sont 1° les muscles *crico-thyroïdiens*, dont l'usage n'est point, comme on l'a cru jusqu'ici, d'abaisser le thyroïde sur le cricoïde, mais au contraire d'élever le cricoïde en le rapprochant du thyroïde, ou même en le faisant passer un peu sous son bord inférieur (1) ; 2° les muscles *crico-aryténoïdiens postérieurs*, et les *crico-aryténoïdiens latéraux*, dont l'usage est de porter en dehors les cartilages aryténoïdes, en les écartant l'un de l'autre ; 3° le muscle *aryténoïdien* qui rapproche et applique l'un contre l'autre les cartilages aryténoïdes ; 4° le *hyro-aryténoïdien* qui est de tous les muscles du larynx le plus important à connaître, puisque c'est lui dont les vibrations

---

(1) *Voyez* mon *Mémoire sur l'Épiglotte*, an 13.

produisent le son vocal. Ce muscle forme les lèvres de la glotte, et les parois inférieures, supérieures et latérales des ventricules du larynx ; 5° enfin, les muscles de l'épiglotte, qui sont, le *thyro-épiglottique*, l'*aryténo-épiglottique*, et quelques fibres que l'on peut envisager comme le vestige du muscle glosso-épiglottique qui existe dans beaucoup d'animaux : donc la contraction influe sur la position de l'épiglotte.

Le larynx est tapissé à l'intérieur par une membrane muqueuse. Cette membrane, en passant de l'épiglotte aux cartilages aryténoïdes et thyroïdes, forme deux replis, nommés les *ligaments latéraux de l'épiglotte* : elle concourt à former les *ligaments supérieurs et inférieurs de la glotte*. Derrière, et dans le tissu de l'épiglotte, on trouve un grand nombre de follicules muqueux et quelques glandes muqueuses ; il existe dans l'épaisseur des ligaments de l'épiglotte un amas de ces corps, qu'on a nommé assez improprement *glande aryténoïdienne*.

Membranes et ligaments du larynx.

Entre l'épiglotte, en arrière, et l'os hyoïde et le cartilage thyroïde en avant, on voit un paquet considérable de tissu cellulaire graisseux très-élastique, et analogue à ceux qui existent aux environs de certaines articulations. On n'a point encore assigné les usages de ce corps : peut-être sert-il à favoriser les glissements fréquents du cartilage thyroïde sur la face postérieure de l'os hyoïde, et à tenir l'épiglotte écartée supérieurement de cet os,

. et en même temps à lui fournir un appui très-élastique, qui puisse favoriser les usages que remplit le fibro-cartilage dans la voix ou la déglutition.

Les vaisseaux du larynx n'offrent rien de remarquable. Il n'en est pas de même des nerfs de cet organe ; leur distribution mérite d'être examinée avec soin. Ces nerfs sont au nombre de quatre : les laryngés supérieurs, et les récurrents ou laryngés inférieurs.

Nerfs du larynx.

Le nerf récurrent se distribue aux muscles crico-aryténoïdien postérieur , crico-aryténoïdien latéral, et thyro-aryténoïdien ; on ne voit point de ramification de ce nerf qui aille au muscle aryténoïdien, ni au crico-thyroïdien. Le nerf laryngé supérieur, au contraire, est destiné au muscle aryténoïdien, auquel il donne un rameau considérable , et au muscle crico-thyroïdien , auquel il envoie un filet moins remarquable par son volume que par son trajet (1). Dans quelques cas, cependant, ce filet n'existe pas : mais alors la branche externe du nerf laryngé est plus considérable. Le reste des filets du nerf laryngé se distribue aux muscles de l'épiglotte et à la membrane muqueuse qui revêt l'entrée du larynx : aussi cette partie est-elle douée d'une excessive sensibilité.

On appelle *glotte* l'intervalle qui sépare les mus-

---

(1) *Voyez* mon *Mémoire sur l'Épiglotte*, an 13.

cles thyro-aryténoïdiens et les cartilages aryté- Glotte sur le
noïdes. Sur le cadavre, la glotte se présente cadavre.
sous l'apparence d'une fente longitudinale, longue de huit à dix lignes, et large de deux à
trois; elle est plus ouverte en arrière qu'en avant,
où les deux côtés se rapprochent et finissent par se
toucher à l'endroit de leur insertion au cartilage
thyroïde.

L'extrémité postérieure de la glotte est formée
par le muscle aryténoïdien.

Si l'on rapproche les cartilages aryténoïdes de
manière qu'ils se touchent par leur face interne, la
glotte est diminuée d'environ un tiers de sa longueur; elle n'offre plus qu'une fente d'une demi-
ligne à une ligne de large, et de cinq à six lignes
de long, et à laquelle le nom de *glotte vocale* doit Glotte vocale.
être réservé, car elle seule participe à la pro-
duction de la voix. Les côtés de cette fente sont
nommés les *lèvres de la glotte* ou *rubans vocaux.* Lèvres
Ils présentent un bord tranchant, dirigé en haut et de la glotte.
en dedans; ils sont formés par le muscle thyro-
aryténoïdien, et par le ligament du même nom,
qui recouvre, comme une aponévrose, le muscle
auquel il adhère avec force, et qui, recouvert lui-
même par la membrane muqueuse, forme la par- Anche vocale
tie la plus mince ou le *tranchant* de la lèvre. Ce
sont ces lèvres de la glotte qui vibrent dans la production de la voix, et qui forment l'*anche vocale*
dont la double lame contractile peut affecter du-

rant la vie une multitude de formes, d'épaisseurs, d'élasticités différentes.

Ventricules
du larynx.
Au-dessus des ligaments inférieurs de la glotte sont les ventricules du larynx, dont la cavité est plus spacieuse qu'il ne semble au premier examen, et dont les parois inférieures externes et supérieures sont formées par le muscle thyro-aryténoïdien, contourné sur lui-même : l'extrémité ou paroi antérieure est formée par le cartilage thyroïde. Au moyen de ces ventricules, les lèvres de la glotte sont isolées par leur côté supérieur et externe.

Au-dessus de l'ouverture des ventricules sont deux membranes qui ont beaucoup d'analogie pour la disposition avec les cordes vocales, et qui forment comme une seconde glotte au-dessus de la première : ce sont les *ligaments supérieurs de la glotte*. Ils sont
Ligaments
supérieurs
de la glotte.
formés par le bord supérieur du muscle thyro-aryténoïdien, un peu de tissu cellulaire graisseux, et par la membrane muqueuse du larynx qui les recouvre avant de pénétrer dans les ventricules.

Telles sont les observations qu'il est facile de faire sur le larynx des cadavres. Je ne crois pas qu'on ait jamais examiné la glotte d'un homme vivant ; du moins rien n'a été écrit, à ma connaissance, sur cet objet ; mais, examinée sur des animaux vivants, des chiens, par exemple, on voit qu'elle s'agrandit et se rétrécit alternativement : les cartilages aryténoïdes sont portés en dehors dans le moment où l'air pénètre dans les poumons, ils
Mouvements
de la glotte.

se rapprochent et s'appliquent l'un à l'autre dans l'instant où l'air sort de cette cavité.

Mécanisme de la production de la voix.

Si vous prenez la trachée-artère et le larynx d'un animal ou d'un cadavre, et qu'avec un gros soufflet vous poussiez de l'air dans la trachée, en le dirigeant vers le larynx, aucun son n'est produit, mais seulement un léger bruit, résultat du frottement de l'air contre les parois de la trachée et du larynx, ainsi qu'il arriverait dans tout autre tuyau élastique. L'air passe alors par toute l'étendue de la glotte dont les lèvres sont écartées et légèrement mises en mouvement par le courant gazeux. Si, continuant de souffler, vous rapprochez les cartilages aryténoïdes de sorte qu'ils se touchent par leur face interne, il se produira tantôt un bruit ronflant désagréable, et tantôt, mais plus rarement, un son qui aura quelque analogie avec la voix de l'animal auquel a appartenu le larynx en expérience. Très-souvent il est impossible d'obtenir ce dernier son.

Théorie de la voix.

Le son, quand il est produit, sera plus ou moins aigu ou grave, selon que les cartilages seront pressés l'un contre l'autre avec plus ou moins de force; il sera d'autant plus intense, que l'on soufflera dans la trachée avec plus de force. On verra facilement dans cette expérience, que ce sont les liga-

Expériences sur la voix.

ments inférieurs de la glotte qui, en s'écartant et en se rapprochant à la manière des anches libres, produisent le son.

Une ouverture faite à la trachée, au-dessous du larynx, prive l'homme et les animaux de la voix : celle-ci reparaît si l'on bouche mécaniquement l'ouverture. Je connais un homme qui est dans ce cas depuis nombre d'années ; il ne peut parler s'il ne porte une cravate serrée qui ferme une ouverture fistuleuse du larynx (1). Le résultat est le même lorsque le larynx est ouvert au-dessous des ligaments inférieurs de la glotte.

Au contraire, une blessure existe-t-elle au-dessus de la glotte, intéresse-t-elle l'épiglotte et ses muscles ; les ligaments supérieurs de la glotte et même la partie supérieure des cartilages aryténoïdes sont-ils lésés, la voix persiste. Enfin, la glotte, mise à découvert sur un animal vivant, dans le moment où il crie, laisse aisément apercevoir que sa voix est formée par les oscillations vibratoires des cordes vocales (2).

M. Cagnard-Latour, l'un de nos plus ingénieux physiciens, a fait construire un petit appareil, vé-

---

(1) Je viens de voir une femme qui a une fistule aérienne large de deux lignes à la hauteur du cartilage cricoïde ; quand elle expire, une partie de l'air sort par la fistule avec un faible bruissement, l'autre passe par le larynx et produit la voix.

(2) Nom donné par Ferrein aux lèvres de la glotte.

ritable larynx artificiel, où deux lames minces de gomme élastique, tendues à l'extrémité d'un tube évasé, se touchent par l'un de leurs bords; quand on souffle doucement dans le tube, il se produit un mouvement d'anche semblable à celui du larynx, et conséquemment un son qui a beaucoup d'analogie avec la voix. Mais, ce qu'il aurait été difficile de prévoir, pour que le son soit pur, et qu'il se forme aisément, les lames doivent être inégalement tendues; par exemple, les sons qu'elles rendent isolément sont-ils à la quinte l'un de l'autre, alors le son commun est à la tierce. Si les lames sont légèrement écartées le son ne se produit plus. Nous parlerons encore de cet ingénieux instrument.

Larynx artificiel.

En voilà assez, je pense, pour mettre hors de doute que la voix est produite dans la glotte par les mouvements de ses ligaments inférieurs.

Théorie de la voix.

Ce fait une fois bien établi, peut-on, par les principes de la physique, se rendre raison de la formation de la voix? Voici l'explication qui me paraît la plus probable (1). L'air, chassé du poumon,

(1) Tout instrument à anche présente quatre parties distinctes : 1° le réservoir d'air; 2° le tuyau porte-vent; 3° l'anche; 4° le tuyau porte-voix. Ces quatre parties se voient dans l'appareil vocal. Le poumon et les bronches sont le réservoir d'air; la trachée, le porte-vent, le larynx, l'anche; le pharynx, la bouche; et les cavités nasales, le porte-voix. La similitude est complète.

marche d'abord dans un canal assez large ; bientôt
ce canal se rétrécit, et l'air est obligé de passer à
travers une fente étroite, dont les deux côtés sont
des lames vibrantes qui, de même que les lames des
anches, permettent et interceptent tour à tour le
passage de l'air, et qui, par ces alternatives, déterminent des ondulations sonores dans le courant d'air transmis.

Mais pourquoi, en soufflant dans la trachée-
artère d'un cadavre, le larynx ne produit-il aucun
son analogue à la voix humaine ? pourquoi la paralysie des muscles intrinsèques de cet organe est-
elle suivie de la perte de la voix ? enfin, pourquoi
faut-il un acte de la volonté pour que nous formions
le son vocal ? La réponse est facile. Les ligaments
de la glotte n'acquièrent la faculté de vibrer, à la
manière des lames des anches, qu'autant que les
muscles thyro-aryténoïdiens sont en contraction ;
et par conséquent, dans toutes les circonstances
où les muscles ne seront pas contractés, il n'y aura
point de voix produite.

Les expériences sur les animaux sont parfaitement d'accord avec ce résultat. Coupez les deux
nerfs récurrents, qui, comme nous l'avons dit, se
distribuent aux muscles thyro-aryténoïdiens, et
la voix est perdue entièrement. N'en coupez qu'un,
et la voix ne se perd qu'à moitié.

Cependant, j'ai vu plusieurs animaux dont les
deux nerfs récurrents étaient coupés, pousser des

cris assez aigus dans des instants où ils éprouvaient une violente douleur. Ces cris avaient beaucoup d'analogie avec les sons qu'on aurait produits mécaniquement avec le larynx de l'animal mort, en soufflant dans la trachée, et en rapprochant les cartilages aryténoïdes : et c'est encore un phénomène qui s'entend aisément par la distribution des nerfs du larynx. Les récurrents étant coupés, les thyro-aryténoïdiens ne se contractent plus : de là résulte l'*aphonie;* mais le muscle aryténoïdien, qui reçoit ses nerfs du laryngé supérieur, se contracte, et dans le moment d'une expiration rapide il applique fortement l'un contre l'autre les cartilages aryténoïdes, et la glotte se trouve assez étroite pour que l'air puisse faire entrer en vibration les muscles thyro-aryténoïdiens, bien qu'ils ne soient point contractés (1).

Un des plus savants physiciens de notre époque, mon estimable confrère, M. Savart, a combattu, dans un mémoire imprimé tome V de mon *Journal de Physiologie*, la comparaison que j'établis entre le larynx et les anches.

Sa principale objection est la suivante : « Il faudrait, dit-il, pour que l'analogie fût admissible,

---

(1) L'effet de cette contraction est tel qu'il fait périr asphyxiés les jeunes animaux auxquels les nerfs récurrents ont été coupés. (Voyez *Mouvements de la glotte dans la respiration*, t. II.)

que le larynx ne pût rendre aucun son, tandis
que les ligaments vocaux inférieurs sont écartés
l'un de l'autre. » Or, c'est justement ce que prouve
l'expérience. Quand on souffle dans un larynx dont
les bords de la glotte sont écartés, il ne se produit
aucun son vocal; pour obtenir quelque bruit qui
s'en rapproche, il faut faire toucher les ligaments
vocaux. En outre, observez la glotte d'un chien
au moment où il produit la voix, et vous vous con-
vaincrez aussitôt que le son se forme au moment
où les lèvres se touchent et s'écartent rapidement.
Ajoutons que le contact n'a pas seulement lieu
lors de la formation de la voix, mais qu'il existe
toutes les fois que l'animal expire, c'est-à-dire
chasse l'air de son poumon. Dans les efforts, ce contact est même si exact, qu'il s'oppose à toute issue
de l'air.

Théorie de M. Savart.

« Une objection assez importante, ajoute M. Savart, qu'on peut faire à ceux qui prétendent que la
voix est produite par un mécanisme d'anche, c'est
que la qualité du son de la voix humaine est loin
d'être semblable à celle du son des anches, quelque perfectionnées qu'on les suppose. Les sons
de la voix ont un caractère qu'aucun instrument
de musique ne peut imiter, et cela doit être, car
ils sont produits par un mécanisme fondé sur des
principes qui ne servent de bases à aucun de nos
instruments. »

Je dirai, avec M. Savart: L'art n'a pu jusqu'ici

reproduire complètement la voix humaine, et cela doit être, car il n'a pas encore imaginé d'anche dont les languettes pussent revêtir en un instant cent caractères physiques divers, et former cent nuances de ton, de timbre, d'intensité de son; et pourtant il faut rendre cet hommage aux artistes qui se sont efforcés d'imiter la voix : plusieurs en ont approché, et, ce qui n'est pas indifférent pour la question ici débattue, toujours par l'emploi des anches.

Après avoir cherché à détruire l'analogie que je reconnais entre l'anche et le larynx, M. Savart propose de comparer l'organe de la voix à un petit sifflet dont se servent les chasseurs pour contrefaire la voix de certains oiseaux, espèce de vase hémisphérique de quelques lignes de diamètre et percé, en deux points opposés, de deux fentes dans lesquelles on fait passer l'air après avoir placé l'instrument dans la bouche. Le savant physicien appuie son opinion d'une foule de faits, d'expériences, de considérations intéressantes qui ont agrandi, personne n'en peut douter, le champ des connaissances acoustiques; mais je ne puis reconnaître la ressemblance qu'il voulait établir entre un *réclame* et le larynx; car cet instrument produit le son, ses bords étant écartés et immobiles, tandis que la voix est formée, les lèvres de la glotte étant en mouvement et en contact. Les faits physiologiques que je vais bientôt rapporter

Théorie de M. Savart.

confirmeront, s'il était nécessaire, cette réfuta-
tion d'une théorie d'ailleurs aussi ingénieuse que
savante.

Après s'être ainsi formé dans la glotte, le son
vocal s'engage dans le tuyau porte-voix, que représente le pharynx et la bouche, et quelquefois le
pharynx et les cavités nasales. Dans ce trajet, la
voix subit des modifications plus ou moins prononcées, selon la forme et la longueur du tuyau qu'elle
traverse. Ces modifications ne s'éloignent pas de
celles qui s'observent dans les instruments à anche
ordinaire; si par exemple le son doit être intense
et éclatant, la bouche s'ouvre largement et représente un porte-voix conique favorable, comme chacun sait, à la transmission des sons intenses.

Jusqu'ici l'analogie ou plutôt la similitude entre
l'organe de la voix et les instruments à anche en
général est évidente; mais il doit cependant être
plus particulièrement rattaché à ceux que le souffle
de l'artiste met en jeu. En effet, le vent qui met
en vibration les lames de l'anche n'est point de
l'air pur et froid comme dans les orgues, mais
de l'air mêlé d'acide carbonique et de vapeur
d'eau; en outre cet air a une température qui
se rapproche de celle du poumon. Or il est connu
en physique, que la nature du gaz sonore, sa
densité, etc., influent sur la qualité des sons;
il en est de même du mélange des gaz avec les vapeurs.

Intensité ou volume de la voix.

L'intensité de la voix dépend, comme celle de tous les autres sons, de l'étendue des vibrations (1). Or, plus l'air sortant de la poitrine sera chassé avec force, et plus les vibrations des cordes vocales auront d'étendue ; plus les cordes elles-mêmes seront longues, c'est-à-dire plus le larynx sera volumineux, et plus aussi l'étendue des vibrations sera considérable. Une personne vigoureuse, dont la poitrine est large, dont le larynx a de grandes dimensions, présente les conditions les plus avantageuses pour l'intensité de la voix. Que cette même personne tombe malade, que ses forces s'affaiblissent, sa voix perd beaucoup de son intensité, par la seule raison qu'elle ne peut plus chasser l'air avec force de sa poitrine.

Les enfants, les femmes, les eunuques, dont le larynx est proportionnellement plus petit que celui de l'homme adulte, ont aussi naturellement la voix beaucoup moins intense que lui.

Dans la production ordinaire de la voix, elle résulte des mouvements simultanés des deux côtés de la glotte : si l'un de ces côtés perdait la faculté

---

(1) Probablement que l'intensité du son tient à d'autres causes qu'à l'étendue des vibrations ; il doit en être de même pour l'intensité de la voix.

d'exciter des vibrations dans l'air, la voix perdrait nécessairement, à force d'expiration égale, la moitié de son intensité. On peut s'assurer de ce résultat en coupant un seul nerf récurrent sur un chien, ou en étudiant la voix chez une personne attaquée d'une hémiplégie complète.

Timbre de la voix.

Timbre
de la voix.

Chaque individu a un timbre de voix particulier, qui le distingue ; chaque âge, chaque sexe, ont aussi le leur. Le timbre de la voix présente donc des modifications infinies : de quelles circonstances physiques dépendent-elles ? on l'ignore. Pourtant le timbre féminin, qui se retrouve dans les enfants, dans les eunuques, coïncide assez généralement avec l'état cartilagineux des cartilages du larynx et le peu de volume de cet organe. La voix masculine paraît au contraire liée avec l'état osseux de ces mêmes cartilages, et surtout du thyroïde et des dimensions plus fortes de la glotte et du larynx.

Rappelons ici que le timbre est une modification du son, dont les physiciens sont loin de se rendre raison.

Des différents tons, ou de l'étendue de la voix.

Étendue
de la voix :

Les sons que peut produire le larynx de l'homme sont extrêmement nombreux. Plusieurs auteurs célèbres ont cherché à en expliquer la formation ; mais ce qu'ils ont donné comme des explications étaient plutôt de simples comparaisons. Ainsi, Ferrein voulait que les ligaments de la glotte fussent des cordes, et il expliquait les divers tons de la voix par les degrés différents de tension dont il pensait qu'elles étaient susceptibles ; d'autres ont comparé le larynx à un instrument à vent, aux lèvres du donneur de cor, aux mêmes parties dans l'action de siffler.

Ces explications pèchent par la base, car elles ne sont fondées que sur la considération superficielle du larynx du cadavre, tandis qu'elles devraient avoir eu pour fondement l'étude approfondie de l'anatomie du larynx, et l'examen attentif de cet organe dans l'état de vie : j'ai tâché de suppléer à cette lacune, et voici les résultats que j'ai obtenus :

Divers tons de la voix.

J'ai mis sur un chien la glotte à découvert, par une incision entre le cartilage thyroïde et l'os hyoïde, et j'ai vu que lorsque les sons sont graves, les ligaments de la glotte vibrent dans toute leur longueur, et que l'air expiré sort par toute l'étendue de la fente qui résulte du contact des deux lèvres de la glotte (1).

Glotte dans les sons graves.

(1) Je ne comprends pas dans la glotte l'intervalle qui existe entre les cartilages aryténoïdes qui, pendant la pho-

Sons aigus.

Dans les sons plus aigus, les ligaments ne vibrent plus par leur partie antérieure, mais seulement par leur partie postérieure, et l'air ne sort plus que par la portion de glotte qui vibre : cette ouverture se trouve par conséquent diminuée.

Sons
très-aigus.

Enfin, quand les sons deviennent très-aigus, les ligaments ne présentent plus de vibrations qu'à leur extrémité aryténoïdienne, et l'air expiré ne sort plus, si ce n'est par cette portion de la glotte qui n'a pas plus de deux lignes d'étendue. Il paraît que le terme de l'acuité des sons arrive, parce que la glotte se ferme entièrement, et que l'air ne peut plus sortir à travers le larynx, expérience qu'il est facile à chacun de faire sur lui-même.

Influence des
nerfs laryngés
sur la voix.

Le muscle aryténoïdien, ayant principalement pour usage de fermer la glotte par son extrémité postérieure, devait être l'agent principal de la production des sons aigus. J'ai voulu savoir quel effet aurait sur la voix la section des deux nerfs laryngés qui donnent le mouvement à ce muscle, et j'ai reconnu que dans ce cas la voix de l'animal perd presque tous ses tons aigus; en outre, elle acquiert une gravité habituelle qu'elle n'avait point auparavant.

L'analogie de structure est trop marquée entre

---

nation, sont exactement appliqués l'un contre l'autre et ne laissent pas passer l'air expiré.

le larynx de l'homme et celui du chien, pour qu'on ne puisse pas croire que les mêmes phénomènes se passent chez le premier. Une circonstance doit avoir une certaine influence sur les tons de la voix, c'est la contraction des muscles thyro-aryténoïdiens. Plus ces muscles se contracteront avec force, et plus leur élasticité s'accroîtra, et plus ils deviendront susceptibles de vibrer rapidement et de produire des sons aigus; moins ils seront contractés, et plus ils produiront aisément les sons graves. On peut aussi présumer que la contraction de ces muscles concourt puissamment à fermer en partie la glotte, particulièrement dans sa moitié antérieure.

Le larynx artificiel de M. C.-Latour démontre physiquement les deux phénomènes physiologiques dont je viens de parler à l'occasion des différents tons de la voix. Si vous soufflez dans le tube, les lames élastiques vibrent dans toute leur longueur : le son est alors grave; si vous raccourcissez les lames, le son devient d'autant plus aigu qu'elles sont plus courtes. Cependant dès qu'elles sont réduites à quatre lignes, le plus souvent il n'y a plus de son, tandis que sur des larynx vivants j'ai vu le son se former dans une fente de deux lignes au plus. Quoi qu'il en soit, comme dans le larynx, plus la fente par laquelle s'échappe l'air est courte, plus le son est aigu. Le second phénomène, qui se rattache à la tension des ligaments vocaux, est facile à voir sur le même instrument; car, en variant les

Expériences sur la voix.

tensions des lames, on fait monter ou descendre le ton.

Le larynx représente donc une anche à double lame, dont les tons sont d'autant plus aigus que les lames sont plus raccourcies, et d'autant plus graves qu'elles sont plus longues. Mais, quoique cette analogie soit juste, il n'en faudrait cependant pas conclure une identité complète. En effet, les anches ordinaires sont composées de lames rectangulaires, fixées par un côté et libres par les trois autres, au lieu que dans le larynx les lames vibrantes, qui sont aussi à peu près rectangulaires, sont fixes par trois côtés et libres par un seul. En outre, on fait monter ou descendre les tons des anches ordinaires en variant leur longueur : dans les lames du larynx, c'est la largeur qui varie. Enfin, jamais dans les instruments de musique on n'a employé d'anches dont les lames mobiles pussent varier à chaque instant d'épaisseur et d'élasticité, comme il arrive pour les ligaments de la glotte : en sorte que l'on conçoit bien par aperçu, que le larynx peut produire la voix et en varier les tons à la manière des anches, mais sans pouvoir toutefois assigner rigoureusement toutes les particularités de son mode d'action.

Influence du tuyau porte-vent.

On a cru jusqu'ici que le tube qui apporte le vent à l'anche, ou le *porte-vent*, n'avait aucune influence sur la nature du son produit : M. Biot rapporte une observation de M. Grenié, qui prouve le contraire. Il n'est donc pas impossible que l'alongement ou le raccourcissement de la trachée, qui fait, relativement au larynx, l'office de porte-vent, ait une influence sur la production de la voix et sur ses différents tons.

Nous venons d'examiner l'anche de l'organe de la voix ; il faut considérer maintenant le tuyau que le son vocal traverse après avoir été produit. Or, en procédant de bas en haut, le tuyau se compose : 1° de l'intervalle compris entre l'épiglotte en avant, ses ligaments latéraux sur les côtés, et de la paroi postérieure du pharynx ; 2° du pharynx en arrière et latéralement, et de la partie la plus postérieure de la base de la langue en avant ; 3° tantôt la bouche, tantôt les cavités nasales, et quelquefois les deux cavités ensemble.

Ce tuyau pouvant s'alonger et se raccourcir, devenir plus large ou se rétrécir, revêtir enfin une infinité de formes différentes, remplit à merveille les fonctions de corps d'instrument à anche, c'est-à-dire qu'il se met rapidement en harmonie avec le *larynx-anche*, favorise ainsi la production des tons nombreux dont se compose la voix, accroît l'intensité du son vocal en affectant une forme conique, évasée vers le dehors, donne de la rondeur et de l'agrément au son, en disposant convenablement son ouverture extérieure, ou bien l'étouffe presque entièrement, etc.

Marginal note: Tuyau porte-voix.

Jusqu'à ce que la physique ait déterminé avec précision l'influence du tuyau des instruments à anche, il est clair que la physiologie ne pourra se livrer qu'à des conjectures touchant l'influence du tuyau de l'organe de la voix. Nous ne ferons à cet égard qu'un petit nombre d'observations qui portent sur les phénomènes les plus apparents.

Mouvements du larynx.

A. Le larynx s'élève dans la production des sons aigus, il s'abaisse au contraire dans celle des sons graves; par conséquent le tuyau vocal est raccourci dans le premier cas et alongé dans le second. En effet, un tuyau court est favorable pour transmettre des sons aigus, tandis qu'un plus long l'est davantage pour des sons graves. En même temps que le tuyau change de longueur, il change aussi de largeur; et cette circonstance est remarquable, car nous avons vu plus haut que la largeur du tuyau influe sur sa facilité de transmettre les sons.

Quand le larynx descend, c'est-à-dire quand le tuyau vocal s'alonge, le cartilage thyroïde s'abaisse et s'éloigne de l'os hyoïde de toute la hauteur de la membrane thyro-hyoïdienne. Par cet écartement, la glande épiglottique est portée en avant, et vient se loger dans la concavité de la face postérieure de l'os hyoïde; cette glande entraîne nécessairement après elle l'épiglotte : d'où il résulte un élargissement considérable de la partie inférieure du tuyau vocal.

Usage de la glande épiglottique.

Le phénomène opposé arrive lorsque le larynx s'é-
lève. Alors le cartilage thyroïde monte derrière l'os
hyoïde (1) en déplaçant et poussant en arrière la
glande épiglottique; celui-ci pousse à son tour l'épiglotte, et le tuyau vocal se trouve de beaucoup ré-
tréci. En simulant ce mouvement sur le cadavre, il
est facile de s'assurer que le rétrécissement peut aller
jusqu'aux cinq sixièmes de largeur du tuyau. Or,
c'est un tuyau large qui s'adapte à une anche pour les
sons graves ; c'est, au contraire, un tuyau étroit qui
est le plus souvent employé pour transmettre des
sons aigus. On peut donc, jusqu'à un certain point,
se rendre raison de l'utilité des changements de
largeur qu'éprouve le tuyau vocal dans sa partie inférieure.

Usage
de la glande
épiglottique.

B. La présence des ventricules du larynx immédiatement au-dessus des ligaments inférieurs de la
glotte, paraît avoir pour utilité d'isoler ces ligaments, de manière qu'ils vibrent librement dans
l'air. Quand il s'introduit des corps étrangers dans
les ventricules, ou quand il s'y forme des mucosités
ou une fausse membrane, la voix est ordinairement
éteinte ou très-affaiblie. Cependant ces cavités ne
sont pas indispensables à la production de la voix.

Usage
des
ventricules.

_____

(1) Les muscles thyro-hyoïdiens paraissent plus particulièrement destinés à produire le mouvement par lequel le
cartilage thyroïde passe derrière l'os hyoïde.

Plusieurs animaux dont le son vocal est très-intense
en sont dépourvus; de plus, on peut les détruire
sur un chien, comme l'a fait Bichat, sans que la
voix cesse de se produire. Cette expérience, que
j'ai plusieurs fois répétée, ne permet aucun rapprochement entre le larynx et les instruments en
flûte.

C. En raison de sa forme, de sa position au-
dessus de la glotte, de son élasticité, des mouvements que lui impriment ses muscles, l'épiglotte
paraît appartenir essentiellement à l'appareil de la
voix; mais quels sont ses usages? Nous avons déjà
vu qu'elle contribue puissamment à rétrécir le tuyau
vocal; on peut croire qu'elle a une fonction plus
importante.

Usage
de l'épiglotte.
M. Grenié, qui vient de faire subir aux anches
une modification si ingénieuse et si utile, n'est pas
parvenu tout d'un coup au résultat qu'il a enfin
obtenu; il a dû passer par une série d'effets intermédiaires. A une certaine époque de son travail, il
voulait augmenter l'intensité d'un même son sans
rien changer à l'anche; pour y réussir, il était obligé d'augmenter graduellement la rapidité du courant d'air; mais cette augmentation, en rendant
les sons plus forts, les faisait monter; pour remé-
dier à cet inconvénient, M. Grenié ne trouva
d'autre moyen que de placer obliquement dans le
tuyau, immédiatement au-dessus de l'anche, une
languette souple, élastique, telle à peu près que

nous voyons l'épiglotte au-dessus de la glotte : d'où l'on pourrait conclure que l'épiglotte concourt à donner à l'homme la faculté d'enfler le son vocal sans que celui-ci monte.

D. L'intensité de la voix est visiblement influencée par le tuyau vocal. Les sons les plus intenses que la voix puisse produire, nécessitent que la bouche soit largement ouverte, la langue un peu retirée en arrière, le voile du palais soulevé, horizontal et sensiblement élastique, fermant toute communication avec les fosses nasales. Dans ce cas, le pharynx et la bouche font évidemment l'office d'un porte-voix, c'est-à-dire qu'ils représentent assez exactement un tuyau d'anche, qui va en s'évasant vers l'air extérieur, dont l'effet est d'augmenter l'intensité du son produit par l'anche. Si la bouche est en partie fermée, les lèvres portées en avant, et plus ou moins rapprochées, le son pourra acquérir de la rondeur, un timbre agréable, mais il perdra de son intensité : résultat qui s'explique aisément d'après ce qui a été dit de l'influence de la forme des tuyaux dans les instruments à anche.

Par les mêmes raisons, toutes les fois que le son vocal passera par les fosses nasales, il deviendra sourd, car la forme de ses cavités est bien propre à diminuer l'intensité des sons et à les altérer d'une manière désagréable.

E. La bouche et le nez étant fermés et ne permettant plus le passage de l'air expiré, le son vo-

Influence du tuyau vocal sur l'intensité de la voix.

Son vocal
le nez et la
bouche
fermés.

cal se forme encore dans le larynx , mais il ne peut
se soutenir long-temps ; ses limites sont fixées par
la petite quantité d'air qui peut être contenue dans
la bouche et les cavités nasales ; dès que ces cavités en sont remplies et distendues, le son vocal
cesse de pouvoir être produit. Dans tous les cas,
le son est faible et étouffé, et cela se comprend
aisément , puisqu'il ne peut arriver à l'oreille que par
l'intermédiaire des parois de la bouche et du nez.

Voile
du palais,
pharynx, lan-
gue pendant
la production
de la voix.

F. Il résulte d'observations récentes de M. le
docteur Bennati , que le voile du palais et la luette
éprouvent des modifications remarquables dans
la production des sons aigus et graves. Dans la formation de ces derniers , le voile est horizontal, large
et tendu , la luette pendante et verticale. A mesure
que les sons s'élèvent le voile s'abaisse par la partie postérieure ; la cavité du pharynx se rétrécit,
et la luette diminue de longueur; enfin, dans les sons
les plus aigus, le voile du palais se rétrécit encore
et la luette disparaît complètement. M. Bennati
attache une telle importance à ces dernières modifications du tuyau vocal, qu'il nomme les sons aigus *sus-laryngiens*, voulant indiquer par cette épithète que le pharynx, le voile, etc. , ont la plus grande
part dans leur production. Nous ne pouvons partager cette opinion; nous nous plaisons à rendre
justice au mérite des observations du savant Italien,
mais nous n'y voyons jusqu'ici que des phénomènes
coïncidant avec la production des sons aigus ou

graves, et rien qui se rattache à la théorie physique de la voix.

G. On a vu, à l'occasion de la production de la voix, qu'un grand nombre de modifications relatives au timbre naissent par les changements d'épaisseur, d'élasticité, qui arrivent aux lèvres de la glotte. Le tuyau peut en produire une foule d'autres, selon ses divers degrés de longueur ou de largeur; selon sa forme, la tension plus ou moins grande de ses parois, la position de la langue, celle du voile du palais; selon que le son passe en tout ou en partie par la bouche ou par les fosses nasales, ou bien par ces deux cavités à la fois; la disposition individuelle de la bouche ou du nez; l'existence ou la non-existence des dents; leur arrangement plus ou moins régulier, la concavité plus ou moins profonde de la voûte palatine; le volume de la langue, etc.; selon toutes ces circonstances, dis-je, le timbre de la voix est continuellement modifié. Chaque fois, par exemple, que le son traverse les fosses nasales, le son vocal devient désagréable, *nasillard*.

Influence du tuyau vocal sur le timbre de la voix.

H. Les ondes sonores, développées par les mouvements de l'anche laryngienne, se transmettent non-seulement à la colonne d'air qui traverse le pharynx et la bouche, mais elles s'étendent à l'air contenu dans les cavités nasales par l'intermédiaire du palais membraneux et osseux; elles se propagent aussi en sens inverse dans la masse gazeuse qui

Résonnance de la voix.

remplit la poitrine ou plus exactement les poumons; il en résulte des résonnances qui modifient le timbre et même l'intensité de la voix.

La résonnance qui a lieu dans la poitrine est aujourd'hui l'un des phénomènes de physique vitale dont l'étude importe le plus aux médecins, par les nombreuses modifications qu'il subit dans les maladies.

I. Indépendamment des nombreuses modifications que le tuyau de l'organe vocal détermine dans l'intensité et le timbre de la voix, en permettant ou en interceptant alternativement sa production, il produit encore un genre de modification très-important : par ce moyen, le son vocal est partagé en petites portions qui chacune ont un caractère distinct, parce que chacune d'elles est produite par un mouvement particulier du tuyau. Cette espèce d'influence du tuyau vocal est ce qu'on nomme *la faculté d'articuler,* qui offre un nombre infini de différences individuelles en rapport avec l'organisation propre du tuyau vocal.

Jusqu'ici nous avons traité de la voix humaine d'une manière générale ; nous allons actuellement parler de ses principales divisions, savoir, *le cri,* ou *voix native; la voix proprement dite,* ou *voix acquise; la parole,* ou *la voix articulée; le chant,* ou *la voix appréciable.*

Diverses
sortes de voix

Du cri ou voix native.

Le cri est un son souvent appréciable qui, comme tous les sons produits par le larynx, est susceptible de varier de ton, d'intensité, et de timbre.

Le cri se distingue aisément de tous les autres sons vocaux ; mais, comme son caractère principal tient au timbre, il est impossible de se rendre physiquement raison de la différence qui existe entre ceux-ci et le cri.

Quelle que soit la condition dans laquelle se trouve l'homme, quel que soit son âge, il peut crier. L'enfant naissant, l'idiot, l'homme sauvage, le sourd de naissance, l'homme civilisé, le vieillard décrépit, peuvent pousser des cris. Le cri est donc étroitement lié à l'organisation ; pour s'en convaincre davantage il suffit d'examiner quels sont ses usages.

Par le cri, nous exprimons les sensations vives, agréables ou douloureuses. Il y a des cris de joie, il y a des cris de douleur. Par le même langage nous faisons connaître nos besoins instinctifs les plus simples, ainsi que les passions naturelles. La fureur, la crainte, l'effroi, s'expriment par des cris, etc.

Les besoins sociaux et les passions sociales, n'étant pas une suite indispensable de l'organisation, et nécessitant pour se développer l'état de civilisation, n'ont point de cris qui leur soient propres.

Le cri comprend ordinairement les sons les plus intenses que l'organe de la voix puisse former ; le plus souvent son timbre a quelque chose qui blesse l'oreille et qui agit fortement sur ceux qui sont à portée de l'entendre.

Usages du cri.

Au moyen du cri s'établissent des rapports importants entre l'homme et ses semblables.

Le cri de joie dispose à la joie, le cri de douleur excite la pitié, le cri qu'arrache la terreur porte au loin l'épouvante, etc. Cette espèce de langage existe chez la plupart des animaux ; c'est presque le seul qui leur soit départi : le chant des oiseaux doit être considéré comme une modification de leur cri.

De la voix proprement dite ou acquise.

De la voix proprement dite ou acquise.

Dans l'état le plus ordinaire de l'homme, c'est-à-dire lorsqu'il vit en société, et qu'il est doué de l'ouïe, il reconnaît, dès sa plus tendre enfance, que ses semblables produisent des sons qui ne sont pas des cris ; il a bientôt fait la remarque qu'il peut en former d'analogues avec son larynx, et dès ce moment se développe en lui, par l'effet de l'imitation et des avantages qu'il y trouve, ce qu'on nomme la *voix acquise* ou *sociale*. Un enfant sourd ne fait aucune de ces remarques; aussi ne saurait-il de lui-même *acquérir* cette espèce de son vocal.

La voix parlée ne paraît différer du cri que par

l'intensité et le timbre, car elle est de même formée de sons dont l'oreille ne distingue pas nettement les intervalles.

Puisque la voix est la conséquence de l'audition
et d'un travail intellectuel, elle ne peut se développer si les circonstances qui la produisent n'existent
point. En effet, les enfants sourds de naissance,   Les sourds
qui n'ont pu prendre aucune idée du son, les idiots,   muets, les
                                                        idiots n'ont
qui n'établissent point de rapport entre les sons   pas la voix
qu'ils perçoivent et ceux que leur larynx peut pro-   sociale.
duire, n'ont point de voix, quoique l'appareil vocal
des uns et des autres soit apte à former et à modifier les sons, aussi bien que celui des hommes nés
avec toutes leurs facultés.

Par la même raison, les individus que nous nommons assez improprement *sauvages*, parce qu'ils
ont été trouvés errants depuis leur enfance dans les
forêts, sont toujours dépourvus de voix, l'intelligence ne se développant pas dans l'état d'isolement,
et nécessitant la vie sociale.

Le timbre, l'intensité, le ton de la voix acquise,
sont susceptibles de nombreuses modifications de
la part du larynx; de plus, le tuyau vocal exerce
sur la voix une puissante influence : la parole et
le chant ne sont que des modifications de la voix
sociale.

Il est très-difficile, peut-être même impossible,
de dire comment l'homme est parvenu à représenter ses actes intellectuels par des modifications de

la voix, comment il est arrivé à la composition des langues, et surtout comment il a composé l'alphabet. Ces connaissances seraient sans contredit curieuses et utiles, mais elles ne sont pas indispensables, et d'ailleurs elles ne sont pas du ressort de la physiologie : le mécanisme seul du langage doit nous occuper.

Une langue se compose de mots, et les mots sont les signes des idées; mais les mots eux-mêmes sont formés par les lettres ou les sons de l'alphabet, qui pour la plupart sont des modifications de la voix.

Sons et articulations.

Les grammairiens distinguent les lettres en *voyelles* et en *consonnes*; cette distinction ne peut satisfaire le physiologiste.

Les lettres doivent être distinguées en celles qui sont de véritables sons vocaux directement modifiés par le tuyau porte-voix, et en lettres qui sont formées principalement sous l'influence du tuyau vocal; ces dernières n'ont d'existence réelle qu'en s'alliant aux premières.

Lettres vocales.

Les lettres qui appartiennent à la voix sont, pour les langues d'Europe, *a* très-ouvert, anglais (hall); *á* français (hâle); *a*, *è*, *é*, *e* muet français; *i*, *o*, ouvert, italien; *o*, *eu*, *u*, français; *u* italien. Chacune de ces lettres peut éprouver deux modifications, qu'on exprime en disant qu'elle est longue ou brève : ce sont les voyelles des grammairiens.

Lettres articulées instantanées.

Les lettres telles que le *b* et le *p* (*labiales*); le *d* et le *t* (*dentales*), *l* (*palatale*), *g* et *k* (*gut-*

turales); *m* et *n* (*nasales*) , supposent que le canal vocal est fermé, et que ses diverses parties affectent pour chaque lettre une position spéciale. La lettre se produit au moment où le canal s'ouvre et où le son vocal se forme.

L'existence de ces dernières lettres est donc instantanée.

Les autres lettres ou articulations sont le *f* et le *v*, les deux sons du *th* anglais, l'*s* et le *z*, le *ch*, le *j*, l'*r*, l'*h*, et l'*x* espagnol, ou le χ des Grecs.

Ces lettres ont pour caractère d'être produites par le frottement de l'air expiré contre les parois du pharynx ou de la bouche, dont la configuration varie suivant l'espèce de lettre. Elles sont par conséquent indépendantes de la voix, et peuvent être prolongées autant que dure la sortie de l'air des poumons ; mais elles n'acquièrent cependant toute leur valeur qu'en se joignant à un son vocal.

Lettres articulées prolongées.

Chaque lettre, voyelle ou articulation, est produite par une disposition ou un mouvement particulier du tuyau vocal ; mais pour les unes, c'est la langue qui est l'agent principal de leur formation ; pour les autres, ce sont les dents : pour celles-ci, ce sont les lèvres ; pour celles-là, le son de la voix doit traverser les fosses nasales, etc. C'est en étudiant avec attention le mécanisme de la production des lettres que se sont perfectionnées les méthodes d'enseignement de la lecture, et particulièrement celle de M. Laffore d'Agen. (Voyez mon *Journal de Physiologie*, t. IX.)

La prononciation nécessite donc une bonne conformation du tuyau vocal. Présente - t - il quelque déformation, quelque lésion, une perforation de la voûte ou du voile du palais par exemple ; les dents manquent-elles ; la langue est-elle gonflée ou paralysée ; les amygdales sont-elles tuméfiées, etc., etc., la faculté d'articuler présente des altérations, et peut même devenir impossible.

Le simple bruit sourd que fait l'air en traversant le larynx peut suffire à la prononciation, comme il arrive quand on parle très-bas. Les personnes qui ont complètement perdu la voix prononcent encore assez distinctement pour se faire entendre même à une certaine distance.

Nous devons à M. Deleau une expérience curieuse : au moyen d'un tube recourbé introduit par une narine jusque dans l'arrière - bouche, il y fait arriver un courant d'air qui part d'un réservoir, où le fluide est condensé. Ce courant gazeux, en parcourant le tube élastique, frotte et développe un léger bruit qui, traversant le tuyau vocal, à l'instar de la voix, peut y être articulé et servir à un langage d'autant plus singulier qu'il se forme en même temps que la parole ordinaire. Dans ce cas, la personne soumise à l'expérience forme simultanément deux paroles qui, articulées au même instant et de la même manière, produisent sur les spectateurs une impression des plus étranges.

Il y a quelque analogie entre cette expérience et l'observation d'un forçat du bagne à Toulon, dont la glotte était oblitérée à la suite d'un suicide, et qui respirait par une ouverture fistuleuse de la trachée.

Cet homme, qui ne pouvait produire aucun son par son larynx, puisque l'air ne traversait plus cet organe, était parvenu à former dans l'arrière-bouche un petit réservoir d'air avec lequel il trouvait moyen de produire un certain bruit; ce bruit, soumis ensuite aux organes de la prononciation, devenait bientôt une espèce de parole très-limitée, il est vrai, mais qui suffisait cependant pour que le malheureux forçat parvînt à faire connaître ses principaux besoins.

En combinant les lettres diversement et en nombre variable, on forme des sons plus ou moins composés, qui sont des mots. La formation des mots est différente suivant les langues. Dans celles du Nord, les consonnes sont accumulées, sans que ce soit la véritable raison pour laquelle elles sont rudes à l'oreille et difficiles à prononcer, dans les langues du Midi, les voyelles sont employées en plus grand nombre; elles sont en général douces et harmonieuses.

Ce n'est point un son toujours le même qui sert de fondement à la prononciation : la voix arti-

Parole d'un forçat indépendante de la voix.

culée s'élève, baisse, varie d'intensité, de timbre, d'une manière différente suivant chaque espèce de langue. Le mode de ces variations constitue l'*accent* ou la prononciation propre à chaque pays.

Articuler, prononcer, n'est point *parler* Un oiseau prononce des mots, des phrases même, mais il ne parle point : l'homme seul est doué de la *parole*, qui est le plus puissant moyen d'expression de l'intelligence; lui seul attache un sens aux mots qu'il prononce et à l'arrangement qu'il leur donne : il n'aura donc point de parole s'il n'a point d'intelligence. En effet, la plupart des idiots ne parlent point (1) : ils articulent vaguement des sons, qui n'ont et ne peuvent avoir aucune signification.

Les idiots ne parlent point

Du chant.

Du chant.

La voix du chant diffère des autres sons produits par le larynx, en ce qu'elle est formée par des sons dont l'oreille distingue aisément les intervalles, et dont on peut prendre l'unisson. Ces caractères n'existent ni pour le *cri* ni pour la *voix parlée*, dont les intervalles sont, en général, inappréciables.

Dodart a avancé que, dans la production du chant, le larynx éprouvait un mouvement de ba-

_____

(1) Pinel, **Traité de la Manie**, p. 167.

lancement ou d'oscillation de bas en haut; mais l'observation ne confirme point son assertion. Nous ignorons quelles sont les conditions où se trouvent les ligaments de la glotte ainsi que l'appareil vocal, quand ils deviennent propres à former des sons appréciables.

Quant à chaque ton du chant, pris isolément, il ne diffère physiquement de la voix parlée, que par sa portée. La véritable différence entre le chant et les autres sons vocaux se trouve dans la régularité et l'harmonie des intervalles.

Un chanteur vulgaire a, entre le son le plus bas et le son le plus aigu, environ neuf tons; les belles voix sont plus étendues, cependant elles ne dépassent guère deux octaves en sons bien justes et bien pleins.

Étendue de la voix de chant.

Enfin, il a existé et il existe encore des virtuoses célèbres, si heureusement organisés, qu'ils peuvent parcourir plus de trois octaves; leur organe vocal représente presque toute l'étendue possible de la voix humaine. Mais ces exemples sont des exceptions que la nature ne crée que rarement.

Il y a deux sortes de voix, les *graves* et les *aiguës*: la différence des unes aux autres est d'environ une octave.

Deux sortes.

En général, les voix graves appartiennent aux hommes faits; cependant ceux dont la voix est la plus grave peuvent former des sons aigus en prenant le *fausset* ou *faucet* (voix de la gorge).

1.

Les voix aiguës sont celles des femmes, des enfants et des eunuques.

En ajoutant tous les tons d'une voix aiguë à ceux d'une voix grave, on a une étendue d'à peu près trois octaves et demie.

La suite des sons chantés se compose de deux espèces distinctes de sons : les graves et du médium, qui se font et se soutiennent sans efforts, et les sons aigus qui, en général, entraînent une contraction plus ou moins fatigante, soit du larynx, soit des muscles du tuyau vocal, et particulièrement du pharynx, du voile du palais et de la langue.

Ces deux espèces de sons diffèrent au point, quant à leur caractère physique, qu'ils semblent produits par des instruments dissemblables : les premiers sont nommés notes de *poitrine*, sons du *premier registre*; les seconds, *voix de tête*, *fausset*, sons du *second registre*. M. le docteur Bennati, dont j'ai déjà parlé, a proposé récemment de qualifier les premiers sons *laryngiens*, et les seconds sons *sus-laryngiens*. Je n'approuve pas complètement ces dénominations, car elles pourraient induire en erreur et faire croire que les seules notes graves et du médium sont formées par le larynx, et que les notes aiguës sont produites par les parties placées au-dessus du larynx, tandis que tous les sons de la voix résultent également de l'instrument vocal entier;

Voix
de poitrine.
Voix
du gosier.

seulement, comme tous les instruments à vents, il est autrement disposé quand il produit les sons aigus ou quand il rend les sons graves.

Il est certain, toutefois, qu'au moment où un chanteur passe du premier registre au second, il se fait un mouvement et un changement très-remarquable dans le larynx, dans l'arrière-bouche, et dans la position de la langue. Ce qui a lieu à la glotte nous est inconnu ; nous n'en sommes avertis que par le sentiment particulier de fatigue que nous éprouvons bientôt. Quant à ce qui arrive au pharynx, au voile du palais et à la langue, il est visible que tous les muscles de ces parties sont dans une très-grande activité, variable selon les individus, mais qui a en général pour effet de rétrécir le gosier, de tendre le voile du palais, d'élever la langue en la rendant concave, et d'effacer la luette. Mais l'étude la plus attentive de ces phénomènes ne nous apprend rien sur la nature physique des sons de fausset. Ce point de physique physiologique si curieux est encore tout entier à examiner. Je dirai cependant qu'en faisant des essais avec le larynx artificiel de M. C. Latour, il m'est arrivé plusieurs fois, en tendant fortement les lames de gomme élastique, de faire sortir des sons qui étaient aux sons ordinaires de l'instrument à peu de chose près ce qu'est le fausset aux sons de poitrine; ce qui semblerait indiquer, et ce qui est d'ailleurs probable, que le larynx est le prin-

Caractères physiques du fausset.

cipal agent de la formation du son, les autres parties du tuyau n'étant qu'accessoires plus ou moins indispensables.

Ajoutons que les femmes, les enfants, les eunuques, dont la voix se compose presque entièrement de sons du second registre, et qui font peu d'efforts pour les produire, ont le larynx moins volumineux que l'homme adulte, et que cet organe est entièrement cartilagineux.

Durée ou portée d'un son vocal.

Les sons graves, qui sont formés par une longue glotte et qui nécessitent par conséquent une plus grande dépense d'air expiré, ne peuvent être soutenus aussi long-temps que les sons aigus qui, produits par une glotte étroite presque fermée, ne demandent qu'un écoulement d'air beaucoup moins considérable; la différence sous ce rapport peut être de un à trois.

C'est pour la même raison que nous soutenons bien moins long-temps un son intense qu'un son faible; aussi savoir ménager l'haleine est-il une partie importante de l'art du chanteur; plus sa poitrine sera spacieuse, plus elle contiendra d'air, et plus facilement il lui sera permis de produire ces effets qui nous étonnent et nous ravissent.

Mais les différences qui existent entre les diverses espèces de voix ne portent pas toutes sur l'étendue et la durée des sons. Il y a des voix *fortes*, dont les sons sont forts et bruyants; des voix *douces*, dont les sons sont doux et flûtés ; de *belles voix*, dont les sons sont pleins et harmonieux ; des voix *justes*. Il y a des voix *fausses* ; il y a des voix *flexibles*, *légères* ; il en est de *dures* et *pesantes*. Il y en a dont les beaux sons sont irrégulièrement distribués : aux unes, dans le bas ; aux autres, dans le haut ; à d'autres, dans le médium, etc. (1). Ni la physiologie ni la physique ne rendent encore raison de ces diverses qualités de voix.

De même que la voix et la parole, le chant est un effet de l'état de société ; il suppose l'existence de l'ouïe et de l'intelligence. Il est en général employé à peindre les besoins instinctifs, les passions, les divers états de l'esprit. La joie, la tristesse, l'amour heureux ou malheureux, excitent des chants divers.

Usage du chant.

Le chant peut être articulé. Alors, au lieu d'exprimer simplement des sentiments, il devient un moyen d'expression de la plupart des actes de l'intelligence, mais particulièrement de ceux qui sont liés avec les passions *sociales*.

La déclamation est une espèce particulière de chant, les intervalles des tons n'y sont pas entièrement harmoniques, et les tons eux-mêmes ne sont pas complètement appréciables. Il paraît que chez les anciens la déclamation différait beaucoup

---

(1) J.-J. Rousseau, *Dictionnaire de Musique*.

moins du chant que chez les modernes : elle avait probablement de l'analogie avec ce que nous nommons le *récitatif* dans nos opéras.

Les langues méridionales, qui sont très-accentuées, c'est-à-dire qui varient beaucoup en tons dans la simple prononciation, sont très-propres à être chantées.

Voix inspiratoire.

Toutes les modifications de la voix, que nous venons d'étudier, sont produites lors de la sortie de l'air de la poitrine. La voix peut aussi être formée dans le moment où l'air traverse le larynx pour pénétrer dans la trachée ; mais cette voix *inspiratoire* est rauque, inégale, peu étendue ; on ne peut que difficilement en varier les tons ; enfin, par les caractères mêmes du phénomène, on peut juger qu'il ne se passe pas selon les lois ordinaires de l'économie. On peut aussi parler et chanter en inspirant. Certaines personnes parviennent de cette manière à produire des sons d'un octave et plus, au-dessus de la voix de femme la plus haute (*soprano*). On ignore les modifications qu'éprouvent les lèvres de la glotte dans la production de la voix inspiratoire.

Parole et chant inspiratoires.

Art des ventriloques.

Puisque l'homme peut varier, pour ainsi dire, à l'infini les sons appréciables ou inappréciables de sa voix, qu'il en peut changer à volonté et de mille manières l'intensité, le timbre, etc., rien ne doit être plus facile pour lui que d'imiter exactement les divers sons qui frappent son oreille : c'est en effet ce qu'il exécute dans plusieurs circonstances. Beaucoup de personnes imitent parfaitement la voix et la prononciation d'autres personnes, celle des acteurs, par exemple. Les chasseurs imitent les différents cris du gibier, et réussissent à l'attirer par ce moyen dans leurs piéges.

Un art est né de cette faculté qu'a l'homme d'imiter les différents bruits ou sons qu'il entend; mais les individus qui le possèdent, et qui portent le nom de *ventriloques*, n'ont point reçu de la nature une organisation vocale différente de celle des autres hommes : ils doivent posséder à un certain degré la capacité d'observer les diverses altérations qu'éprouvent les sons par la distance et les localités, etc., et avoir les organes de la voix et de la parole bien disposés, afin qu'ils puissent aisément produire les sons qu'ils veulent imiter.

Les fondements sur lesquels repose cet art sont faciles à saisir : nous avons instinctivement reconnu, par l'expérience, que les sons s'altèrent par plusieurs causes : par exemple, qu'ils s'affaiblissent, deviennent moins distincts, et changent de timbre à mesure qu'ils s'éloignent de nous. Un homme est descendu au fond d'un puits, il veut parler aux personnes qui sont à l'ouverture : sa voix n'arrivera à leur oreille qu'avec des modifications dépendantes de la distance, et de la forme du canal qu'elle a parcouru. Si donc une personne remarque ces modifications et s'exerce à les reproduire, il fera naître des illusions d'acoustique, dont on ne pourra pas plus se défendre que de voir les objets plus gros si l'œil est armé d'une loupe : l'erreur sera complète si l'artiste emploie d'ailleurs les prestiges convenables pour détourner ou pour fixer l'attention des auditeurs.

Plus l'artiste aura de talent, plus les illusions seront nombreuses; mais il faut se garder de croire qu'un ventriloque (1) produise les sons vocaux et articule par des procédés particuliers. Sa voix se forme à la manière ordinaire; seulement il en modifie à son gré le volume, le timbre, etc.; et, quant à la parole, s'il lui arrive de prononcer sans remuer les lèvres, c'est qu'il a soin d'employer des

---

(1) Les mots *ventriloque*, *engastrimisme*, et autres qui ont la même signification, ont pu être employés dans l'enfance de la science; mais ils devraient être bannis aujourd'hui du langage scientifique.

mots dans lesquels il n'entre point de lettres labiales qui nécessiteraient inévitablement le mouvement des lèvres. Sous un certain rapport, l'art du ventriloque est à l'oreille ce que la peinture est pour les yeux.

Modifications de la voix dans les âges.

Le larynx est proportionnellement très-petit chez le fœtus et l'enfant naissant; son peu de volume contraste avec celui de l'os hyoïde, de la langue et des autres organes de la déglutition, qui sont déjà très-développés. En outre, il est arrondi, le cartilage thyroïde ne fait point de saillie au cou.

Modification de la voix dans les âges.

Les lèvres de la glotte, les ventricules, les ligaments supérieurs, sont très-courts, proportionnellement à ce qu'ils seront par la suite; car, le cartilage thyroïde étant peu développé, l'espace qu'ils occupent est nécessairement peu considérable. Les cartilages sont flexibles et loin d'avoir la consistance qu'ils auront par la suite.

Le larynx conserve à peu près ces caractères jusqu'à la puberté : à cette époque, il se fait une révolution générale dans l'économie. Le développement des organes génitaux détermine un accroissement rapide dans la nutrition de plusieurs organes, et celui de la voix est du nombre.

L'activité plus grande de nutrition se fait d'abord

Modification
de la voix
dans les
usages.

remarquer dans les muscles ; ensuite, mais plus lentement, elle se montre dans les cartilages : alors la forme générale du larynx se modifie ; le cartilage thyroïde se développe dans sa partie antérieure, il fait saillie au cou, mais d'une manière bien plus prononcée chez l'homme que chez la femme. De cette circonstance résulte un alongement considérable des lèvres de la glotte ou des muscles thyro-aryténoïdiens ; et ce phénomène est bien plus digne de remarque que l'agrandissement général de la glotte, qui arrive concurremment.

Ces changements du larynx, quoique rapides, ne se font pas cependant tout à coup ; il faut quelquefois six ou huit mois avant qu'ils soient terminés.

Au-delà de la puberté, le larynx ne subit pas d'autres changements bien remarquables ; son volume et la saillie du cartilage thyroïde vont seulement en se prononçant davantage.

Chez l'homme adulte, les cartilages s'ossifient partiellement.

Dans la vieillesse, l'ossification des cartilages continue et devient à peu près complète ; la glande épiglottique diminue considérablement, et les muscles intrinsèques, mais surtout ceux qui forment les lèvres de la glotte, diminuent en volume, deviennent moins foncés en couleur, perdent de leur élasticité ; enfin ils éprouvent les mêmes modifications que le système musculaire en général.

La production de la voix supposant l'entrée et la sortie de l'air de la poitrine, le fœtus, plongé au milieu du liquide de l'*amnios*, ne peut la présenter ; mais, au moment même de la naissance, l'enfant peut produire des sons aigus assez intenses.

Vagitus est le nom que les Latins ont donné à cette voix, ou plutôt à ce cri par lequel l'enfant exprime ses besoins, ses souffrances. Rappelons-nous que c'est là l'objet du cri.

Vagitus.

Vers la fin de la première année, l'enfant commence à former des sons qui se distinguent aisément du vagitus. Ces sons, d'abord vagues, irréguliers, deviennent bientôt plus distincts et plus suivis : c'est alors que les nourrices commencent à leur faire prononcer les mots les plus simples, et successivement ceux qui sont plus compliqués.

La prononciation des enfants est loin de ressembler à celle des adultes ; mais aussi quelle différence entre les organes des uns et des autres ! Chez les enfants, les dents ne sont point encore sorties de leurs alvéoles ; la langue est, comparativement, très-volumineuse ; les lèvres se trouvent plus grandes qu'il ne faut pour couvrir antérieurement les mâchoires quand elles sont rapprochées ; les cavités nasales sont très-peu développées, etc.

Voix chez les enfants.

Ce n'est que par degrés, et à mesure que la conformation des organes de la prononciation se rapproche de celle de l'adulte, que les enfants arrivent à articuler nettement les diverses combinaisons de lettres. Ils ne parviennent à former des sons appréciables, ou à chanter, que long-temps après qu'ils ont acquis la faculté de parler.

Cette espèce de sons est la voix proprement dite ou acquise : l'enfant ne la présenterait pas s'il était sourd. Elle n'est donc pas une modification du vagitus.

Jusqu'à l'époque de la puberté, le larynx reste proportionnellement très-petit, ainsi que les lèvres de la glotte : aussi la voix se compose-t-elle entièrement de sons aigus. Il est physiquement impossible que le larynx puisse en produire de graves.

Voix
à la puberté.
Mue
de la voix.

A la puberté, la voix éprouve, particulièrement chez l'homme, une modification remarquable : elle acquiert en peu de jours, souvent même tout à coup, une gravité et un timbre sourd qu'elle était loin d'avoir auparavant. Elle baisse en général d'une octave. La voix du jeune homme *mue*, selon l'expresssion vulgaire. Dans certains cas, la voix se perd presque entièrement, et ne reparaît qu'après quelques semaines ; fréquemment elle contracte une *raucité* marquée. Il arrive parfois que le jeune homme produit involontairement un son très-aigu dans le moment où il voudrait rendre un son grave : il ne lui est guère possible alors de produire des sons appréciables ou de chanter juste.

Cet état de choses se prolonge en général durant une année, après quoi la voix reprend un timbre plus ou moins clair, qui durera toute la vie; mais il se rencontre des individus qui perdent à jamais, durant la mue de la voix, la faculté de chanter; d'autres qui, ayant une voix belle et étendue avant la mue, n'ont plus, passé cette époque, qu'une voix médiocre et limitée.

La gravité qu'acquiert la voix dépend évidemment du développement du larynx, et surtout de l'alongement des lèvres de la glotte. Comme ces parties ne peuvent point s'alonger en arrière, elles le font en avant : aussi est-ce à ce moment que le larynx devient saillant au cou, et que la *pomme d'Adam* se montre. Chez la femme, les lèvres de la glotte ne présentent point, à la puberté, cet accroissement de largeur : aussi la voix reste-t-elle en général aiguë.

Voix chez l'adulte:

La voix conserve à peu près les mêmes caractères jusqu'au-delà de l'âge adulte; du moins les modifications subies dans l'intervalle sont peu considérables, et ne portent guère que sur le timbre et le volume. Vers la première vieillesse, la voix change de nouveau, son timbre s'altère, son étendue diminue, le chant est plus difficile; les sons deviennent criards, et ne sont plus produits qu'avec peine et fatigue. Les organes de la prononciation s'étant altérés par l'effet de l'âge, les dents étant plus courtes, quelques-unes ordinairement tombées, celle-ci est aussi sensiblement altérée.

Voix du vieillard.

Tous ces phénomènes deviennent plus prononcés avec la vieillesse confirmée. La voix est faible, chevrotante, cassée ; le chant porte les mêmes caractères, ce qui dépend alors de la manière dont s'exerce la contraction musculaire. La parole subit aussi des modifications remarquables : la lenteur des mouvements de la langue, l'absence des dents, la longueur proportionnelle des lèvres plus considérables, etc., doivent nécessairement influer sur la prononciation.

Rapports de l'ouïe et de la voix.

Rapports
de l'ouïe
et de la voix.

Nous avons déjà fait connaître la liaison de la voix et de l'ouïe : elle est telle, qu'un enfant sourd de naissance est nécessairement muet, qu'une personne dont l'oreille est fausse a nécessairement la voix fausse, qu'un individu dont l'ouïe est dure est instinctivement porté à parler très-haut, etc.

Qu'on ne croie pas cependant que le larynx du sourd de naissance soit incapable de former la voix : nous avons déjà dit qu'il produit le cri. L'art parvient, par divers procédés, à lui faire produire la voix ; on arrive même à faire parler des sourds-muets de naissance, de manière à leur donner moyen de soutenir une conversation ; mais leur voix est rauque, sourde, inégale : ses différentes inflexions surviennent sans aucun motif et très-inégalement. Je ne crois pas qu'un sourd-muet de naissance soit jamais parvenu à chanter.

Il y a quelques exemples de personnes qui ont acquis l'ouïe à un âge où elles pouvaient rendre compte de leurs sensations; chez toutes, la voix s'est développée peu de temps après que les individus sont devenus habiles à ouïr.

Les *Mémoires de l'Académie des Sciences*, année 1703, contiennent un exemple de ce genre, arrivé chez un jeune homme de Chartres, âgé de vingt-quatre ans, « qui, au grand étonnement de toute la ville, se mit tout à coup à parler. On sut de lui, que, trois ou quatre mois auparavant, il avait entendu le son des cloches, et avait été extrêmement surpris de cette sensation nouvelle et inconnue; ensuite il lui était sorti une espèce d'eau de l'oreille gauche, et il avait entendu parfaitement des deux oreilles. Il fut trois ou quatre mois à écouter sans rien dire, s'accoutumant à répéter tout bas les paroles qu'il entendait, et s'affermissant dans la prononciation et dans les idées attachées aux mots. Enfin, il se crut en état de rompre le silence, et il déclara qu'il parlait, quoique ce ne fût encore qu'imparfaitement. Aussitôt d'habiles théologiens l'interrogèrent, etc. »

Histoire du sourd-muet de Chartres.

Il est malheureux pour la science que ce jeune homme n'ait point été observé par des physiologistes; peut-être son histoire serait-elle devenue plus intéressante et surtout plus digne de confiance; car, telle qu'elle est racontée, elle se trouve démentie par plusieurs faits sur lesquels il ne peut s'élever aucun doute ; par exemple, celui qui s'est passé à Paris il y a quelques années :

Sourd-muet de M. Itard.

Un jeune sourd-muet de naissance, âgé de quinze ans, fut guéri de la surdité par M. le docteur Itard, au moyen d'injections faites dans la caisse par une ouverture pratiquée à la membrane du tympan. Le jeune sourd reconnut d'abord le son des cloches voisines ; il éprouva dans ce moment une émotion très-vive, mal à la tête, des vertiges et des étourdissements. Le lendemain, il fut sensible au bruit de la sonnette de l'appartement ; vingt jours après il put reconnaître la voix des personnes qui lui parlaient. Alors son ravissement fut extrême ; il ne pouvait se rassasier d'entendre parler. « Ses yeux, dit M. le professeur Percy, venaient chercher la parole jusque sur les lèvres. » Sa voix ne tarda pas à se développer. Il ne forma d'abord que des sons vagues ; peu de temps après il put bégayer quelques mots, mais il les prononçait mal et à la manière des enfants. Il fallut quelque temps avant qu'il pût prononcer des mots un peu composés et contenant plusieurs consonnes. On lui fit entendre une vielle organisée, sans qu'il eût été prévenu ; on le vit tout-à-coup trembler, pâlir, et sur le point de tomber en syncope, puis éprouver tous les transports que cause un plaisir vif et inconnu : ses joues colorées, ses yeux étincelants, sa respiration précipitée, son pouls rapide, annonçaient une sorte de délire, d'ivresse de bonheur.

On aurait certainement reconnu encore plusieurs phénomènes surprenants sur ce jeune homme, si une maladie n'était venue l'enlever aux médecins philosophes qui l'observaient ; heureusement ce qui n'a pu être étudié sur cet enfant l'a été dans plusieurs autres cas semblables dont j'ai moi-même été témoin. J'ai déjà parlé d'Honoré Trésel et commencé son histoire (voy. t. I, p. 148). Je vais la terminer :

Cependant tout l'intérêt d'Honoré pour les sensations que lui procurait son ouïe ne l'avait pas empêché de faire une observation des plus importantes. Son larynx formait aussi des sons ; au plaisir de les entendre vint se joindre celui de les produire. C'est ici que Trésel a présenté les phénomènes les plus curieux et les plus neufs.

Fin de l'Histoire d'Honoré Trésel.

L'instrument de la voix se compose d'un grand nombre de pièces différentes, parmi lesquelles se trouvent des muscles, des os, des cartilages, des membranes; il eût été admirable que, sans un exercice préparatoire, toutes ces pièces, tous ces organes se fussent mis à agir de concert, de manière à produire des sons vocaux et des articulations appréciables; c'est ce qui n'arriva point. Les premiers sons que Trézel put former étaient sourds et graves; il prononça, non sans peine, *a, o, u;* les deux autres voyelles ne vinrent que plus tard,

I.   22

et les premiers mots qu'il forma furent *papa*, *tabac*, *du feu*, etc. Mais quand il voulut reproduire des mots plus compliqués, il fit une multitude de contorsions des lèvres, de la langue et de tous les agents de la prononciation, dont il ignorait entièrement l'usage, ressemblant en cela à celui qui débute dans l'art de la danse ou de la natation, et qui se consume en efforts inutiles et en mouvements disgracieux.

A force de tentatives, il parvint à prononcer quelques mots composés qui avaient été d'abord au-dessus de ses moyens.

C'est à ce moment qu'il se crut au niveau des autres enfants de son âge, et que, satisfait de lui-même et fier de sa nouvelle situation, il prit en grand dédain ses anciens compagnons d'infortune, et ne voulut plus les voir ; manifestant ainsi l'un des instincts les plus déplorables de la nature de notre espèce.

Malgré ce mouvement de vanité, Trésel avançait peu dans la prononciation. Un grand nombre de syllabes lui échappaient, ou bien il ne les articulait que d'une manière extrêmement défectueuse. Peut-être n'aurait-il jamais franchi cette difficulté, si son instituteur n'eût cessé de s'adresser uniquement à ses oreilles, pour parler en même temps à ses yeux.

On lui traça sur un tableau les diverses syllabes, et, dès ce moment, il les prononça beaucoup mieux, saisissant avec bien plus de netteté l'assemblage des voyelles et des consonnes et leur influence réciproque. Témoins de cet essai, nous pûmes constater ainsi un fait fort remarquable : c'est que l'association de la vue et des mouvements du larynx était prompte et facile, tandis que celle de l'ouïe et de l'organe de la voix était toujours difficile et ne s'exerçait qu'avec lenteur. Par exemple, aussitôt qu'Honoré apercevait des syllabes écrites, il les prononçait, si en même temps on les faisait retentir près de lui ; mais si on enlevait le tableau où les lettres étaient tracées, en vain articulait-on à son oreille, de la manière la plus distincte, certaines syllabes : il lui était impossible de les articuler lui-même. Il saisissait donc bien plus facilement les rapports des sons avec les lettres écrites, qu'avec l'action de son larynx.

Toutefois, en suivant ce procédé, Trésel a appris à lire et à écrire d'une manière assez rapide ; mais, semblable, aux personnes qui étudient une langue étrangère, et qui, en général, la lisent et l'écrivent long-temps avant de pouvoir la parler, encore aujourd'hui Honoré lit des yeux et écrit infiniment mieux qu'il ne parle. Sa prononciation est très-défectueuse ; les *r r* surtout ronflent dans sa bouche d'une manière singulière et désagréable. Les diverses nuances de l'accent lui paraissent inconnues ; mais, quand on pense à son point de départ, on doit être satisfait de lui voir ce degré d'instruction après un intervalle aussi court.

Honoré présente en outre un phénomène qui a fixé l'attention des commissaires de l'Académie des Sciences, chargés de l'examiner. Quand on lui dit un mot bien distinctement, il le répète aussitôt ; quand on l'appelle, par exemple, il ne manque pas de répéter son nom ; l'important pour lui est de parvenir à reproduire le mot qu'il vient d'entendre. Si son instituteur veut s'adresser à son esprit, ce sont des gestes ou l'expression de son visage qu'il emploie. L'enfant lui-même n'exprime facilement et promptement ses idées que par des signes, et c'est seulement par l'emploi de ces signes qu'il est possible de juger de son intelligence et de la promptitude de ses conceptions.

Sous ce point de vue, Honoré offre un phénomène bien digne d'intérêt. Ayant acquis un nouveau moyen d'exprimer ses besoins et ses idées, il aurait dû — du moins cela semblait probable — négliger celui dont il s'était servi jusqu'alors, et qui est si inférieur à la parole ; jusqu'ici c'est le contraire qui est arrivé ; le langage naturel, c'est-à-dire celui des signes, au lieu de perdre et d'être remplacé graduellement par la parole, a gagné avec rapidité et a acquis une perfection et un piquant de beaucoup supérieur à celui qu'il offrait avant qu'Honoré eût recouvré l'ouïe.

Cependant, dans ses rapports avec les enfants

de son âge, Honoré commence à employer des
mots simples, et particulièrement des substantifs
pour faire connaître ses principaux désirs. Peut-
être le temps le portera-t-il à faire un usage plus
fréquent et plus complet de la parole; mais peut-
être aussi restera-t-il fort au-dessous des autres
hommes sous ce rapport; car nous avons de nombreux exemples d'enfants qui sont, pour ainsi
dire, muets, uniquement parce qu'il leur faut un
certain effort de l'oreille pour saisir les mots, et
un travail quelque peu difficile du larynx pour
parler : trouvant un moyen facile de communication par l'emploi des signes, ils négligent
d'exercer l'oreille et les organes de la parole,
et restent ainsi classés parmi les sourds-muets,
bien qu'en réalité ils ne soient ni muets, ni
sourds.

J'ai écrit cette observation en 1825; depuis cette
époque Honoré, a continué de recevoir les soins
de tous genres de M. Deleau. L'Académie des
Sciences a fourni aux frais de son éducation, ainsi
qu'à celle de plusieurs autres enfants sourds, aussi
heureusement rendus à l'ouïe. Il a sans doute fait
de grands progrès; on peut dire, sans rien exagé-
rer, qu'il entend et qu'il parle. Mais avouons cependant qu'il est encore loin des autres enfants de
son âge, qui n'ont jamais été sourds-muets; il ne faut
pas même une grande attention pour reconnaître son
infériorité. Si le temps n'apportait de grandes amé-

liorations dans sa position, nous serions forcés de conclure qu'un sourd-muet de naissance ne peut point être appelé, même par une éducation spéciale et prolongée pendant huit ans, à vivre en société à la manière des autres hommes.

D'autres cas analogues, que j'ai sous les yeux, sembleraient annoncer que si l'ouïe est donnée au sourd-muet dès la cinquième année de leur vie, ils sont beaucoup plus aptes à acquérir la parole et à se servir, comme les autres enfants, de leur oreille et de leur voix, et à abandonner l'usage des signes.

Des sons indépendants de la voix.

Indépendamment de la voix, l'homme peut encore produire à volonté un grand nombre de sons inappréciables ou même appréciables, tels que le bruit qui accompagne l'action de cracher, de se moucher, d'éternuer; celui par lequel on appelle un cheval; celui qui simule le son produit quand on débouche une bouteille; tel est encore le sifflet des dents ou des lèvres, soit qu'on le forme en expirant, soit en inspirant; et une multitude d'autres bruits qui résultent du mouvement des diverses parties de la bouche, et de la manière dont l'air pénètre dans cette cavité ou dont il en sort. Il ne serait sans doute pas impossible de rendre raison du mécanisme de la production de ces différents sons; mais aucun physiologiste physicien n'a pris la peine de s'en occuper. Exceptons cependant le sifflet qui a été récemment l'objet de recherches physiques très-curieuses.

Du sifflet.

Du sifflet.

Les diverses parties mobiles et contractiles qui composent la bouche deviennent à notre volonté un instrument à vent, dont nous pouvons tirer des sons plus ou moins harmonieux. Mais son méca-nisme diffère tout-à-fait de celui du larynx. C'est aux expériences de M. Cagnard-Latour, que nous devons d'en connaître la théorie.

En frottant avec le doigt un carreau de vitre humide, il se produit un son musical plus ou moins aigu, selon que le frottement est plus ou moins rapide. Un bâton garni d'une étoffe tournant dans un tube en verre amène le même résultat. Si l'on agite vivement un bâton dans l'atmosphère, on dis-tingue sans peine que le bruit du frottement aérien est accompagné d'un son musical plus ou moins aigu, suivant la vitesse du mouvement. Un gros bâton, à vitesse égale, forme un son beaucoup plus grave qu'une baguette.

Frottements intermittents.

Ce mode de production de sons appréciables paraît être celui qui appartient au sifflet de la bou-che. Suivant toutes les apparences, l'art de siffler consiste à former avec la bouche un petit conduit dans lequel le frottement de l'air expiré ou inspiré puisse devenir intermittent et produire ainsi un son primitif, qui augmente ensuite d'intensité en communiquant ces vibrations à l'air contenu dans la cavité de la bouche.

Pour vérifier ses idées, **M.** Cagnard-Latour a fait construire de petites rondelles de liége percées dans leur centre d'une ouverture circulaire de trois millimètres de diamètre. Une de ces rondelles étant placée entre les lèvres, on siffle à peu près comme avec l'ouverture des lèvres. Avec la même rondelle se produisent tous les sons compris dans l'étendue d'une octave au moins. Il suffit, pour réaliser cet effet, de régler convenablement la capacité intérieure de la bouche en même temps que la vitesse du courant d'air. Il y a donc analogie entre la bouche qui siffle et l'embouchure de la flûte à bec, qui reste la même, quels que soient les tons produits par l'instrument.

En ajustant la même rondelle à l'extrémité d'un tube de verre, le son du sifflet se fait entendre, et, comme dans la bouche, il a lieu soit pendant l'expiration, soit pendant l'inspiration.

Un autre mode de sifflet est formé en appliquant le bout de la langue contre les dents supérieures et la voûte du palais, si l'on réussit à former un orifice arrondi. Enfin, il en est un autre beaucoup plus difficile à produire et qui paraît créé dans le larynx même, dont la glotte ne serait pas entièrement fermée. Il doit y avoir de l'analogie entre

ce sifflet laryngien et le son que **M.** Savart a obtenu

en soufflant doucement avec la bouche dans des larynx de cadavres, la glotte étant ouverte.

DES ATTITUDES ET DES MOUVEMENTS.

La contraction musculaire n'est pas seulement la cause de la voix, elle préside encore à nos mouvements et à nos attitudes.

L'explication des mouvements et des attitudes de l'homme consiste dans l'application des lois de la mécanique aux organes qui les exécutent.

Nos attitudes et nos mouvements étant extrêmement variés, si l'on voulait les expliquer tous, on y trouverait l'application de la plupart des lois de la mécanique.

Personne ne s'est encore occupé de ce travail d'une manière entièrement satisfaisante; en général on s'est borné aux attitudes et aux mouvements les plus fréquents, et aux applications les plus simples des principes de la mécanique.

Principes de mécanique nécessaires pour l'intelligence des mouvements et des attitudes.

a. Un corps est en mouvement quand ses parties occupent successivement différents points de l'espace.

b. On nomme force toute cause de mouvement.

c. Plusieurs forces peuvent être appliquées à un

Des attitudes et des mouvements.

Forces.

corps sans produire de mouvement, si leurs effets se détruisent mutuellement. On dit alors qu'il y a équilibre.

d. Quand deux forces appliquées en sens contraire à un même point ou aux extrémités d'une ligne droite se font équilibre, ces deux forces sont égales.

Rapports des forces entre elles.

e. Une force A est double d'une force B, si la première peut être considérée comme la réunion de deux forces égales à B.

f. Deux forces seront entre elles comme deux nombres, 7 et 5 par exemple, si elles peuvent être considérées comme la réunion, la première de 7, la seconde de 5, forces toutes égales entre elles.

Les rapports des forces pouvant ainsi être évalués en nombre ou en longueur, on pourra les soumettre, soit au calcul, soit aux constructions géométriques.

Quand un point matériel est sollicité par plusieurs forces qui ne se font point équilibre, il se meut dans une certaine direction. On conçoit que ce mouvement pourrait être produit par l'application d'une seule force. On nomme résultante cette force unique qui pourrait remplacer toutes les autres, et celles-ci, considérées par rapport à la résultante, sont nommées ses composantes.

Résultante et composantes.

g. Pour qu'un système de forces soit en équilibre, il faut que chacune d'elles détruise l'effet de toutes les autres, par conséquent qu'elle soit égale et directement opposée à leur résultante.

h. Si toutes les forces sont dirigées suivant une même ligne droite, leur résultante sera dirigée dans le même sens, et égale à leur somme, si elles tirent toutes du même côté. Si elles tirent de deux côtés opposés, elle sera égale à la différence de la somme des forces qui tirent dans un sens sur les forces qui tirent dans l'autre, et dirigée dans le sens de la plus grande somme.

Résultante et composantes.

i. D'après le rapport connu des trois lignes, si on nous donne la direction de deux forces P et Q, celle de leur résultante R, nous pourrons facilement trouver le rapport des deux forces : elles seront entre elles comme les côtés du parallélogramme construit, en menant d'un point quelconque de la direction de la résultante deux parallèles à la direction des autres forces.

De plus, si l'on a la valeur de la résultante, on aura aussi celle des composantes, puisque le rapport de chacune de ces forces à la résultante est connu par le moyen que je viens d'indiquer.

k. La résultante d'un nombre quelconque de forces parallèles jouit d'une propriété très-remarquable ; c'est que de quelque manière qu'on fasse varier la direction des forces, pourvu qu'elles restent parallèles entre elles, et que leurs points d'application ne soient pas changés, celui de la résultante sera toujours le même, puisque c'est uniquement du rapport de ces forces et de la distance de leurs points d'application que dépend celui de la résultante.

l. Si le corps auquel sont appliquées les forces n'est pas libre dans l'espace, mais assujetti à tourner autour d'un point fixe, on juge bien que, pour qu'il y ait équilibre, il suffira que la résultante de toutes les forces passe par ce point, puisque alors son action, s'exerçant contre un obstacle invincible, restera nécessairement sans effet.

m. Si le corps soumis à l'action des forces est assujetti à se mouvoir autour d'une ligne droite, il suffira pour l'équilibre, que la résultante passe par l'axe fixe qui rendra nul son effet.

n. La pesanteur agit sur chaque molécule des corps, et les sollicite toutes dans des directions sensiblement parallèles; on pourra donc appliquer à ces forces ce qu'on a dit généralement de tout système de forces parallèles : c'est que leur résultante passera toujours par un même point, de quelque manière qu'on fasse varier la direction des forces, c'est-à-dire, dans ce cas, de quelque manière qu'on incline le corps par rapport à la verticale qui est la direction constante de la pesanteur.

Centre de gravité.

Ce point unique d'application de la résultante de toutes les pesanteurs particelles, est ce qu'on nomme centre de gravité.

o. Pour qu'un corps soumis à la seule action de la pesanteur reste en équilibre, il faudra que la verticale, passant par le centre de gravité, rencontre le point d'appui ou de suspension.

p. Si le corps repose sur un plan horizontal, il faut que cette résultante tombe en dedans de l'espace compris entre les points par lesquels il touche le plan : on nomme *base de sustentation* l'espace ainsi circonscrit. Plus cet espace sera grand, toutes choses étant égales d'ailleurs, plus l'équilibre sera assuré.

q. L'équilibre sera stable quand le corps, dérangé infiniment peu de sa position, tendra à y revenir par une suite d'oscillations. Il sera instantané, si, du moment que le corps est dérangé de sa position, il tend à s'en éloigner de plus en plus, jusqu'à ce qu'il ait trouvé une autre position d'équilibre.

r. L'équilibre sera stable quand le centre de gravité sera le plus bas possible, parce que tout changement ne peut que le faire monter contre la tendance qu'il a à descendre. L'équilibre sera instantané quand le centre de gravité sera le plus haut possible, parce que tout changement, ne pouvant que le faire descendre, sera favorisé par la tendance qu'il a déjà.

s. De deux colonnes creuses, formées d'une égale quantité de la même matière, et de même hauteur, celle qui présentera la cavité la plus considérable sera la plus forte.

t. De deux colonnes de même diamètre, mais de

hauteur différente, la plus haute sera la plus faible.

Résistance des ressorts courbes.

v. Le plus grand poids que puisse supporter un ressort qui éprouve de petites flexions, est proportionnel au carré du nombre des flexions, plus un; en sorte que si le ressort présente trois courbures, il supportera un poids seize fois plus considérable que s'il n'en présentait qu'une (1).

Des leviers.

Des leviers.

On définit le levier une ligne inflexible qui tourne autour d'un point fixe.

On distingue dans un levier le point d'appui, le point où agit la puissance, celui où se fait la résistance, ou simplement le point d'appui, la puissance et la résistance.

Selon la position respective du point d'appui, de la puissance et de la résistance, le levier est du premier, second ou troisième genre.

Leviers du premier genre.

Dans le levier du premier genre, le point d'appui est entre la résistance et la puissance; la résistance est à une extrémité, et la puissance à l'autre extrémité.

Le levier du deuxième genre est celui où la résistance est entre la puissance et le point d'appui,

---

(1) J'ai emprunté presque tout cet article aux *Recherches sur la Mécanique animale,* par M. Roulin, et insérées dans mon *Journal de Physiologie.*

ét où le point d'appui et la puissance occupent chacun une extrémité.

Enfin, dans le levier du troisième genre, c'est la puissance qui est entre la résistance et le point d'appui, tandis que la résistance et le point d'appui sont aux extrémités.

Levier du troisième genre.

On distingue encore dans un levier le bras de la puissance et celui de la résistance. Le premier comprend la portion du levier qui s'étend du point d'appui à la puissance; le second est la portion de levier qui sépare le point d'appui de la résistance.

Bras du Levier.

Lorsque dans le levier du premier genre le point d'appui occupe exactement le milieu du levier, on dit alors que le levier est à bras égaux; quand le point d'appui se rapproche de la puissance ou de la résistance, on dit alors que le levier est à bras inégaux.

La longueur du bras de levier donne plus ou moins d'avantage, soit à la puissance, soit à la résistance. Si le bras de la puissance, par exemple, est plus long que celui de la résistance, l'avantage est pour la puissance, dans la proportion de la longueur de son bras à celle du bras de la résistance; en sorte que si le premier de ces bras est double ou triple du second, il suffira que la puissance soit la moitié ou le tiers de la résistance, pour que les deux forces se fassent équilibre.

Influence de la longueur du bras du levier.

Dans le levier du second genre, le bras de la puissance est nécessairement plus long que celui de la résistance, puisque celle-ci est entre la puissance et le point d'appui, tandis que la puissance est à une extrémité. Ce genre de levier est toujours avantageux à la puissance.

C'est le contraire pour le levier du troisième genre, puisque dans ce levier la puissance est placée entre la résistance et le point d'appui, tandis que la résistance occupe une extrémité.

Le levier du premier genre est le plus favorable à l'équilibre ; le levier du second genre est le plus favorable pour vaincre une résistance, et le levier du troisième genre est celui qui favorise le plus la rapidité et l'étendue des mouvements.

Insertion de la puissance sur le levier.

La direction selon laquelle la puissance s'insère sur un levier est importante à remarquer. L'effet de la puissance est d'autant plus considérable, que sa direction approche davantage d'être perpendiculaire à celle du levier. Lorsque cette dernière condition est remplie, la totalité de la force est employée à surmonter la résistance, tandis que, dans les directions obliques, une partie de cette force tend à faire mouvoir le levier dans sa propre direction, et cette portion de force est détruite par la résistance du point d'appui.

Le principe général d'équilibre des leviers consiste en ce que, quelque direction qu'aient les forces, elles sont toujours entre elles en raison inverse des perpendiculaires abaissées du point fixe sur leur direction.

Force motrice.

On appelle *inertie* cette propriété générale des corps, en vertu de laquelle ils persévèrent dans leur état de mouvement ou de repos, tant qu'aucune cause étrangère n'agit sur eux.

Inertie.

La force qui produit le mouvement doit se mesurer par la quantité de mouvement produite. Cette quantité s'estime en multipliant la masse par la vitesse acquise.

Causes qui influent sur le mouvement.

Cette vitesse peut s'acquérir de deux manières différentes, ou par l'action continuée d'une force, comme celle de la pesanteur, ou par l'effet d'une force qui produit instantanément une vitesse finie.

Il est facile de conclure de ce qui précède, que tout effort exercé sur un corps libre produira un mouvement. La direction de ce mouvement, la vitesse acquise et l'espace parcouru par le corps, dépendront 1° de l'effort ou de sa masse, 2° de l'intensité de l'action exercée sur lui, et 3° des forces qui le solliciteront pendant son mouvement.

Ainsi, un corps lancé par la main acquiert instantanément une vitesse d'autant plus grande, que l'effort est plus grand et que la masse est moindre : l'action continuelle de la pesanteur modifie sans cesse et cette vitesse et la direction du mouvement qui cesse lorsque le corps est tombé sur la surface de la terre. Le mouvement est encore ralenti par la résistance de l'air, dont l'effet augmente avec la vitesse du corps, l'étendue de la surface qui frappe continuellement l'air, et la légèreté spécifique du corps.

Un corps inorganique ne peut par lui-même changer l'état dans lequel il se trouve. Immobile, il persiste à l'état du repos, jusqu'à ce qu'une force quelconque lui soit appliquée. Devenu mobile par l'action instantanée d'une certaine force, il persiste à l'état de mouvement uniforme et en ligne droite, jusqu'à ce qu'une force nouvelle vienne modifier ou détruire l'effet de la première.

Mouvement uniforme.

On nomme mouvement *uniforme* celui dans lequel le mobile parcourt en des temps égaux des espaces toujours égaux. Le mouvement est *accéléré* quand les espaces parcourus deviennent de plus en plus grands ; *retardé*, quand ils deviennent de plus en plus petits, les temps restant toujours égaux.

Accéléré.

Retardé.

D'après ce que nous avons dit plus haut, on voit que le mouvement accéléré ou retardé nécessitera à chaque instant l'application de forces nouvelles.

Vitesse.

Dans le mouvement uniforme, l'espace parcouru dans un temps donné pourra être plus ou moins grand, suivant l'intensité de la force qui a été appliquée. Ce rapport du temps à l'espace parcouru par le mobile détermine ce qu'on nomme sa vitesse.

Si dans le même temps qu'un corps A parcourt un espace de trois mètres, un autre corps B parcourt un espace de 5 mètres, on dira que la vitesse du premier est à celle du second comme 3 est à 5.

Il arrive souvent qu'on exprime une vitesse par un nombre absolu, mais ce nombre ne représente que le rapport de cette vitesse avec une autre qu'on n'énonce pas, mais qu'on est convenu de prendre pour unité.

Si un corps, dans l'unité du temps (la seconde par exemple), parcourt l'unité d'espace, que nous supposerons le mètre, sa vitesse est celle qu'on choisit pour terme de comparaison, et qu'on représente par l'unité. Si toujours dans le même temps un second corps parcourt 5 mètres, sa vitesse, 5 fois plus grande que celle du premier, sera représentée par 5. Si un troisième corps emploie trois secondes à parcourir ces 5 mètres, que le deuxième parcourait dans une, sa vitesse sera soustriple : par conséquent la deuxième étant 5, celle-ci sera $\frac{5}{3}$. On obtiendra donc l'expression de la vitesse en divisant le nombre qui représente l'espace par celui qui représente le temps, ce qu'on exprime ordinairement plus brièvement en disant que la vitesse est égale à l'espace divisé par le temps.

Vitesse.

A masse égale les vitesses seront proportionnelles aux forces.

A vitesse égale les forces sont proportionnelles aux masses ; car l'effet d'une force qui met en mouvement un corps libre est d'imprimer une même vitesse à toutes les molécules de ce corps, et par conséquent l'intensité de la force sera proportionnelle au nombre de ces molécules ou à la masse du corps. La mesure d'une force est donc représentée par la somme des forces qui animent toutes les molécules, et, comme on le dit ordinairement, l'effet d'une force a pour mesure la masse multipliée par sa vitesse.

A forces égales, les vitesses seront réciproquement proportionnelles aux masses. Ainsi, si à un corps mobile vient se joindre un corps immobile, de manière à ce que le premier ne puisse plus se mouvoir sans le second, le mouvement se répandra uniformément dans les deux, de manière à ce qu'ils puissent se mouvoir avec des vitesses égales ; il faudra donc qu'il s'y distribue proportionnellement aux masses, et la vitesse résultante sera à la vitesse du premier corps, comme la masse de ce premier corps est à la masse des deux réunis.

Frottement.

On appelle *frottement* la résistance qu'on est obligé de vaincre pour faire glisser un corps sur un autre.

Adhésion.

On nomme *adhésion* la force qui unit deux corps polis, appliqués l'un sur l'autre. Cette force se me-

sure par l'effort que l'on exerce perpendiculairement à la surface de contact pour séparer les deux
corps.

Plus les surfaces en contact sont polies , plus
l'adhésion est grande , et plus le frottement est faible : aussi, tant qu'il ne s'agira que de faire glisser
un corps sur un autre , il y aura toujours de l'avantage à rendre les surfaces polies , ou à interposer
entre elles un liquide.

Des os.

Les os , déterminant la forme générale du corps
et ses dimensions, remplissent, à raison de leurs
propriétés physiques , un usage très-important dans
les différentes positions et mouvements du corps :
ce sont eux qui forment les différents leviers que
présente la machine animale , et qui transmettent
le poids de nos parties sur le sol. Comme leviers,
ils sont employés tantôt comme du premier genre,
tantôt comme du second ou du troisième. Quand il
s'agit d'équilibre , c'est presque toujours le levier
du premier genre qui est employé ; s'il y a une résistance considérable à surmonter , ils représentent
un levier du second genre. Dans les autres mouvements, ils sont employés comme leviers du troisième genre , lequel , comme on sait , désavantageux
à la puissance, favorise l'étendue et la rapidité des
mouvements. La plupart des saillies et des émi-

Organes
des attitudes
et des mou-
vements.

nences des os ont pour usage de changer la direction des tendons, et de faire qu'ils s'y insèrent dans une direction moins éloignée de la perpendiculaire.

Comme moyen de transmission du poids, les os représentent des colonnes superposées, presque toujours creuses, ce qui augmente de beaucoup la résistance générale que présente le squelette et celle de chaque os en particulier.

Forme des os.

Forme
des os.

On distingue les os en os courts, en os plats, et en os longs.

Les os courts se trouvent dans les parties où il faut beaucoup de solidité et peu de mobilité, comme aux pieds, à la colonne vertébrale.

Les os plats ont pour principal usage de former les parois des cavités; cependant ils concourent aussi avantageusement aux mouvements et aux attitudes par l'étendue de la surface qu'ils présentent pour l'insertion des muscles.

Les os longs sont principalement destinés à la locomotion; ils ne se trouvent qu'aux membres. La forme de leur corps et celle de leurs extrémités méritent d'être remarquées. Le corps est la partie de ces os qui présente le moins de volume; il est en général arrondi : les extrémités, au contraire, sont toujours plus ou moins volumineuses.

La disposition du corps de l'os concourt à l'élégance de la forme des membres ; le volume des extrémités articulaires, outre le même usage, assure la solidité des articulations, et diminue l'obliquité de l'insertion des tendons sur les os.

Les os courts sont presque entièrement composés de substance spongieuse, d'où il résulte qu'ils peuvent présenter une surface considérable sans être trop pesants. Il en est de même pour l'extrémité des os longs ; mais le corps de ceux-ci présente la substance compacte en très-grande quantité, ce qui lui donne une grande résistance, laquelle était nécessaire, puisque c'est dans le corps des os longs que viennent aboutir les efforts que supportent ces os.

Structure des os.

Le tissu spongieux des os courts et de l'extrémité des os longs est rempli par le suc médullaire ou par le sang.

La cavité du corps des os longs est remplie par la moelle.

Articulations des os.

On les distingue en celles qui ne permettent pas de mouvements et en celles qui en permettent.

Des différentes espèces d'articulations.

La première division présente des sous-divisions, fondées sur la forme des surfaces articulaires.

Les secondés en présentent aussi qui sont fondées sur la disposition des surfaces articulaires et sur l'espèce de mouvement que les articulations permettent.

Articulations mobiles. Dans les articulations mobiles, les os ne se touchent jamais immédiatement ; il y a toujours entre eux une substance élastique diversement disposée selon les articulations, et destinée à supporter aisément les plus fortes pressions, à amortir les chocs et à favoriser les mouvements. Tantôt cette substance est unique, adhère également à la surface des deux os qui s'articulent, et constitue les articulations de *continuité*. Elle est alors de nature fibrocartilagineuse. Tantôt cette substance forme une couche particulière à chaque surface articulaire : c'est ce qui se voit dans les articulations de *contiguité*. Dans ce cas, la substance est cartilagineuse.

On dit que la substance qui, dans ce genre d'articulation, revêt les os, est formée de fibres disposées les unes à côté des autres, et perpendiculaires à la surface articulaire qu'elles revêtent : cette opinion nous paraît mériter de nouvelles recherches. Les cartilages ont plutôt l'apparence d'être formés d'une couche homogène.

Synovie. Les articulations ainsi disposées présentent les dispositions les plus favorables au glissement. Les surfaces en contact sont très-polies, et un liquide particulier, la *synovie*, vient continuellement se placer entre elles. Pour les mêmes raisons, l'adhésion est très-grande, et cette circonstance ajoute à la solidité de l'articulation en contribuant à prévenir les déplacements.

Dans certaines articulations mobiles on trouve entre les surfaces articulaires des substances fibro-cartilagineuses non adhérentes à ces surfaces. On leur a donné pour usage de former des espèces de coussins qui, cédant à la pression et revenant ensuite sur eux-mêmes, protégent les surfaces articulaires auxquelles ils correspondent. Elles se trouvent, dit-on, à cet effet, dans les articulations qui supportent les pressions les plus considérables. Nous pensons que cette opinion n'est pas suffisamment fondée. En effet, l'articulation de la hanche et surtout l'articulation du pied, qui supporte habituellement les efforts les plus considérables, n'en présentent point. N'ont-elles pas plutôt pour usage de favoriser l'étendue des mouvements et de prévenir les déplacements ?

Cartilages et fibro-cartilages articulaires.

Autour et quelquefois à l'intérieur des articulations, on trouve des corps fibreux, nommés *ligaments*, et qui ont pour double usage de maintenir les os dans leurs rapports respectifs, et de limiter les mouvements qu'ils exécutent les uns sur les autres.

Ligaments.

Attitudes de l'homme.

Examinons l'homme dans les différentes positions qu'il peut prendre, et d'abord dans l'état de

Station debout.

station le plus ordinaire, c'est-à-dire, sur ses pieds.

Nous voyons en premier lieu que la tête, unie intimement avec l'atlas, forme avec lui un levier du premier genre, dont le point d'appui est dans l'articulation des masses latérales de l'atlas et de l'axis, tandis que la puissance et la résistance occupent chacune une extrémité du levier, et sont placées l'une à la face, l'autre à l'occiput.

Le point d'appui étant plus près de l'occiput que de la partie antérieure de la face, la tête tend, par son poids, à tomber en avant; mais elle est retenue en équilibre par la contraction des muscles qui s'attachent à sa partie postérieure. C'est donc la colonne vertébrale qui supporte la tête, et qui doit en transmettre le poids à son extrémité inférieure.

Les membres supérieurs, les parties molles du cou, du thorax, la plus grande partie de celles qui sont contenues dans la cavité abdominale, pèsent, soit médiatement, soit immédiatement, sur la colonne vertébrale.

A raison du poids considérable de ces parties, il était nécessaire que la colonne vertébrale présentât une grande solidité.

En effet, le corps des vertèbres, les fibro-cartilages intervertébraux, les divers ligaments qui les réunissent, forment un tout d'une grande solidité. Si l'on réfléchit ensuite que la colonne vertébrale est formée de portions de cylindres superposées ; qu'elle a la forme d'une pyramide dont la base repose sur le sacrum ; qu'elle présente trois courbures en sens opposés, ce qui lui donne seize fois plus de résistance que si elle n'en présentait pas, on aura une idée de la résistance qu'offre la colonne vertébrale. Aussi on la voit supporter aisément non-seulement le poids des organes qui pèsent sur elle, mais même des fardeaux quelquefois très-lourds.

Le poids des organes que la colonne vertébrale soutient se faisant surtout sentir sur sa partie antérieure, des muscles placés le long de sa partie postérieure résistent à la tendance qu'elle aurait à se porter en avant. Dans cette circonstance, chaque vertèbre et les parties qui s'y attachent représentent un levier du premier genre, dont le point d'appui est dans le fibro-cartilage qui soutient la vertèbre ; la puissance, dans les parties qui l'attirent en avant ; et la résistance, dans les muscles qui s'attachent à ses apophyses épineuses et transverses.

La colonne vertébrale, dans son ensemble, représente un levier du troisième genre, dont le point d'appui est dans l'articulation de la cinquième vertèbre des lombes avec l'os sacrum, dont la puissance est dans les parties qui tendent à porter la colonne en avant, et la résistance dans les muscles postérieurs. Comme c'est à la partie inférieure du levier que la puissance agit principalement, c'est là que la nature a placé les muscles les plus forts; c'est là que la pyramide représentée par la colonne vertébrale a le plus d'épaisseur; que les apophyses des vertèbres sont plus prononcées et plus horizontales : c'est aussi là que se fait sentir la fatigue, lorsque nous restons long-temps debout.

La puissance musculaire agira d'autant plus efficacement pour rétablir l'équilibre nécessaire à la station, que les apophyses épineuses seront plus longues et plus rapprochées de la direction horizontale.

Le poids de la colonne vertébrale et des parties qui pèsent sur elle est transmis directement au bassin qui, reposant sur les fémurs, représente un levier du premier genre, dont le point d'appui est dans les articulations iléo-fémorales, et dont la puissance et la résistance sont placées en avant ou en arrière.

Le bassin soutient aussi le poids d'une partie des viscères abdominaux.

Le sacrum soutient la colonne vertébrale, et, agissant à la manière d'un coin, il transmet également aux deux fémurs le poids dont il est chargé, par l'intermède des os des îles.

Le bassin est vraiment en équilibre sur les deux têtes du fémur; mais cet équilibre résulte d'un grand nombre d'efforts combinés.

D'un côté, les viscères abdominaux, pressant sur

le bassin incliné en avant, tendent à abaisser le pubis; d'un autre côté, la colonne vertébrale tend, par son poids, à faire faire au bassin un mouvement de bascule en arrière.

Le poids de la colonne vertébrale étant beaucoup plus considérable que celui des viscères abdominaux, il semblerait que pour rétablir l'équilibre il suffirait de puissances musculaires qui, partant du fémur, s'attacheraient vers le pubis, et seraient propres, par leur contraction, à contre-balancer l'excès de poids de la colonne vertébrale. Ces muscles existent en effet, mais ce ne sont point eux qui agissent principalement pour déterminer l'équilibre du bassin sur les fémurs; car le bassin, bien loin de tendre à faire la bascule en arrière, tendrait plutôt à se porter en avant, parce que les muscles, qui résistent à la tendance qu'a la colonne vertébrale à s'incliner en avant, prenant leur point fixe sur le bassin, font un effort considérable pour le porter en haut. Ce sont donc les muscles qui du fémur se portent à la partie postérieure du bassin, qui empêchent celui-ci de s'élever, et qui sont les agents principaux de l'équilibre du bassin sur les fémurs : aussi la nature les a-t-elle faits très-nombreux et très-forts.

L'articulation du fémur avec les os des îles est plus près du pubis que du sacrum, d'où il résulte que les muscles postérieurs agissent par un bras de levier plus long ; ce qui est une circonstance favorable à leur action.

Dans l'état de station ordinaire, les fémurs transmettent directement au tibia le poids du tronc. Ils remplissent aisément cet usage, attendu la solidité de leur articulation avec les os des îles.

Le col du fémur, outre les usages qu'il remplit dans les mouvements, sert utilement à la station, en dirigeant la tête du fémur obliquement en haut et en dedans : d'où il résulte qu'elle supporte la pression verticale du bassin, et qu'elle résiste à l'écartement des os des îles, que le sacrum tend à produire.

Le fémur transmet le poids du corps au tibia; mais, par la manière dont le bassin presse sur lui, son extrémité inférieure tend à se porter en avant, tandis que le contraire a lieu pour son extrémité supérieure : d'où il suit que, pour le maintenir en équilibre sur le tibia, il faut que des muscles puissants s'opposent à ce mouvement. Ces muscles sont le droit antérieur et le triceps crural, dont l'action est favorisée par la présence de la rotule, placée derrière leur tendon. Les muscles de la partie postérieure de la jambe, qui s'attachent aux condyles du fémur, concourent aussi à maintenir cet équilibre.

C'est le tibia qui transmet au pied le poids du corps; le péroné n'y concourt point. Mais, pour que le premier de ces os remplisse convenablement cet office, il est nécessaire que des muscles s'opposent à la disposition qu'a son extrémité supérieure à être portée en avant. Les jumeaux et le soléaire remplissent particulièrement cet usage; tous les autres muscles de la partie postérieure de la jambe y concourent.

Le pied soutient tout le poids du corps; sa forme et sa structure sont en rapport avec cet usage. La plante du pied a beaucoup d'étendue, ce qui contribue à la solidité de la station. La peau et l'épiderme de cette partie sont fort épais. Au-dessus de la peau est une couche graisseuse, assez épaisse, surtout aux endroits où le pied presse sur le sol. Cette graisse forme une sorte de coussin élastique, propre à amortir ou à diminuer les effets de la pression exercée par le poids du corps.

Le pied ne touche pas le sol par toute l'étendue de sa face inférieure : le talon, le bord externe, la partie qui correspond à l'extrémité antérieure des os du métatarse, l'extrémité ou la pulpe des orteils, sont les points qui touchent habituellement le sol et qui y transmettent le poids du corps : aussi trouve-t-on dans chacun de ces points des paquets élastiques de graisse, évidemment destinés à s'opposer aux inconvénients d'une pression trop forte. Celui qui est placé immédiatement au-dessous de la tête du calcanéum est très-remarquable : il est lisse par sa face supérieure, et seulement contigu à l'os; il est d'ailleurs distinct du reste de la

graisse que présente le talon. Les autres paquets ou
coussinets de graisse sont moins volumineux, mais
ils sont disposés d'une manière analogue à celui du
talon.

C'est sur l'astragale que le tibia transmet le poids
du corps, celui-ci le transmet à son tour aux autres os du pied : mais le calcanéum est celui qui
en reçoit la plus grande partie; le reste est réparti
entre les autres points du pied qui reposent sur
le sol.

Voici le mode général de cette transmission.
L'effort que soutient l'astragale est transmis 1° au
calcanéum, 2° au scaphoïde. Le calcanéum, étant
placé immédiatement au-dessous de l'astragale,
reçoit la plus grande part de la pression; il la
transmet lui-même en partie au sol et en partie
au cuboïde. Ce dernier os et le scaphoïde, par l'intermédiaire des cunéiformes, pressent à leur tour
sur les os du métatarse, qui, appuyant sur le sol,
y transmettent presque toute la pression qu'ils
supportent : le surplus se propage dans les orteils,
et finit par aboutir de même sur la base de sustentation. Ce mode de transmission suppose que
le pied touche le sol par toute l'étendue de la
plante.

Comme la pression du tibia se fait sentir surtout
à la partie interne du pied, celui-ci tend continuellement à se déjeter en dehors. Le péroné est des-

tiné à maintenir le pied dans la rectitude nécessaire à la solidité de la station.

On a vu que les muscles qui, dans la station, empêchent la tête de tomber en avant, prennent leur point fixe au cou; que ceux qui remplissent le même usage relativement à la colonne vertébrale, prennent le leur au bassin; que ceux qui maintiennent le bassin en équilibre s'attachent aux fémurs ou aux os de la jambe; que ceux qui s'opposent à la rotation des fémurs en arrière, s'insèrent aux tibias; qu'enfin ceux qui retiennent les tibias dans la position verticale, prennent leur point fixe aux pieds. C'est donc aux pieds qu'en dernier lieu viennent aboutir tous les efforts nécessaires à la station debout; il fallait donc que les pieds présentassent une résistance en rapport avec l'effort qu'ils avaient à supporter. Mais les pieds n'ont par eux-mêmes d'autre résistance que celle de leur pesanteur; toute celle qu'ils présentent leur est communiquée par le poids du corps qu'ils supportent : en sorte que la même cause qui tend à produire la chute est justement celle qui assure la solidité de la station.

L'espace que les pieds laissent entre eux, plus la surface qu'ils recouvrent, forme la base de sustentation. La condition d'équilibre pour la station debout est que la verticale, abaissée du centre de gravité, vienne tomber sur un des points de la base de sustentation. La station sera d'autant plus solide, que cette base sera plus large; sous ce rap-

Station
debout.

port, la largeur des pieds est loin d'être indifférente.

L'observation apprend que la station est aussi
solide que possible quand les deux pieds, dirigés
en avant et placés sur deux lignes parallèles, seront séparés par un espace égal à la longueur de
l'un d'eux. Si l'on agrandit latéralement la base de
sustentation en écartant les pieds, la station devient plus solide dans ce sens, mais elle perd de la
solidité d'avant en arrière. C'est l'opposé quand
on place un pied en avant et l'autre en arrière.

Plus la base de sustentation est diminuée, moins
la station est solide, et plus elle nécessite d'efforts
musculaires pour être maintenue. C'est ce qui arrive quand on s'élève sur la pointe des pieds. Dans
ce cas, les pieds ne touchent plus le sol que par
l'espace compris entre l'extrémité antérieure des os
du métartarse et l'extrémité des orteils : ce mode de
station est fatigant et ne peut être long-temps soutenu. Quelques personnes, les danseurs, par exemple, peuvent s'élever jusque sur l'extrémité des orteils : on conçoit que cette position doit présenter
encore plus de difficulté. Au reste, quelle que soit
la partie du pied qui touche le sol, elle est toujours
comprise parmi les quatre parties que nous avons
désignées au commencement de cet article, et l'on
ne peut méconnaître l'utilité des paquets de tissu
cellulaire graisseux qui y correspondent.

La station deviendra de même très-pénible ou

même impossible, si les piéds reposent sur un plan très-étroit, une corde tendue, par exemple.

En général, toute cause qui rétrécira la base de sustentation diminuera la solidité de la station dans la proportion de la diminution de cette base, comme le prouvent les individus qui ont accidentellement perdu les orteils par la congélation, ceux qui sont privés de la partie antérieure du pied à la suite de l'amputation partielle, ceux qui ont une ou deux jambes de bois, ceux qui font usage d'échâsses; et enfin, dans ce dernier cas, le station est encore rendue plus difficile par l'éloignement du centre de gravité de la base de sustentation.

La station sur deux pieds peut avoir lieu dans une infinité de positions différentes du corps, autres que la droite. Le tronc peut être penché en avant, en arrière, ou latéralement; les membres inférieurs peuvent être fléchis de diverses manières. Si l'on a bien compris ce que nous avons dit de la station debout, il sera facile de se rendre raison des attitudes dont il est ici question.

Station sur un seul pied.

Dans certaines circonstances, on se tient debout sur un seul pied. Cette attitude est nécessairement fatigante; elle exige, de la part des muscles qui environnent l'articulation de la hanche, une action

Station sur un pied.

forte et soutenue, d'où résulte l'équilibre du bassin sur un seul fémur; et comme le corps, et par conséquent le bassin, tend à s'incliner du côté de la jambe qui n'appuie pas sur le sol, il faut, de la part des muscles grand, moyen, et petit fessiers, du fascia-lata, des jumeaux, du pyramidal, des obturateurs, du carré, une contraction telle, que le tronc soit retenu. Ne perdons pas l'occasion de remarquer ici l'usage du col du fémur et de la saillie du grand trochanter : il est clair qu'ils rendent beaucoup moins oblique l'insertion des muscles qui viennent d'être nommés, et que, par là, il y a moins de déchet dans la force avec laquelle ils se contractent.

Il n'est pas nécessaire d'ajouter que, dans la station sur un seul pied, la base de sustentation n'est représentée que par la surface du sol recouverte par le pied, et qu'ainsi elle est toujours moins solide que la station sur deux pieds, quelle que soit la position de ceux-ci. Elle deviendra encore plus difficile et plus chancelante, si, au lieu d'appuyer sur le sol par toute l'étendue de la face inférieure du pied, on ne le touche que par la pointe de cette partie. Il n'est guère possible de conserver une semblable attitude au-delà de quelques instants.

Station sur les genoux.

Station à genoux. La base de sustentation dans cette position semble, au premier abord, être fort large; et comme le centre de gravité est baissé, on pourrait penser qu'elle est beaucoup plus solide que la station sur deux pieds : mais la largeur de la base qui soutient le poids du corps est loin d'être mesurée par toute la surface des deux jambes qui touchent le sol. La rotule, à peu près seule, transmet la pression au sol ; aussi la peau qui la recouvre se trouve-t-elle fortement comprimée, et n'étant point soutenue par la graisse élastique, comme on le voit pour la peau du pied, elle serait bientôt blessée si cette position était prolongée. C'est pour diminuer les effets de cette pression que l'on place un coussin sous la rotule lorsqu'on doit rester long-temps à genoux, ou bien qu'on transmet au sol, par un corps intermédiaire sur lequel on appuie la partie supérieure du tronc, une partie du poids du corps. C'est dans la même vue, c'est-à-dire pour répartir sur une plus grande étendue la pression causée par le poids du corps, qu'on laisse les cuisses fléchir en arrière et se porter sur les jambes et les talons : alors la station devient très-solide et peu fatigante, parce que la base de sustentation est très-large et que le centre de gravité en est très-voisin.

Attitude assise.

On peut être assis de diverses manières : sur le sol, les jambes étendues en avant ; sur un siége bas ; sur un siége ordinaire, les pieds touchant le sol ; enfin sur un siége élevé, les pieds ne touchant

Attitude assise.

pas le sol, étant au contraire suspendus; le dos étant ou n'étant pas appuyé.

Dans toutes les positions assises où le dos n'est pas soutenu et où les pieds appuient sur le sol, le poids du tronc est transmis au sol par le bassin, dont la largeur en bas est plus considérable chez l'homme que dans aucun animal. La base de sustentation du tronc devient distincte de celle des membres inférieurs; elle est représentée par l'étendue qu'occupent les fesses sur le plan résistant qui les soutient. Plus elles seront volumineuses, chargées de graisse, et plus l'attitude assise aura de solidité.

Lorsque dans l'attitude assise le dos n'est point appuyé, elle nécessite la contraction permanente des muscles postérieurs du tronc, qui s'opposent à la chute de celui-ci en avant : aussi ne laisse-t-elle pas d'être fatigante, comme on peut le remarquer en restant long-temps assis sur un tabouret. Il n'en est pas de même lorsque le dos est soutenu par un corps solide, comme il arrive quand on est assis sur un fauteuil : alors les seuls muscles qui soutiennent la tête ont besoin d'agir, et sont les seuls qui se fatiguent. Les chaises longues sont disposées pour empêcher cet inconvénient, puisqu'elles soutiennent et le dos et la tête. Quelle que soit cependant la manière dont on est assis, on peut conserver assez long-temps cette attitude, 1° parce qu'elle ne comporte que la contraction de peu de muscles; 2° parce que la base de sustentation est large, et que le centre de gravité en est peu élevé; 3° parce que les fesses, en raison de l'épaisseur de la peau et de la masse de graisse qu'elles contiennent, peuvent, sans inconvénient, supporter une pression forte et prolongée.

Du coucher.

Le coucher est la seule position du corps qui ne demande aucun effort musculaire; aussi est-ce l'attitude du repos, celle des personnes débiles ou des malades qui ont une grande prostration de forces; c'est aussi celle que l'on peut conserver le plus long-temps. Le seul organe qui se fatigue dans cette position, c'est la peau qui correspond à la base de sustentation; la pression du poids du corps, quoique répartie sur une très-grande étendue et n'ayant que peu d'action sur chaque point en particulier, suffit pour déterminer la gêne d'abord, et bientôt de la douleur. Et si la position reste long-temps la même, comme cela se voit dans certaines maladies, la peau s'excorie et se gangrène, particulièrement dans les points qui supportent la pression la plus forte, comme à la face postérieure du bassin, aux grands trochanters, etc. C'est pour éviter les inconvénients de cette pression qu'on recherche, pour se coucher, les lits dont la mollesse et l'élasticité permettent une répartition plus égale

Du coucher.

de la pression sur tous les points de la peau correspondants à la base de sustentation.

Des mouvements.

On reconnaît deux espèces de mouvements : les premiers ont pour but de changer la position réciproque des parties du corps; les seconds changent les rapports du corps avec le sol : les uns sont appelés *partiels*, les autres *locomoteurs*.

Des mouvements partiels.

Mouvements partiels. La plupart des mouvements partiels font partie inhérente des diverses fonctions : plusieurs ont déjà été décrits, d'autres le seront à leur tour. Nous ne traiterons ici que de ceux qui peuvent être isolés de l'histoire des fonctions. Nous allons successivement parler de ceux de la face, de ceux de la tête, de ceux du tronc, de ceux des membres supérieurs, enfin de ceux des membres inférieurs.

Mouvements partiels de la face.

Mouvements partiels de la face. Il est aisé de remarquer que les mouvements ont deux buts distincts : le premier, de concourir aux sensations de la vue, de l'odorat et du goût, ainsi qu'à la préhension des aliments, à la mastication, à la déglutition, à la voix et à la parole; le second, d'exprimer les actes intellectuels et les passions.

Mouvements des paupières.

Les mouvements des paupières peuvent être rapportés *au clignement*, c'est-à-dire au mouvement par lequel les bords libres se rapprochent, se touchent, et quelquefois s'appuient avec plus ou moins de force l'un contre l'autre.

Clignement.

Les muscles qui exécutent ces mouvements sont l'orbiculaire et l'élévateur de la paupière ; les nerfs qui se distribuent dans l'orbiculaire sont le facial, et une partie des branches de la cinquième paire. Le nerf de l'élévateur de la paupière est une branche de la troisième paire.

M. Charles Bell a montré, par l'expérience, que la section du nerf facial fait cesser les mouvements d'abaissement des paupières : l'œil reste en contact avec l'air, et l'animal ne cligne plus, soit spontanément, soit quand un corps étranger touche sa conjonctive ; j'ai répété plusieurs fois cette expérience, elle est parfaitement exacte.

Expérience sur le clignement.

J'ai trouvé, dans mes recherches sur la cinquième paire, que la section du tronc de ce nerf, faite dans le crâne, arrête aussi les mouvements de clignement ; les muscles des paupières ne sont cependant pas paralysés, car la lumière du soleil, introduite brusquement dans l'œil, détermine le clignement ; il paraît donc que le retour périodique du clignement est lié à la sensibilité de la conjonctive, et que la destruction de cette propriété en-

Influence de la cinquième paire sur le clignement

traîne la cessation du clignement. Ce mouvement paraît donc être produit par un acte assez compliqué du système nerveux. Nous voyons en effet que toute gêne, toute irritation de la conjonctive, toute menace inattendue, nous fait cligner; enfin si nous nous efforçons de ne pas cligner pendant quelque temps, nous ressentons une sensation pénible sur la conjonctive.

Influence de la cinquième paire sur la septième. Nous pouvons en outre conclure de mes expériences que la cinquième paire exerce sur la septième une influence analogue à celle qu'elle a sur les nerfs des sens spéciaux.

Mouvements de l'œil.

Aucun organe ne présente un appareil moteur aussi compliqué que l'œil, sous le rapport du nombre des muscles, et surtout par celui des paires de nerfs qui y concourent; nous voyons dans l'orbite les quatre muscles droits de l'œil, les deux obliques; la troisième, la quatrième et la sixième; ces trois nerfs sont à peu près exclusivement destinés aux muscles, et, par conséquent, aux mouvements du globe oculaire.

Avant de rechercher quel est le mécanisme des mouvements de l'œil, et quels en sont les agents, il faut d'abord rechercher quels sont les mouvements de cet organe.

M. Charles Bell a fait dernièrement remarquer

que si on entr'ouvre les paupières d'une personne endormie, on reconnaît que la cornée et la pupille sont dirigées en haut et placées sous la paupière supérieure ; c'est encore ce qui se voit chez les personnes très-faibles et près de perdre connaissance : les yeux ne se dirigent plus sur rien, et, en général, le globe tend à s'élever et tourne de bas en haut. Le même phénomène se montre aux approches de la mort : alors la cornée opaque, ou le blanc de l'œil, paraît seul dans l'écartement des paupières ; les médecins ont depuis long-temps signalé ce fait comme un des plus funestes présages.

Les attaches des muscles droits de l'œil indiquent assez leurs usages, et ce que l'anatomie annonçait a été confirmé par quelques expériences de M. Charles Bell.

Le même physiologiste, désirant s'assurer si les muscles obliques ne font éprouver à l'œil que des mouvements latéraux, a attaché au tendon de l'oblique supérieur un fil mince à l'extrémité duquel pendait un anneau de verre, dont le poids tirait hors de l'orbite le tendon. En touchant l'œil avec une plume, j'ai vu, dit-il, par la contraction du muscle, l'anneau tiré en haut et plusieurs fois avec assez de force pour qu'il échappât de mon doigt.

Expériences sur les muscles obliques de l'œil.

Le même auteur a coupé en travers le tendon de l'oblique supérieur d'un singe : l'animal a d'abord éprouvé quelque trouble, mais ensuite l'œil a repris son expression naturelle, comme s'il n'avait subi aucune opération. La section de l'oblique inférieur sur un autre singe n'a point eu d'autres résultats.

M. Bell, ayant coupé l'oblique supérieur sur un singe, agita sa main devant les yeux de l'animal : l'œil droit se dirigea d'une manière très-prononcée en haut et en dedans, tandis que le gauche offrait le même mouvement, mais moins étendu ; en outre, lorsque l'œil droit avait pris cette position, il s'abaissait avec difficulté.

La conclusion générale de ces expériences, est que la section des muscles obliques n'empêche pas les mouvements de l'œil relatifs à la vue, et que l'usage principal de ces muscles est de présider aux mouvements par lesquels l'œil se soustrait à l'action des corps étrangers, et que M. Bell regarde comme involontaires.

Malgré l'intérêt que présentent ces recherches, nous ne pouvons encore nous flatter de connaître parfaitement le mécanisme des mouvements de l'œil ; j'ai observé divers faits qui nous indiquent la nécessité de nouvelles expériences.

Influence des pédoncules du cervelet et du pont sur les mouvements de l'œil.

Si l'on blesse le pédoncule du cervelet, et surtout si on en fait une section complète sur un lapin, les yeux prennent une position fixe fort remarquable.

L'œil du côté blessé est porté en bas et en avant ; celui du côté opposé est fixé en haut et en arrière, et, par conséquent, dans une position directement opposée à l'œil opposé.

Le même résultat se montre par la section de la partie médullaire du cervelet, par celle du pont de varole, et par celle de la partie latérale de la moelle alongée.

La première fois que j'ai observé ce phénomène, je crus qu'il dépendait de quelque lésion que je faisais involontairement à la quatrième paire de nerfs, dont l'origine avoisine de si près le cervelet; mais je me convainquis bientôt qu'il n'en était rien : mes dissections, après la mort des animaux, ne me laissèrent aucun doute.

Mais pour mieux éclaircir cette idée, je coupai sur plusieurs animaux vivants la quatrième paire, soit d'un seul côté, soit des deux, et je n'ai pas vu sans surprise que cette section n'entraînait aucune modification dans la position des yeux. Je poursuis en ce moment cette recherche sur les autres nerfs de l'orbite; mais ce résultat nous suffit pour montrer que le cerveau influe sur la position et le mouvement des yeux d'une manière encore inexplicable.

Effet de la section de la quatrième paire.

Indépendamment des mouvements de la face, qui concourent à la vision, il en est d'autres qui concourent à l'odorat, au goût, à la voix, à la parole, etc., et dont nous avons déjà parlé; il en est qui servent à la préhension des aliments, à la

Mouvements partiels de la tête.

mastication, à la déglutition, etc., et dont nous parlerons en leur lieu.

Les muscles du visage déterminent, dans cette partie, des mouvements qui ont pour usage d'exprimer certains actes intellectuels, les diverses dispositions de l'esprit, les désirs instinctifs et les passions. Le plaisir et la douleur, la joie et la tristesse, les désirs et la crainte, la colère, l'amour, etc., ont chacun une expression faciale qui les caractérise.

Expression du visage. Cependant les affections douloureuses ou tristes, les désirs violents, sont marqués en général par la contraction du visage : les sourcils sont froncés, la bouche rétrécie, ses commissures portées en bas; au contraire, dans les affections douces, gaies, dans les sensations agréables, les désirs satisfaits, la figure s'épanouit, les sourcils s'élèvent, les paupières s'écartent, les angles de la bouche sont tirés en haut et en dehors, ce qui produit le sourire. Le plus souvent les personnes chez lesquelles les diverses expressions sont le plus marquées, ou qui ont de la *physionomie*, comme l'on dit dans le langage du monde, sont douées d'une vive sensibilité. C'est ordinairement le contraire pour les personnes dont le visage est immobile ou n'offre que des expressions peu prononcées. Lorsqu'une certaine disposition d'esprit ou une passion devient continue pendant un certain temps, les muscles qui sont habituellement contractés pour l'exprimer, acquièrent plus de volume, prennent une prépondérance manifeste sur les autres muscles de la face : alors la physionomie conserve l'expression de la passion, même dans les moments ou celle-ci ne se fait pas sentir, ou long-temps après qu'elle a cessé. Aussi la considération de la physionomie est-elle réellement un très-bon moyen de juger du caractère ou des passions habituelles d'un individu.

D'après les expériences de M. Charles Bell, confirmées aujourd'hui par plusieurs faits pathologiques péremptoires, il est prouvé que le nerf facial est celui qui préside aux divers mouvements d'expression de la physionomie ; si à la suite d'une opération ce nerf est coupé, ou s'il est altéré par quelque maladie, toute expression du côté de la face dont le nerf est malade est perdue, bien que sa sensibilité soit intacte. Nous avons déjà dit que ce dernier phénomène dépend des branches de la cinquième paire. *Influence du nerf facial sur la physionomie.*

La coloration ou la décoloration de la peau du visage est encore un puissant moyen d'expression de l'intelligence et des passions ; nous en traiterons à l'article *circulation capillaire.*

Mouvements de la tête sur la colonne vertébrale.

La tête peut s'incliner en avant, en arrière et latéralement ; elle peut en outre exécuter des mouvements de rotation, tantôt à droite, tantôt à gauche. Les mouvements par lesquels la tête est inclinée, soit en avant, soit en arrière, soit sur les côtés, s'ils ont peu d'étendue, se passent dans l'articulation de la tête avec la première vertèbre cervicale; s'ils en ont davantage, toutes les vertèbres du cou y prennent part. Les mouvements de rotation se passent essentiellement dans l'articulation de l'*atlas* et de l'*axis*, évidemment destinés à cet usage. Ces divers mouvements, qui se combinent fréquemment entre eux, sont déterminés par la contraction successive ou simultanée des muscles qui de la poitrine et du cou se portent à la tête.

Il est aisé de voir que les mouvements de la tête favorisent la vue, l'ouïe et l'odorat; ils sont aussi utiles pour la production des différents tons de la voix, en permettant l'alongement ou le raccourcissement de la trachée et du tuyau vocal, etc. Ces mouvements servent aussi comme moyen d'expression de l'intelligence : l'approbation, le consentement, le refus, se marquent par certains mouvements de la tête sur le cou; quelques passions entraînent aussi des mouvements ou des attitudes particulières de la tête.

Mouvements du tronc.

Mouvements partiels du tronc.

On ne parlera dans cet article que des mouvements particuliers à la colonne vertébrale; ceux qui sont propres à la poitrine, à l'abdomen, au bassin, seront exposés ailleurs.

Flexion, extension, inclinaisons latérales, cir-
conduction et rotation, tels sont les mouvements
qu'exécute la colonne vertébrale en totalité; tels
sont aussi ceux qu'exerce chacune de ses régions, et
même chaque vertèbre en particulier.

Ces divers mouvements se passent dans le
fibro-cartilage inter-vertébral; ils sont d'autant
plus faciles et plus étendus que ces corps sont
plus épais et plus larges : pour cette raison, les
mouvements des portions lombaire et cervicale de
la colonne vertébrale sont évidemment plus libres
et plus considérables que ceux de la portion dorsale. Chacun sait que les fibro-cartilages cervicaux,
et surtout les lombaires, sont proportionnellement
plus épais que les dorsaux.

Dans les mouvements de flexion, soit en avant,
soit en arrière, soit latéralement, les fibro-cartilages sont affaissés dans le sens de la flexion et alon-
gés du côté opposé; plus ils sont épais, et mieux
ils prêtent à un affaissement considérable. C'est une
des raisons pour lesquelles la flexion en avant a
beaucoup plus d'étendue qu'aucun autre mouvement de la colonne vertébrale.

Dans la rotation, la totalité des cartilages in-
ter-vertébraux doit supporter un alongement dans
le sens même des lames qui les composent. Leur
centre présente une matière molle et à peu près
fluide; la circonférence seule offre une résistance
considérable, et cependant, dans les mouve-

ments par lesquels les vertèbres se rapprochent, cette circonférence cède assez pour former une sorte de bourrelet entre les deux os. La disposition des facettes articulaires des apophyses est une des circonstances qui influent davantage sur l'étendue et le mode des mouvements réciproques des vertèbres.

Mouvements partiels du tronc. Lorsqu'on envisage la colonne vertébrale dans ses mouvements de totalité, elle représente un levier du troisième genre, dont le point d'appui est dans l'articulation de la cinquième vertèbre lombaire avec le sacrum ; la puissance, dans les muscles qui s'insèrent aux vertèbres ou aux côtes ; et la résistance, dans la pesanteur de la tête, des parties molles du cou, de la poitrine, et en partie de l'abdomen. Chaque vertèbre, prise isolément, au contraire, représente un levier du premier genre, dont le point d'appui est au milieu, sur la vertèbre placée immédiatement au-dessous. La puissance et la résistance sont alternativement en avant ou en arrière, ou l'une à droite et l'autre à gauche, à l'extrémité des apophyses transverses.

Fréquemment, les mouvements de la colonne vertébrale sont accompagnés de ceux du bassin sur les fémurs ; ils paraissent alors avoir une étendue qu'ils sont loin d'avoir réellement.

Les mouvements de la colonne vertébrale ont le plus souvent pour usage de favoriser ceux des membres supérieurs et inférieurs, et de rendre moins fatigantes ou plus supportables les diverses attitudes ou positions que prend le corps en totalité.

Mouvements des membres supérieurs.

Les membres supérieurs étant les agents principaux par lesquels nous imprimons directement ou indirectement aux corps qui nous environnent les changements qui nous sont avantageux, devaient présenter une extrême mobilité, réunie à une solidité assez grande. On observe, en effet, que dans ces membres plusieurs os longs y ont une longueur considérable et qu'ils sont menus; les os courts y sont peu volumineux : les uns et les autres sont peu pesants; les surfaces articulaires ont de petites dimensions; les muscles sont très-nombreux, leurs fibres souvent très-longues. Les os représentent presque toujours des leviers du troisième genre, favorables, comme nous l'avons dit, à l'étendue et à la rapidité des mouvements. Aussi, soit que l'on considère les membres supérieurs dans leurs mouvements de totalité relativement au tronc, soit que l'on envisage leurs mouvements partiels, on s'aperçoit aisément qu'ils réunissent à un haut degré l'étendue, la vitesse et la variété des mouvements.

La solidité de ces membres n'est pas moins digne d'être remarquée. Dans une foule de cas, ils ont à supporter des efforts considérables, comme quand

Mouvements
des membres
supérieurs.

Mouvements
des membres
supérieurs.

on s'appuie sur une canne, quand on tombe en avant et que les mains supportent tout le choc de la chute, etc.

Il nous est impossible d'entrer dans les détails de ce mécanisme merveilleux ; on peut lire sur ce point l'*Anatomie descriptive* de Bichat, dont le génie s'est exercé avec beaucoup d'avantage dans l'exposition de la mécanique animale.

Les membres supérieurs sont essentiellement utiles pour l'exercice du toucher, dont la main est le principal organe ; ils aident à l'action des autres sens, en rapprochant ou éloignant les corps, ou en les plaçant dans des circonstances favorables pour qu'ils puissent agir sur eux. Leurs mouvements concourent puissamment à l'expression des actes intellectuels et instinctifs. Les gestes forment un

Des gestes.

véritable langage, qui est susceptible d'acquérir une grande perfection quand il devient de première utilité comme il arrive chez les sourds-muets. Dans ce cas, les gestes ne peignent pas seulement les sentiments, les besoins, les passions, mais ils expriment jusqu'aux moindres nuances de la faculté de penser.

Les membres supérieurs sont souvent utiles dans les différentes attitudes du corps. Dans quelques cas ils transmettent au sol une partie du poids de celui-ci, et ils agrandissent par conséquent la base de sustentation : c'est ce qui se voit lorsqu'on s'appuie sur un bâton, lorsqu'étant à genoux on pose les mains à terre, lorsqu'étant assis sur un plan horizontal, on s'appuie sur l'un ou sur les deux coudes, etc.

Ils peuvent encore assurer la solidité de la station en se portant dans le sens opposé à celui où le corps tend à tomber par l'effet de sa pesanteur. On verra tout-à-l'heure qu'ils ne sont pas inutiles dans les divers modes de progression.

Mouvements des membres inférieurs.

Quoique l'analogie de structure soit manifeste entre les membres supérieurs et les inférieurs, il n'est pas moins évident que chez les derniers la nature a beaucoup plus fait pour la solidité et l'étendue des mouvements, que pour la vitesse et la variété de ceux-ci; cette disposition était bien nécessaire, car il est rare que ces membres se meuvent sans supporter le poids du corps; et ce sont eux qui sont les principaux agents de notre locomotion.

Cependant, quand nous imprimons quelques modifications aux corps extérieurs par les membres inférieurs, ils se meuvent indépendamment du tronc : ainsi, quand nous changeons la forme d'un corps en le pressant avec le pied, quand nous le déplaçons en le frappant avec cette partie; quand nous exerçons le toucher avec le pied pour juger, par exemple, de la résistance du sol sur lequel nous

nous proposons de marcher, etc., il est clair que les divers mouvements qui se développent alors n'entraînent pas celui du tronc.

Nous ne décrirons pas ici en particulier les divers mouvements généraux ou partiels que peuvent effectuer les membres; nous traiterons seulement d'une manière abrégée des divers modes de locomotion, c'est-à-dire des mouvements par lesquels le corps est transporté d'un lieu dans un autre, et qui sont la *marche*, la *course*, le *saut*, et le *nager*.

Mouvements de locomotion.

De la Marche.

De la marche. L'action de marcher ne s'exécute pas toujours de la même manière : on marche en avant, en arrière, sur les côtés, et dans les directions intermédiaires à celles-là; on marche sur un plan ascendant ou descendant, sur un sol solide ou mobile; la marche diffère aussi par la grandeur et la vitesse des pas, etc.

Quel que soit le mode de la marche, elle se compose nécessairement de la succession des pas; en sorte que la description de la marche n'est que celle de la manière dont on fait une suite de pas. C'est donc le *pas* qu'il convient de faire connaître avec ses principales modifications.

Du pas. En supposant l'homme debout, les deux pieds

placés l'un à côté de l'autre, et devant marcher
sur un plan horizontal, et d'un pas ordinaire pour
l'étendue et pour la vitesse, il doit incliner quelque
peu le tronc de côté et en avant, fléchir en même
temps la cuisse opposée sur le bassin, et la jambe
sur la cuisse, afin de détacher le pied du sol. La
flexion de la cuisse entraîne le transport en avant
de tout le membre inférieur, qui bientôt s'appuie
sur le sol; c'est d'abord le talon qui pose, et successivement toute la plante. Pendant que ce mouvement s'effectue, le bassin éprouve un mouvement
de rotation horizontale sur la tête du fémur du
membre qui est resté immobile. Cette rotation du
bassin sur la tête du fémur a pour résultat : 1° de
porter en avant la totalité du membre qui s'est détaché du sol; 2° de porter aussi en avant le côté du
corps correspondant au membre qui se meut, tandis que le côté correspondant au membre immobile reste en arrière. Ces deux effets sont à peine
sensibles dans *les petits pas*; ils sont très-marqués
dans *les pas ordinaires*, mais ils le sont bien davantage dans *les grands pas*. Jusqu'ici il n'y a point eu
de progression, la base de sustentation est seulement modifiée. Pour que le pas soit achevé, il faut
que le membre resté en arrière se rapproche, se
place sur la même ligne, ou dépasse celui qui a été
porté en avant. Pour cela, le pied qui est en arrière se détache du sol, successivement du talon
vers la pointe, par un mouvement de rotation

dont le centre est dans l'articulation des os du métatarse avec les phalanges, de manière qu'à la fin de ce mouvement le pied ne touche plus le sol que par ces dernières. De ce mouvement du pied résulte un alongement du membre, dont l'effet est de porter le côté correspondant du tronc en avant, et de déterminer la rotation du bassin sur la tête du fémur du membre primitivement porté en avant. Une fois ce mouvement produit, le membre se fléchit ; le genou est dirigé en avant, le pied détaché du sol ; puis, la totalité du membre exécute les mêmes mouvements qu'a précédemment exécutés celui du côté opposé.

Par la succession de ces mouvements des membres inférieurs et du tronc, s'établit la marche, dans laquelle les têtes des fémurs sont tour-à-tour les points fixes sur lesquels le bassin, tourne comme sur un pivot, en décrivant des arcs de cercle d'autant plus étendus que les pas sont plus grands.

Pour que la marche se fasse en ligne droite, il faut que les arcs de cercle décrits par le bassin et que l'extension des membres, lorsqu'ils sont portés en avant, soient égaux : sans quoi on se déviera de la ligne droite, et le corps sera dirigé du côté opposé du membre dont les mouvements seront plus étendus ; et, comme il est difficile de faire exécuter successivement aux deux membres exactement la même étendue de mouvement, on tend toujours à se dévier, et l'on se devierait réellement si la vue ne nous avertissait de la nécessité de corriger cette déviation. On peut se convaincre de cette vérité en marchant quelque temps les yeux fermés.

Nous avons exposé le mécanisme du marcher en avant, il ne sera pas difficile de se faire une idée de la marche en arrière et de la latérale.

Dans le pas que l'on fait pour reculer, l'une des cuisses se fléchit sur le bassin en même temps que la jambe se fléchit sur la cuisse; l'extension de la cuisse sur le bassin succède, et la totalité du membre est portée en arrière; ensuite la jambe s'étend sur la cuisse, la pointe du pied touche le sol et bientôt toute sa surface inférieure. Au moment où le pied dirigé en arrière s'applique sur le sol, celui qui est demeuré en avant s'élève sur la pointe; le membre correspondant se trouve alongé; le bassin, poussé en arrière, fait une rotation sur le fémur du membre dirigé en arrière; le membre qui est en avant quitte entièrement le sol, et se porte lui-même en arrière, afin de fournir un point fixe à une nouvelle rotation du bassin, qui sera produite par le membre opposé.

Marche en arrière.

Lorsque nous voulons exécuter le pas latéral, nous fléchissons d'abord légèrement l'une des cuisses sur le bassin, afin de détacher le pied du sol; nous portons ensuite tout le membre dans l'abduction, puis nous l'appuyons sur le sol; nous rapprochons immédiatement l'autre membre de celui qui

Marche latérale.

a été d'abord déplacé, et ainsi de suite. Dans ce cas il ne peut y avoir de rotation du bassin sur les fémurs.

Marche sur un plan ascendant.

Si nous marchons sur un plan ascendant, la fatigue se fait bientôt sentir : c'est que, dans ce genre de progression, la flexion du membre porté d'abord en avant doit être plus considérable, et que le membre resté en arrière doit non-seulement faire exécuter au bassin le mouvement de rotation dont il vient d'être question, mais il faut encore qu'il soulève le poids total du corps, afin de le transporter sur le membre qui est en avant. La contraction des muscles antérieurs de la cuisse portée en avant est la cause principale de ce transport du corps; aussi ces muscles se fatiguent-ils beaucoup dans l'action de monter un escalier ou tout autre plan ascendant.

Marche sur un plan descendant.

Pour une raison opposée, la marche sur un plan descendant est aussi plus pénible que celle qui se fait sur un plan horizontal. Ici, ce sont les muscles postérieurs du tronc qui doivent se contracter avec force pour s'opposer à la chute du corps en avant.

Tous les modes de progression que nous venons de décrire rapidement, nécessitant des mouvements faciles de toutes les articulations des membres inférieurs et une égale action de la part de chacun de ces membres, la moindre gêne dans les glissements des surfaces articulaires, la moindre différence dans la longueur ou dans la forme des os des deux membres, ainsi que dans la force de contraction des muscles, entraînent nécessairement des altérations sensibles dans la progression, et la rendent plus ou moins difficile.

Du saut.

Si l'on examine avec attention le mode de mouvement qui va nous occuper, on reconnaîtra que le corps de l'homme y devient un véritable projectile, et qu'il en suit toutes les lois.

Le saut doit avoir lieu directement en haut, en avant, en arrière ou latéralement, etc. ; mais, dans tous les cas, il faut y considérer les phénomènes qui le précèdent et ceux qui l'accompagnent. Toute espèce de saut nécessite la flexion antécédente d'une ou de plusieurs articulations du tronc et des membres inférieurs ; l'extension subite des articulations fléchies est la cause particulière du saut.

Supposons le saut vertical exécuté de la manière la plus ordinaire : la tête est un peu fléchie sur le cou ; la colonne vertébrale est courbée en avant ; le bassin est fléchi sur la cuisse, la cuisse sur la jambe, et celle-ci sur le pied ; ordinairement le talon ne presse que légèrement le sol, ou l'a abandonné entièrement. A cet état de flexion générale succède brusquement une extension de toutes les

Du saut.

Saut vertical.

articulations fléchies ; les diverses parties du corps sont rapidement élevées avec une force qui surpasse leur pesanteur d'une quantité variable ; ainsi la tête et le thorax sont dirigés en haut par l'extension et le redressement de la colonne vertébrale ; le tronc, en totalité, est dirigé dans le même sens par l'extension du bassin sur les fémurs ; les cuisses, en se relevant rapidement, agissent de la même manière sur le bassin ; les jambes à leur tour poussent les cuisses. De tous ces efforts réunis résulte une force de projection telle que le corps en totalité est lancé en haut, et qu'il s'élève tant que cette force surmonte sa pesanteur ; après quoi, il retombe sur le sol, en présentant les mêmes phénomènes que tout autre corps qui tombe en obéissant à son poids.

Dans la détente générale qui produit le saut, l'action musculaire ne se fait pas partout avec la même intensité ; il est clair qu'elle doit être plus grande là où le poids à soulever est plus considérable ; c'est pourquoi les muscles qui déterminent le mouvement d'extension de la jambe sur le pied sont ceux qui développent le plus d'énergie, puisqu'ils ont à soulever le poids total du corps, et à lui imprimer une impulsion qui surmonte sa pesanteur. Ces muscles présentent aussi la disposition la plus favorable : ils sont extrêmement forts ; ils s'insèrent perpendiculairement au levier qu'ils doivent mouvoir (le calcanéum), et ils agissent par un bras de levier qui a une longueur considérable.

Il faut remarquer que le saut vertical ne résulte d'aucune impulsion directe, mais qu'il en a une moyenne entre les impulsions opposées qu'éprouvent le corps et les membres inférieurs dans l'instant du saut. En effet, le redressement de la tête, de la colonne vertébrale et du bassin, porte autant le tronc en arrière qu'en haut; le mouvement de rotation des fémurs sur les tibias porte au contraire le tronc autant en avant qu'en haut. C'est l'opposé pour le mouvement de la jambe, qui tend à diriger le tronc en haut et en arrière : quand le saut doit être vertical, les efforts qui portent le tronc en avant ou en arrière se détruisent les uns les autres; l'effort en haut est le seul qui ait son effet.

Le saut doit-il avoir lieu en avant, le mouvement de rotation de la cuisse prédomine sur les impulsions en arrière, et le corps est transporté dans ce sens; le saut se fait-il en arrière, c'est le mouvement d'extension de la colonne vertébrale et du tibia sur le pied, qui l'emporte, etc.

Saut en avant et saut en arrière.

La longueur des os des membres inférieurs est avantageuse pour l'étendue du saut. Le saut en avant, par lequel on franchit des espaces plus considérables qu'avec aucune des autres manières de sauter, doit cet avantage à la longueur du fémur.

Quelquefois on fait précéder le saut d'une course plus ou moins longue, on *prend son élan*, comme on dit; l'impulsion qu'acquiert le corps par cette course préliminaire s'ajoute à celle qu'il reçoit à l'instant du saut, d'où il résulte que celui-ci a plus d'étendue.

Usages des membres supérieurs dans le saut.

Les bras ne sont point inutiles à la production du saut; ils sont rapprochés du corps dans le moment où les articulations sont fléchies ; ils s'en écartent, au contraire, dans le moment où le corps abandonne le sol. La résistance qu'ils présentent aux muscles qui les élèvent donne occasion à ces muscles d'exercer sur le tronc une traction en haut, qui concourt au développement du saut. Les bras rempliront d'autant mieux cet usage, qu'ils présenteront une certaine résistance à la contraction des muscles qui les élèvent. Les anciens avaient fait cette remarque; ils portaient dans chaque main des poids nommés *haltères*, quand ils voulaient s'exercer au saut. Par le balancement préliminaire des bras, on peut aussi favoriser la production du saut horizontal, en imprimant une impulsion en avant ou en arrière de la partie supérieure du tronc.

Saut sur un seul membre inférieur.

Un seul membre inférieur suffit pour produire le saut, comme il arrive quand on saute à *cloche-pied*; mais on conçoit que le saut doit nécessairement être moins étendu que lorsqu'il est exercé simultanément par les deux membres inférieurs. Tantôt on saute les deux pieds rapprochés et parallèles, ou à *pieds joints;* tantôt l'un des pieds se porte en avant pendant la projection du corps : c'est alors ce pied qui reçoit le poids du corps à l'instant où il vient toucher le sol.

Aucune espèce d'impulsion ne peut être communiquée au corps par le plan qui le soutient au moment du saut, à moins que ce plan, étant très-élastique, ne joigne sa réaction à l'effort des muscles qui déterminent le mouvement de projection du corps. Dans les cas les plus fréquents, le sol ne sert au saut qu'en résistant à la pression qu'exerce sur lui le pied. Personne n'ignore qu'il est à peu près impossible de sauter quand le sol est mou et qu'il cède à la pression des pieds.

De la course.

La course résulte de la combinaison du pas et De la course. du saut, ou plutôt elle consiste dans une suite de sauts exécutés alternativement par un membre, tandis que l'autre se porte en avant ou en arrière pour aller s'appliquer sur le sol et bientôt produire le saut, aussitôt que le premier aura eu le temps de se porter en arrière ou en avant, selon que la course a lieu dans l'une ou l'autre direction. On peut courir avec plus ou moins de rapidité; mais il y a toujours dans la course un moment où le corps est suspendu en l'air, à raison de l'impulsion qui lui est communiquée par le membre resté en arrière, si l'on court en avant. Ce caractère distingue la course de la marche rapide, dans laquelle le pied porté en avant touche le sol avant que celui qui est derrière l'ait quitté.

Pour les mêmes raisons que nous avons indiquées à l'article *de la marche*, la course la moins fatigante est celle qui se fait sur un plan horizontal; celle qui a lieu sur un plan incliné ascendant ou descendant est toujours plus ou moins pénible, et ne peut être continuée long-temps.

Nous ne décrirons pas, même d'une manière abrégée, les nombreuses modifications des mouvements progressifs de l'homme, tels que le *grimper*, l'action de *gravir*, la marche avec des béquilles, des échâsses, des membres artificiels. Il en sera de même pour les divers mouvements que comprend l'art de la danse, soit ordinaire, soit sur le corde tendue ou flexible ; ceux qu'exécutent les sauteurs, ceux qui appartiennent à l'escrime, à l'équitation, aux différentes professions ou métiers, etc. : des considérations de ce genre seraient très-importantes, mais elles ne peuvent faire partie que d'un traité complet de mécanique animale, ouvrage qui est encore à faire, malgré ceux de Borelli et de Barthez : nous dirons seulement quelques mots de la *natation*.

De la natation.

De la
natation.

Le corps de l'homme est en général spécifiquement plus pesant que l'eau; par conséquent, abandonné au milieu d'une masse considérable de ce liquide, il tendra à aller se placer à sa partie inférieure : ce transport se fera d'autant plus facilement, que la surface par laquelle il pressera l'eau sera moins étendue. Si, par exemple, le corps est placé verticalement les pieds en bas et la tête en haut, il arrivera beaucoup plus vite au fond, que si le corps était placé horizontalement à la surface du liquide. Quelques nageurs à large thorax parviennent cependant à se rendre plus légers que l'eau, et, par conséquent, à rester sans aucun effort à sa surface. Leur procédé consiste à inspirer une grande quantité d'air, dont la légèreté comparative contrebalance la tendance de leur corps à plonger dans le liquide.

Ce n'est pas en suivant cette pratique que les nageurs se maintiennent ou se meuvent à la surface de l'eau, mais par les mouvements qu'ils font exécuter à leurs membres. Ces mouvements ont le double but de maintenir le corps à la surface, et de déterminer sa progression. Quelle que soit son intention, le nageur doit agir sur l'eau de telle manière, qu'elle présente une résistance suffisante pour soutenir le corps ou pour permettre son déplacement : dans cette vue, il doit la frapper plus vite qu'elle ne peut fuir, et faire en sorte de porter rapidement l'action des mains ou des pieds sur un grand nombre de points différents, parce que la résistance est d'autant plus grande, que la masse d'eau déplacée est plus considérable. Les mouvements des membres inférieurs dans la manière la plus ordinaire de nager, la *brassée*, ont beaucoup d'analogie avec ceux qu'ils exécutent dans le saut.

Il y a une multitude de façons de nager, mais dans toutes il est nécessaire de frapper ou de presser l'eau plus vite qu'elle ne peut se déplacer.

Du vol.

Du vol.

Il est impossible à l'homme de voler; sa pesanteur, comparée à celle de l'air, est trop considérable, et la force qu'il développe par la contraction de ses muscles est infiniment trop faible. Toutes les tentatives faites avec l'intention de se soutenir dans l'air à l'aide de machines plus ou moins analogues aux ailes des oiseaux, ont été à peu près également infructueuses.

Influence du cerveau sur les mouvements.

Influence du cerveau sur les mouvements généraux.

Des recherches récentes ont donné des renseignements très-curieux touchant l'influence du cerveau sur les mouvements. La science s'est enrichie de faits entièrement neufs, et qui permettent d'envisager les mouvements d'une manière très-différente de celle dont on s'était contenté jusqu'ici.

Je regrette que la nature de cet ouvrage ne me

laisse pas la possibilité de présenter tous les détails des expériences; mais je tâcherai, dans le résumé que je vais en faire, de n'omettre rien d'important. Je renvoie d'ailleurs à mon *Journal de Physiologie*, où toutes ces recherches sont consignées.

Influence des hémisphères sur les mouvements.

Les hémisphères cérébraux peuvent être coupés profondément dans les divers points de leur face supérieure sans qu'il en résulte d'altération dans les mouvements.

Influence
des lobes
sur les
mouvements.

Leur ablation totale même, si elle ne s'étend pas jusqu'aux corps striés, ne produit pas non plus d'effet bien appréciable, et qui ne puisse être facilement rapporté à la souffrance qu'entraîne une pareille expérience.

Les résultats ne sont pas semblables dans toutes les classes de vertébrés; ceux que je viens de décrire ont été observés sur les mammifères, et particulièrement sur les chiens, les chats, les lapins, les cochons d'Inde, les hérissons, les écureuils.

Sur les oiseaux, la soustraction, la destruction des hémisphères, les tubercules optiques restant intacts, donnent lieu souvent à un état d'assoupissement et d'immobilité qui a été décrit pour la première fois par Rolando; mais j'ai vu dans nombre de cas des oiseaux courir, sauter, nager, leurs hémisphères étant enlevés; la vue seule paraissait éteinte, ainsi que je l'ai déjà dit.

Quant aux reptiles et aux poissons, sur lesquels j'ai agi, la soustraction des hémisphères ne semble avoir que très-peu d'effet sur les mouvements de ces animaux : des carpes nagent avec agilité; des grenouilles sautent et nagent comme si elles étaient intactes, etc., etc., et la vue ne paraît pas abolie.

Influence des lobes cérébraux sur les mouvements.

La spontanéité des mouvements n'appartient donc pas exclusivement aux hémisphères, comme un physiologiste français le prétend. Ce fait, vrai dans certains oiseaux, tels que les pigeons, les corneilles adultes, etc., n'est déjà plus exact pour d'autres oiseaux, mais il est tout-à-fait inapplicable aux mammifères, reptiles et poissons, je veux dire aux espèces que j'ai soumises à l'expérience.

La section longitudinale du corps calleux, et sa soustraction, ne produisent non plus aucun effet apparent sur les mouvements.

Influence des corps striés sur les mouvements.

Tant que les hémisphères seuls sont lésés, les choses se passent comme je viens de le dire; mais si l'opération faite pour extraire ces organes se prolonge jusque derrière des corps striés, et si par conséquent ceux-ci se trouvent extraits du crâne, aussitôt l'animal s'élance en avant, et court avec rapidité; s'il s'arrête, il conserve l'attitude de la fuite; ce phénomène est surtout remarquable chez les jeunes lapins : on dirait que l'animal est poussé en avant par une puissance intérieure à laquelle il ne peut résister; dans cette course rapide, il passe quelquefois par-dessus des obstacles qu'il rencontre, mais il ne les voit pas.

Il est fort important de remarquer que ces effets n'arrivent qu'autant que la partie blanche et rayonnée des corps striés est détachée. Si l'on se borne à enlever la matière grise qui forme le segment de cône recourbé, il ne se développe point de modification dans les mouvements.

Ce qui n'a pas lieu par la soustraction de la matière grise commence à se montrer dès que la blanche est intéressée; l'animal s'agite, marque de l'inquiétude, cherche à s'échapper; cependant si un seul des corps striés est enlevé, il reste encore maître de ses mouvements et les dirige en divers sens, s'arrête quand il lui plaît; mais, immédiatement après la section du second corps strié, l'animal se précipite en avant comme poussé par un pouvoir irrésistible.

Une maladie des chevaux paraît avoir la plus grande analogie avec ce singulier phénomène : on la nomme *immobilité*; l'animal qui en est atteint, ou le cheval *immobile*, marche facilement en avant, trotte, et galope même avec rapidité; mais il lui est impossible de reculer, et souvent il ne paraît pas maître d'arrêter son mouvement de progression.

Chevaux
immobiles. J'ai ouvert plusieurs chevaux dans cet état, et j'ai trouvé dans tous une collection aqueuse dans les ventricules latéraux, collection qui devait comprimer les corps striés, et qui même avait altéré leur surface.

Enfin, l'homme lui-même est quelquefois entraîné irrésistiblement à un mouvement en avant. M. Piedagnel a rapporté, dans le tome III de mon *Journal*, un fait de cette nature.

Après la description de divers symptômes cérébraux qu'éprouvait un malade, M. Piedagnel ajoute : « Au moment de la plus grande stupeur, tout » à coup il se levait, marchait d'une manière agi- » tée, faisait plusieurs tours dans la chambre, et ne » s'arrêtait que lorsqu'il était fatigué. Un jour la » chambre ne lui parut plus suffisante, il sortit et » marcha tant que ses forces le lui permirent ; il » était resté dehors environ deux heures, et fut rap- » porté sur un brancard ; il était tombé dans la rue » sans force pour rentrer.

» Le lendemain il partit de nouveau ; sa femme » voulut l'en empêcher ; il se fâcha, et voulut la bat- » tre ; dès lors elle se laissa aller ; mais le suivit ; » tout ce qu'elle put lui dire pour savoir où il al- » lait, pour l'engager à rester, fut inutile ; ce ne » fut qu'au bout d'une heure et demie de marche

» sans but, et comme entraîné par *une force qu'il* » *ne pouvait surmonter*, que, se sentant fatigué, il » s'arrêta. » A l'ouverture du corps, on trouva plusieurs tubercules qui intéressaient particulièrement la partie antérieure des hémisphères.

Il devient donc extrêmement probable qu'il existe chez les mammifères et chez l'homme une force ou une impulsion toujours existante, qui tend à les porter en avant. Dans l'état sain, elle est dirigée par la volonté, et semble contrebalancée par une autre force qui agit en sens inverse, et dont nous allons parler.

Force intérieure qui nous pousse à marcher en avant.

Ce phénomène ne se montre point dans les autres classes des vertèbres.

Influence du cervelet sur les mouvements généraux.

Depuis quelques années l'influence du cervelet sur les mouvements a été étudiée expérimentalement par plusieurs personnes, mais plus spécialement par M. Rolando de Turin, qui regarde cet organe comme la source de toutes les contractions musculaires.

Influence du cervelet sur les mouvements.

Cet auteur recommandable a enlevé le cervelet sur des mammifères et des oiseaux, et il a observé que les mouvements diminuaient en raison de la quantité de cervelet enlevé; il assure que tous les mouvements cessent quand la totalité de l'organe est extraite.

Opinion de
Rolando
sur le
cervelet.

Se fondant sur ce résultat, qu'il regarde comme général, M. Rolando a cherché à montrer comment le cervelet peut produire des contractions musculaires; le grand nombre de lames alternativement grises ou blanches qu'offre le cervelet, lui paraissent une pile voltaïque qui développe de l'électricité et excite les mouvements.

Quoique le fait annoncé par M. Rolando se soit souvent présenté à mon observation, je ne puis en admettre l'explication; car j'ai vu, et j'ai fait voir bien des fois, dans mes cours, des animaux privés de cervelet, et qui cependant exécutent des mouvements très-réguliers.

Expériences
sur les
fonctions
du cervelet.

J'ai vu, par exemple, des hérissons et des cochons-d'Inde privés, non-seulement du cerveau, mais encore du cervelet, se frotter le nez avec leurs pattes de devant quand je leur mettais un flacon de vinaigre sous le nez.

Or, ici un seul fait positif l'emporte en valeur sur tous les faits négatifs; et qu'on ne croie point qu'il y ait eu du doute sur l'exactitude de l'expérience, et sur l'ablation entière du cervelet : l'opération avait été faite de manière qu'il ne pouvait y avoir aucune incertitude à cet égard.

Ces expériences répondent aussi à une autre idée proposée par un physiologiste déjà cité, M. Flourens, qui a donné au cervelet la propriété d'être le *régulateur*, ou le *balancier* des mouvements.

Un fait qui a été observé par toutes les personnes qui ont expérimenté sur le cervelet, c'est que les lésions de cet organe portent les animaux à reculer et même leur font exécuter ce mouvement évidemment contre leur volonté. J'ai vu souvent des animaux blessés au cervelet faire un effort pour avancer, mais immédiatement être forcés de reculer. J'ai conservé pendant huit jours un canard auquel j'avais emporté la plus grande partie du cervelet, et qui n'a pas fait d'autre mouvement progressif durant tout ce temps, encore était-ce seulement quand je le plaçais sur l'eau.

J'ai vu aussi des lésions de la moelle alongée produire le mouvement de recul; en sorte qu'il ne faut pas, je pense, le rapporter exclusivement aux blessures du cervelet. Des pigeons auxquels j'avais enfoncé une épingle dans cette partie ont constamment reculé en marchant pendant plus d'un mois, et même volé en arrière, mode de mouvement des plus singuliers, et qui s'éloigne entièrement des allures habituelles de cet oiseau.

La conséquence à déduire de ces expériences se montre d'elle-même : il existe, soit dans le cervelet, soit dans la moelle alongée, une force d'impulsion qui tend à faire marcher en avant les animaux.

Il est fort probable que cette force existe aussi chez l'homme. M. le docteur Laurent, de Versailles, m'a montré il y a quelques années, et a fait voir à l'Académie royale de Médecine, une jeune fille

Force
intérieure
quinousporte
à reculer.

qui, dans des attaques d'une maladie nerveuse, est obligée de reculer assez rapidement sans pouvoir éviter les corps ou les creux vers lesquels elle se dirige, et sans éviter des chocs et des chutes. Cette force est en opposition directe avec celle dont nous avons parlé à l'occasion des corps striés.

Du reste, cette force de *recul* n'existe que dans les mammifères et les oiseaux; j'ai souvent enlevé le cervelet à des poissons, et ce qu'on nomme cervelet chez certains reptiles, et je n'ai rien vu qui rappelât les phénomènes dont je viens de parler. Ces animaux continuent leur mouvement à peu près comme s'ils étaient intacts.

Nous venons, par les résultats rapportés, de rendre fort probable l'existence de deux forces ou puissances intérieures qui se feraient équilibre dans l'animal sain, et qui se montreraient dès qu'au moyen d'une lésion des corps striés ou du cervelet, on aurait rendu l'une ou l'autre prépondérante.

Ces deux forces ne paraissent pas les seules qui prennent leur source dans le mystère cérébro-spinal; il en existe très-probablement deux autres, qui président aux mouvements latéraux et de rotation du corps.

Influence des pédoncules du cervelet sur les mouvements.

Si l'un des pédoncules du cervelet est coupé sur un animal vivant, aussitôt l'animal se met à

Influence
des pédon-
cules du cer-
velet sur les
mouvements.

rouler latéralement sur lui-même, comme s'il était poussé par une force assez grande; la rotation se fait du côté où le pédoncule est coupé, et quelque-fois avec une telle rapidité, que l'animal fait plus de soixante révolutions dans une minute.

Le même genre d'effet se produit par toutes les sections verticales du cervelet, qui intéressent d'a-vant en arrière l'épaisseur entière de l'arcade mé-dullaire qu'il forme au-dessus du quatrième ventricule; avec cette circonstance remarquable, que le mouvement est d'autant plus rapide, que la section est plus près de l'origine des pédoncu-les, c'est-à-dire de leur communication avec le pont de varole.

Ces effets ne sont pas bornés à quelques heu-res : je les ai vus continuer jusqu'à huit jours, sans s'arrêter, pour ainsi dire, un seul instant; les animaux ne semblaient pas souffrir. Ils res-taient en repos quand un obstacle mécanique s'opposait à leur rotation; souvent alors ils avaient les pattes en l'air, et mangeaient dans cette at-titude.

Une expérience des plus curieuses est celle où j'ai coupé le cervelet en deux moitiés latérales parfai-tement égales, alors l'animal paraît alternative-ment poussé à droite et à gauche, sans conserver aucune situation fixe; s'il roule un tour ou deux d'un côté, bientôt il se relève, et tourne autant de fois du côté opposé.

Influence du pont de varole sur les mouvements.

Influence
du pont de
varole sur les
mouvements.

Chacun sait que les pédoncules du cervelet se continuent avec le pont de varole, et qu'il existe ainsi un cercle complet autour de la moelle alongée, cercle dont la moitié supérieure est formée par l'arcade que représente le cervelet, et dont la moitié inférieure est représentée par le pont, et plus exactement par cette partie que l'on nomme aujourd'hui la *commissure du cervelet*. Je viens de faire connaître ce qui arrive par la section verticale du demi-cercle supérieur, j'ai trouvé, par l'expérience, qu'il en est de même pour le cercle inférieur.

Toutes les sections verticales d'avant en arrière faites sur le pont de varole produisent le mouvement de rotation qui vient d'être décrit, et, d'une manière semblable ; les sections faites à gauche de la ligne médiane déterminent la rotation à gauche, *et vice versá*. Je n'ai jamais pu réussir à faire une section exactement sur la ligne médiane, en sorte que j'ignore s'il en est du pont comme du cervelet.

Quoi qu'il en soit, nous pourrons conclure de ces faits, qu'il existe deux forces qui se font équilibre en passant à travers le cercle formé par le pont de varole et le cervelet. Pour le mettre hors de doute, il faut faire l'expérience suivante : coupez un pédoncule, aussitôt l'animal roulera sur lui-même, comme nous l'avons dit; coupez ensuite celui du côté opposé, et immédiatement le mouvement cessera, et l'animal aura même perdu le pouvoir de se tenir debout et de marcher.

Je ne prétends pas ici exprimer avec la rigueur nécessaire la nature des phénomènes qui viennent d'être décrits; mais comme notre esprit a besoin de s'arrêter à certaines images, je dirai qu'il existe dans le cerveau quatre impulsions spontanées ou quatre forces qui seraient placées aux extrémités de deux lignes qui se couperaient à angle droit; l'une pousserait en avant, la deuxième en arrière, la troisième de droite à gauche, en faisant rouler le corps, la quatrième de gauche à droite en faisant exécuter un mouvement semblable de rotation.

Dans les diverses expériences d'où je tire ces conséquences, les animaux deviennent des espèces d'automates montés pour exécuter tels ou tels mouvements, et incapables d'en produire aucun autre.

Ces quatre mouvements généraux ne sont pas les seuls qui se produisent par des lésions déterminées du système nerveux. Un mouvement en cercle à droite ou à gauche, semblable à celui du manége, se montre par la section de la moelle alongée, faite de manière à intéresser la portion de cette moelle qui avoisine en dehors les pyramides antérieures; pour faire cette expérience je me sers d'un

Quatre impulsions principales dans le cerveau.

Impulsions
intérieures
pour le mou-
vement du
cercle ou du
manége.

lapin de trois ou quatre mois ; je mets à découvert
le quatrième ventricule ; puis, soulevant le cervelet,
je fais une section perpendiculaire à la surface du
ventricule, et à trois ou quatre millimètres en
dehors de la ligne médiane. Si je coupe à droite,
l'animal tournera à droite, et à gauche si j'ai coupé
de ce côté.

Voilà donc deux nouvelles impulsions qui portent
à des mouvements différents des quatre principaux
que j'ai décrits d'abord.

Toutes ces données expérimentales sur les fonctions du cervelet et du pont de varole font sentir
la nécessité de nouvelles recherches. Ce besoin si
pressant le devient encore plus par un fait pathologique des plus extraordinaires, et qui a été observé
l'année dernière.

Une jeune fille a vécu jusqu'à l'âge de onze ans
avec l'usage de ses sens et de ses mouvements, faibles,
il est vrai, mais ayant suffi à ses besoins et même à
sa progression. Dans les derniers mois de son existence, ses membres inférieurs étaient paralysés du
mouvement, mais non de la sensibilité.

Jeune fille
privée de
cervelet et
de pont de
varole.

A l'ouverture du corps et à l'autopsie minutieuse
du cerveau, que j'ai faite moi-même, avec tous les
soins dont je suis capable, il s'est trouvé *absence
complète* du cervelet et de sa commissure, c'est-à-
dire du pont de varole. (*Voyez* les détails très - curieux de cette observation unique, dans mon *Journal
de Physiologie*, t. XI.)

Influence des pyramides sur les mouvements.

En faisant ces expériences j'ai constaté un fait qui est d'une grande importance pathologique : il est généralement connu, et les médecins cliniques le constatent tous les jours , que la compression d'un hémisphère détermine la paralysie de la moitié du corps opposée à l'hémisphère comprimé. Cet effet croisé porte le plus souvent sur le mouvement et le sentiment, mais dans certains cas il ne paralyse que l'un ou l'autre de ces deux phénomènes. Les recherches anatomiques de Gall et de Spurzheim , en faisant mieux connaître l'entrecroisement des pyramides à la face antérieure de la moelle , et leur continuation apparente avec les fibres rayonnées des corps striés, rendaient très-probable que la transmission des effets nuisibles de la compression avait lieu par les racines entrecroisées des pyramides.

J'ai voulu savoir par l'expérience si cette idée était fondée ; pour cela j'ai coupé directement une pyramide sur des animaux vivants , en l'attaquant par le quatrième ventricule , et je n'ai point remarqué de lésion sensible dans les mouvements , et surtout je n'ai aperçu aucune paralysie , soit du côté lésé, soit du côté opposé ; j'ai fait plus, j'ai coupé entièrement et en travers les deux pyramides vers le milieu de leur longueur , et il ne s'en est suivi aucun dérangement bien apparent dans les mouvements; j'ai cru remarquer seulement un peu de difficulté dans la marche en avant.

La section des pyramides postérieures ne produit non plus aucune alternative visible des mouvements généraux ; et pour obtenir la paralysie de la moitié du corps il faut couper la moitié de la moelle alongée, et alors le côté correspondant devient non immobile, car il offre des mouvements irréguliers, non insensible, car l'animal meut ses membres quand on les pince, mais cette moitié du corps devient incapable d'exécuter les déterminations de la volonté.

Des attitudes et des mouvements dans les différents âges.

Attitudes et mouvements dans les âges.

Depuis l'état d'embryon jusqu'à dix-huit ou vingt ans, les os changent continuellement de forme, de grandeur, de volume, etc. ; par conséquent, pendant tout le temps que dure l'ossification, les attitudes et les mouvements doivent présenter des changements en rapport avec ceux qu'éprouve le squelette. Nous avons déjà vu que les muscles et la contraction musculaire sont aussi très-modifiés par l'état de fœtus, d'enfance, de jeunesse, etc. ; les mêmes circonstances influent beaucoup sur les mouvements. Ordinairement, à vingt ou vingt-deux ans, l'accroissement des os en longueur est terminé; mais ils continuent de croître en épaisseur jusqu'au-delà de l'âge adulte; alors toute espèce d'accroissement cesse, et les changements qu'éprouvent les os jusqu'à la vieillesse décrépite ne portent plus que sur la nutrition de ces organes et leur composition chimique.

La position du fœtus dans l'utérus dépend de circonstances encore peu connues; le plus souvent la tête est tournée en bas, ce qui dépend probablement de sa pesanteur plus considérable; mais pourquoi l'occiput correspond-il presque toujours au-dessus de la fosse cotyloïde gauche? pourquoi arrive-t-il quelquefois que le fœtus est posé d'une tout autre manière, par exemple, les fesses en bas, dirigées soit à droite, soit à gauche? on l'ignore.

Attitudes du fœtus.

Les cuisses du fœtus sont fléchies sur l'abdomen, les jambes sont appliquées sur les cuisses, les bras sont croisés sur la partie antérieure du tronc, et le plus souvent la tête est baissée sur la poitrine, en sorte que le fœtus occupe le moins d'espace possible. Cette position ne dépend point d'une contraction musculaire soutenue, elle est l'effet de la tendance qu'ont tous les muscles à se raccourcir; dans un âge plus avancé, l'homme prend quelquefois cette même position quand il veut mettre tous ses muscles dans un état de repos complet.

A quatre mois de conception, le fœtus commence à exécuter des mouvements partiels, et peut-être

Mouvements du fœtus.

I. 27

quelques légers mouvements qui déplacent le corps en totalité. Ces mouvements sont irréguliers, se montrent à des distances variables, durent jusqu'à la fin de la grossesse, et sont fréquemment exercés par les membres inférieurs, à en juger par les points où ils se font sentir. On ne peut croire qu'ils dépendent de la volonté, car l'intelligence n'existe point encore, et les fœtus acéphales, c'est-à-dire dépourvus de cerveau, les présentent comme des fœtus bien conformés.

Attitudes. de l'enfant.

L'enfant naissant ne peut prendre de lui-même de position, il conserve celle qu'on lui donne ; cependant le coucher sur le dos est l'état qu'il préfère, et qui est en effet plus en rapport avec la faiblesse de son système musculaire. Ses membres inférieurs et supérieurs offrent des mouvements assez prononcés ; sa physionomie est à peu près sans expression.

Mouvements de l'enfant.

Au bout de deux ou trois mois, l'enfant change de lui-même d'attitude quand on veut bien le laisser libre ; il se couche sur le côté, sur le ventre, il tourne sa tête ; les mouvements de ses membres sont plus multipliés et plus énergiques ; il saisit plus fortement les corps qui lui sont présentés, il les porte à sa bouche ; quand il tette, il comprime avec force la mamelle de sa mère, etc. : mais il ne saurait se tenir sur ses deux pieds ni même assis. En voici les raisons principales. La tête est très-volumineuse et très-pesante, proportionnellement ;

elle tombe en avant, n'étant pas maintenue par l'effort musculaire convenable; le poids des viscères pectoraux, et surtout des viscères abdominaux, est énorme; la colonne vertébrale ne présente qu'une courbure dont la convexité est en arrière. Les muscles postérieurs du tronc sont de beaucoup trop faibles pour résister à la disposition qu'a la colonne vertébrale à se porter en avant; mais en outre les apophyses épineuses n'existent pas, en sorte que le bras de levier par lequel ils agissent se trouve très-court, circonstance défavorable à leur action. Le bassin, très-petit et très-incliné en avant, ne soutient presque pas le poids des viscères abdominaux. Les membres inférieurs sont peu développés, et leurs muscles sont trop faibles pour balancer un seul instant le mouvement du tronc en avant. Toute espèce de station est donc impossible.

Cependant il arrive bientôt que l'enfant peut, en se servant de ses membres supérieurs et inférieurs, se déplacer et parcourir de petits espaces; et parce que ce mode de progression a de l'analogie avec celui de certains animaux, des sophistes ont soutenu que l'homme était naturellement quadrupède, et que la station sur deux pieds était une acquisition dépendante de la vie sociale. Pour que cette idée ait quelque fondement, il faudrait que les organes du mouvement de l'adulte fussent disposés comme ceux de l'enfant : or je viens de faire voir qu'il en est tout autrement.

Pourquoi l'enfant ne peut se tenir debout.

Mouvements de l'enfant.

Vers la fin de la première année, quelquefois au commencement de la deuxième, plus tôt ou plus tard, par l'effet du développement des os, des muscles, etc., par la diminution du volume et du poids proportionnel de la tête, des viscères abdominaux, etc., l'enfant parvient à se tenir debout, mais il ne peut encore marcher; bientôt il y parvient, en s'attachant aux corps qui l'avoisinent; enfin il marche seul, mais c'est en chancelant, et la moindre cause détermine sa chute. Le pas est d'abord le seul genre de locomotion qu'il puisse exercer; il faut ordinairement assez long-temps avant que l'enfant parvienne à courir, et surtout à faire des sauts un peu considérables; mais une fois qu'il est bien affermi dans les divers mouvements progressifs, il est d'une agitation continuelle; il acquiert de l'agilité, de l'adresse : c'est alors qu'il contracte le goût des différens jeux qui, presque tous, surtout chez les garçons, servent à exercer les organes de la locomotion et ceux de l'intelligence.

Jeux des enfants.

Sous le point de vue physiologique, les jeux des enfants sont dignes de remarque. Qu'on les étudie avec attention, et l'on verra qu'ils sont le simulacre des actions de l'homme adulte; on peut établir le même rapprochement pour les jeux des jeunes animaux, qui sont aussi en quelque sorte la *répétition* des actions qu'ils seront appelés à exercer par la suite.

Dans les jeux des enfants, il ne faut pas confondre ceux qui sont purement instinctifs avec ceux qui dépendent de l'imitation.

Depuis la jeunesse jusqu'à l'âge adulte, et même au-delà, tous les phénomènes qui se rapportent aux attitudes et aux mouvements sont dans toute leur perfection ; ils gagnent seulement de l'énergie avec l'âge, mais, à la vieillesse, ils subissent une altération notable, qui dépend de l'affaiblissement de la contraction musculaire : comme elle ne se fait plus qu'avec une certaine peine, qu'elle est tremblottante, les attitudes et les mouvement doivent s'en ressentir. Le vieillard, soit qu'il marche ou qu'il se tienne debout, est ordinairement courbé en avant ; le bassin fléchit sur les cuisses, celles-ci sur les jambes, et enfin les jambes sont inclinées en avant sur les pieds. Cet état de demi-flexion général tient à l'affaiblissement de la force des muscles, qui n'ont plus assez d'énergie pour maintenir la rectitude du corps.

Attitudes et mouvements dans la jeunesse et dans l'âge adulte.

Le vieillard a aussi un grand avantage à se servir d'un bâton, au moyen duquel il agrandit sa base de sustentation et transmet directement sur le sol le poids des parties supérieures du corps.

Attitudes et mouvements du vieillard.

Dans la décrépitude, les mouvements sont d'une difficulté extrême, quelquefois même entièrement impossibles.

Rapports des sensations avec les attitudes et les mouvements.

Rapports des
sensations
avec les atti-
tudes et les
mouvements.

Les sensations influent sur les attitudes et les mouvements, réciproquement ceux-ci ont une influence manifeste sur les sensations.

La vue contribue beaucoup à la fixité de la plupart de nos attitudes ; par elle, nous jugeons de la position de notre corps en la comparant à celle des corps environnants. Aussi, quand nous sommes privés de ce moyen de juger de notre équilibre, comme lorsque nous sommes au sommet d'un édifice, ou sur un lieu élevé quelconque, où nous ne sommes entourés que par l'air, notre station sur deux pieds est mal assurée, et même il peut arriver que nous ne puissions pas la maintenir.

Rapports de
la vue avec
les attitudes
et les mouve-
ments.

L'utilité de la vue est encore des plus grandes, si la base de sustentation est très-étroite. Un danseur de corde ne pourrait point soutenir la station debout, si sa vue ne l'avertissait continuellement de la position qu'il faut conserver pour que la perpendiculaire abaissée de son centre de gravité passe par sa base de sustentation. Quelle que soit en général l'attitude que nous prenions, elle est peu stable si nous ne pouvons faire usage de la vue. Pour s'en assurer il ne faut qu'examiner un moment la station et les attitudes d'un aveugle.

Si la vue est d'un aussi grand secours pour les

attitudes, à plus forte raison doit-elle être utile
pour les diverses espèces de mouvements partiels
et locomoteurs. En effet, la vue éclaire, favorise
nos mouvements; c'est elle qui leur donne la précision, la rapidité nécessaires : dans presque tous
les cas, elle les dirige. Bandez les yeux à un
homme agile et adroit, il perd aussitôt presque
tous ses avantages : sa démarche est craintive, surtout si le lieu où il se trouve ne lui est pas parfaitement connu; tous ses mouvements porteront le
même caractère. Les mêmes phénomènes existent
chez les aveugles, qu'il est très-facile de reconnaître aux moindres mouvements qu'ils exécutent, à
moins qu'ils ne leur soient très-familiers. L'absence
de la vue dispose donc à l'immobilité; l'usage de
ce sens excite au contraire à se mouvoir : tout le
monde connaît la tendance instinctive qui nous
porte à toucher les objets que nous voyons pour
la première fois.

La considération des rapports de la vue avec les
mouvements donne lieu de remarquer que ceux
qui sont destinés à exprimer nos actes intellectuels
et instinctifs, et qu'on peut comprendre sous le
nom générique de *geste*, peuvent être distingués
en ceux qui sont intimement liés à l'organisation,
et par conséquent existent toujours chez l'homme,
dans quelque condition qu'il se trouve, et en ceux
qui naissent avec l'état social et se perfectionnent
concurremment.

Distinction importante relative aux gestes.

Gestes innés ou instinctifs.

Les premiers sont destinés à exprimer les besoins les plus simples, les sensations internes vives, comme la joie, la douleur, la crainte, etc., ainsi que les passions animales; ils sont aux mouvements ce que le cri est à la voix. Ils se voient chez l'idiot, le sauvage, l'aveugle de naissance, aussi bien que chez l'homme civilisé jouissant de tous ses avantages physiques et moraux.

Gestes acquis ou sociaux.

Les gestes de la seconde espèce ne peuvent exister que dans l'état de société, ils supposent la vue et l'intelligence; ils n'existent donc point chez l'aveugle de naissance, l'idiot, l'individu qui aura toujours vécu isolé. Ils pourraient être nommés *gestes acquis* ou *sociaux*, par analogie avec la voix acquise. Il serait curieux de savoir si, en donnant la vue à un aveugle de naissance, on lui procurerait en même temps l'acquisition des gestes particuliers dont nous parlons.

On peut dire que les gestes de l'aveugle-né sont absolument dans le même cas que la voix du sourd de naissance. Ces deux phénomènes se suppléent mutuellement : le sourd-muet fait un usage continuel des gestes, et les porte à un haut degré de perfection; c'est la voix au contraire qui seule sert de moyen d'expression à l'aveugle : de là son goût pour le chant, la parole, et l'accent qu'il sait leur donner.

Rapports de l'ouïe avec les mouvements.

L'ouïe n'est pas sans influence sur les mouvements; ce sens concourt quelquefois avec la vue pour les diriger et surtout pour les mesurer, les faire revenir à des intervalles égaux, et les produire un certain nombre de fois dans un temps donné, comme dans la danse ou les marches militaires. On a remarqué depuis long-temps que les mouvements cadencés exécutés au son de la musique ou au bruit du tambour, étaient moins fatigants que d'autres : c'est parce que chaque muscle se contracte et se relâche alternativement, et que le temps du repos est égal à celui de l'action. Il faut ajouter que la musique et même le bruit excitent à se mouvoir.

Les rapports de l'odorat et du goût avec les attitudes et les mouvements sont trop peu importants, pour que nous en fassions mention. Quant au toucher, comme la contraction musculaire y est inhérente, que sans elle la sensation ne peut avoir lieu, ce sens est intimement lié avec tous les phénomènes qui dépendent de la contraction des muscles.

Les sensations internes n'influent pas moins sur les diverses attitudes et les mouvements du corps, que les externes. Qui ne reconnaît à sa démarche ou à sa pose un homme qui éprouve une douleur vive ou une sensation d'un autre genre ? On peut même, jusqu'à un certain point, déterminer le siége particulier de l'affection douloureuse par l'espèce de position ou le genre de mouvement qu'exerce le malade. Chacun sait qu'une forte co-

Rapports de l'odorat et du goût avec les attitudes et les mouvements.

Rapports des sensations internes avec les attitudes et les mouvements.

lique porte à fléchir la poitrine sur le bassin et à porter les mains sur l'abdomen ; qu'un violent point de côté excite à se coucher sur le côté douloureux ; que la présence d'un calcul dans la vessie force le patient à prendre des attitudes particulières.

On vient de voir l'influence des sensations sur les attitudes et les mouvements. Ceux-ci réagissent de même sur l'action des sens ; les diverses attitudes sont favorables ou défavorables au développement des sensations externes, les mouvements n'y prennent pas une moindre part. Il y a des mouvements partiels propres à chaque sens, et qui favorisent son action ; en outre, presque tous les sens ont des muscles particuliers qui font partie essentielle de l'appareil sensitif, comme on le remarque pour l'œil, l'oreille, la main, etc.

Rapports des attitudes et des mouvements avec la volonté.

Rapports de la volonté avec les attitudes et les mouvements.

Les attitudes et les mouvements que nous venons de décrire sont en général nommés *volontaires*, parce que, dit-on, ils sont sous l'influence immédiate de la volonté. Cette assertion est vraie sous un point de vue ; elle ne l'est pas sous d'autres : il est donc nécessaire de s'entendre à cet égard.

A la suite d'une détermination de la volonté, un

mouvement est produit; nul doute qu'elle n'ait été l'occasion du développement de celui-ci : mais tous les phénomènes qui se passent pour la production même du mouvement ne sont plus sous la puissance de la volonté. Je puis faire mouvoir mon bras ou ma main, mais il m'est impossible de faire contracter isolément ou en totalité les muscles de ces parties, si je n'ai pas l'idée d'un mouvement à produire. Il en est de même pour la contraction de tous les muscles, que l'on regarde comme entièrement soumis à la volonté. Comment s'y prendrait-on pour faire contracter isolément l'obturateur externe ou tout autre muscle qui ne produit pas à lui seul un mouvement déterminé ? Cela serait impossible.

La volonté est l'occasion des mouvements, mais ne les produit pas directement.

On peut donc affirmer que la cause déterminante du mouvement est la volonté; mais la production même de la contraction musculaire nécessaire pour qu'il se fasse n'est pas sous la dépendance de cette action cérébrale : elle est purement instinctive.

D'après ces considérations, on serait en droit de conclure que la volonté et l'action du cerveau, qui produisent directement la contraction des muscles, sont deux phénomènes distincts ; mais les expériences directes des physiologistes modernes, et celles que nous avons rapportées à l'article de l'influence du cerveau et du cervelet sur les mouvements, ont mis cette vérité dans tout son jour. Ces expériences ont démontré que, chez l'homme et les animaux mammifères, la volonté a plus particulièrement son siége dans les hémisphères, cérébraux. La cause directe des mouvements paraît, au contraire, siéger dans la moelle épinière. Si l'on sépare la moelle du reste du cerveau par une section faite derrière l'occipital, on empêche bien la volonté de déterminer et de diriger les mouvements; mais ceux-ci n'en sont pas moins produits : il est vrai qu'aussitôt que la séparation est faite ils deviennent très-irréguliers pour l'étendue, la rapidité, la durée, la direction, etc. J'ai eu dernièrement sous les yeux un malade qui offrait le singulier spectacle de la séparation complète de la volonté et des forces qui président directement aux mouvements; je vais en rapporter un exposé rapide.

Perte de l'influence de la volonté sur les mouvements. M***, âgé de trente-six ans, d'un physique agréable, d'un esprit cultivé, d'un commerce doux et facile, mais d'une grande susceptibilité nerveuse, a mené la vie des gens du monde jusqu'à son mariage qui eut lieu il y a dix ans. A dater de cette époque, il fut obligé de s'adonner aux affaires; il éprouva de vives contrariétés, puis il fut atteint d'un violent chagrin causé par une maladie mentale qui survint à sa femme, au moment de son premier accouchement. Il ne la quitta pas un instant durant toute cette maladie; il l'accompagna dans un voyage, et fut ainsi témoin, pendant près d'une année, des divagations et des mouvements convulsifs d'un être pour lequel il avait l'attachement le plus tendre. La guérison complète de madame*** mit un terme aux tortures morales qu'éprouvait son mari; mais, au lieu de se livrer à la joie que devait naturellement lui causer un aussi heureux événement, il resta triste et taciturne, et peu à peu il offrit tous les signes d'une véritable mélancolie, croyant sa fortune inévitablement perdue, se persuadant qu'il était l'objet de l'animadversion de l'autorité, des recherches de la police et des railleries du public. Son esprit conservait sa justesse sur tout autre sujet. On le fit voyager, prendre les eaux, on le soumit à divers traitements, sans aucun succès.

Les choses étaient dans cet état, lorsqu'au mois de septembre dernier il fut pris d'une certaine raideur dans la jambe et la cuisse droite, raideur qui le faisait boiter en marchant. Peu de jours après, une raideur semblable s'empara de la cuisse et de la jambe opposées; puis il perdit toute influence de sa volonté sur ses mouvements. Ceux-ci étaient loin cependant d'être paralysés; mais ils étaient livrés en quelque sorte à eux-mêmes pendant des heures entières; ce malheureux jeune homme était alors obligé d'exécuter les mouvements les plus déréglés, de prendre les attitudes les plus bizarres, de faire les contorsions les plus extraordinaires. Il est impossible de peindre par le langage la multiplicité, l'*étrangeté* de ses mouvements et de ses poses. S'il eût vécu dans des temps d'ignorance, il aurait sans doute passé pour possédé, car ses contorsions étaient tellement éloignées des mouvements propres à l'homme, qu'elles auraient pu aisément être regardées comme diabolique. Il fut digne de remarque qu'au milieu de ces contorsions, dans lesquelles son corps grêle et souple était tantôt porté en avant, tantôt renversé sur le côté ou en arrière, à l'instar de certains bateleurs, il ne perdait point l'équilibre, et que dans la multiplicité d'attitudes et de mouvements singuliers qu'il a exécutés pendant plusieurs mois il ne lui est jamais arrivé de tomber.

Dans certains cas, ses mouvements rentraient dans la classe des mouvements ordinaires; ainsi, sans que sa volonté y participât le moins du monde, on le voyait se lever et marcher rapidement, jusqu'à ce qu'il rencontrât un corps solide qui s'opposât à son passage; quelquefois il reculait avec la même promptitude, et ne s'arrêtait que par la même cause.

On l'a vu souvent reprendre l'usage de certains mouvements, sans pouvoir en aucune manière diriger les autres. C'est ainsi que ses bras et ses mains obéissaient fréquemment à sa volonté, plus fréquemment encore les muscles de son visage et de la parole. Il lui était quelquefois possible de reculer dans l'instant où la marche en avant lui était interdite, et il se servait alors de ce mouvement rétrograde pour se diriger vers les objets qu'il voulait atteindre.

Du reste, ces mouvements, qu'on pourrait appeler automatiques, ne duraient jamais un jour entier : il avait d'assez longs intervalles paisibles entre ses accès : ses nuits étaient toujours tranquilles.

Bien que ses contractions fussent extrêmement violentes, jusqu'au point de suer abondamment, quand elles avaient cessé, il n'éprouvait pas de sentiment de fatigue, en rapport avec l'intensité des efforts qu'il avait faits; comme si l'action intellectuelle que nous faisons pour exciter nos mouvements était ce qui se fatigue davantage en nous.

Si l'action du cerveau qui produit la contraction musculaire est un phénomène distinct de la volonté, on peut aisément concevoir pourquoi, dans certains cas, les mouvements ne sont pas produits, quoique la volonté les commande, et pourquoi, dans quelques circonstances opposées, des mouvements très-étendus et très-énergiques se développent sans aucune participation de la volonté, comme on le voit fréquemment dans plusieurs maladies. Par la même raison, on conçoit pourquoi il nous est très-difficile, quelquefois même impossible, de prendre une attitude nouvelle pour nous, ou d'exécuter un mouvement pour la première fois; pourquoi tous les arts, tels que la danse, l'es-

Influence du cerveau et de la moelle épinière sur la production des mouvements.

crime, etc., qui sont fondés sur la rapidité et la précision de nos mouvements, ne s'acquièrent que par un long exercice; pourquoi enfin il arrive fréquemment que nous exécutons un mouvement d'une manière plus parfaite en en détournant notre attention, que si nous voulons la concentrer sur ce point (1).

Rapports des attitudes et des mouvements avec l'instinct et les passions.

On vient de voir qu'une grande partie de ce que l'on appelle *mouvements* et *attitudes volontaires* est du domaine de l'instinct; il existe un très-grand nombre d'attitudes et de mouvements partiels ou généraux qui en dépendent.

Tous les sentiments instinctifs essentiellement attachés à l'organisation, tels que la tristesse, la crainte, la joie, la faim, la soif, portées à un certain degré, ont des attitudes et des modes de mouvements qui leur sont propres et qui font reconnaître leur existence : il en est de même pour les passions naturelles et pour tous les phénomènes instinctifs qui se développent dans l'état social.

(1) Cette théorie est confirmée par les expériences d'un médecin anglais, M. Wilson Philip. — *Voyez* les *Transactions philosophiques,* année 1815.

Plusieurs passions excitent à se mouvoir, augmentent beaucoup l'intensité de la force musculaire, comme on en a des exemples dans la joie excessive, la colère, dans certains cas la peur, etc. D'autres passions stupéfient et rendent toute espèce de mouvement impossible, telles que le chagrin violent, certain genre de terreur; souvent la joie extrême produit le même effet : aussi voyons-nous l'art de la pantomime s'exercer avec succès dans la peinture des passions violentes.

Rapports des mouvements avec la voix.

Les relations des mouvements avec la voix sont intimes, et cela devait être, puisque ces deux genres de phénomènes sont l'effet immédiat de la contraction musculaire, avec cette différence que pour la voix on entend l'effet, et qu'on le voit dans les mouvements.

Il y a des mouvements essentiellement attachés à l'organisation; le cri est dans le même cas. Il y a une voix qui s'acquiert par la vie sociale; un grand nombre de mouvements s'acquièrent de la même manière. La voix et les mouvements se réunissent pour la production de la parole. Ces deux phénomènes sont nos principaux et presque nos seuls moyens d'expression; ils s'aident et quelquefois se suppléent mutuellement : un homme qui s'exprime avec difficulté gesticule beaucoup; c'est

Rapports des mouvements avec la voix.

le contraire pour une personne dont l'élocution est
facile. Dans les grandes passions, les deux moyens
d'expression se réunissent : il est rare qu'en expri-
mant un sentiment vif on ne joigne pas le geste à
la parole.

On a dû remarquer que les modifications qu'é-
prouvent les mouvements et la voix par l'âge ont la
plus grande analogie ; on aurait un résultat semblable si l'on étudiait les changements qu'ils
subissent par le sexe , le tempérament , l'habitude , etc.

Nous terminons par ces considérations la description des fonctions de relations. Ces fonctions
ont pour caractère commun d'être périodiquement
suspendues, ou, en d'autres termes, d'être plon-
gées par intervalles dans l'état de sommeil. Il
pourrait donc paraître convenable que l'histoire du
sommeil suivît immédiatement celle des fonctions
de relations , mais comme les fonctions nutritives
et génératrices sont aussi très - influencées par le
sommeil, nous préférons renvoyer l'étude de celui-ci
à l'époque où nous aurons terminé la description de
ces fonctions : c'est ce qui sera fait dans le volume
suivant.

FIN DU TOME PREMIER.

TABLE

DES MATIÈRES DU PREMIER VOLUME.

Division de la Physiologie.   pag.   1
NOTIONS PRÉLIMINAIRES.   id.
DES CORPS ET DE LEUR DIVISSON.   id.
Corps pondérables.   id.
Corps impondérables.   2
Propriétés générales des corps.   id.
Propriétés secondaires des corps.   id.
État des corps.   id.
Corps simples.   id.
Liste des corps simples.   3
Corps composés.   id.
Corps bruts ou inertes.   id.
Corps organisés.   4
Différence des corps bruts et des corps vivants.   id.
Forme, composition.   id.
Lois qui les régissent.   5
Différence des végétaux et des animaux.   id.
Classification des animaux.   id.
Des mammifères.   6
Des différentes espèces d'homme.   id.
STRUCTURE DU CORPS DE L'HOMME.   7
Solides et fluides formant le corps.   id.

SOLIDES DU CORPS HUMAIN.   pag. 8

Nécessité de la chimie et de la physique pour étudier
    la physiologie.   9

Anatomie générale.   10

TABLEAU DES TISSUS DU CORPS DE L'HOMME.   11

Organes et appareils.   id.

Propriétés physiques des organes.   id.

Imbibition, propriété commune à tous les tissus vivants.   12

Influence de l'eau sur les propriétés physiques des organes. 14

Perméabilité aux gaz.   id.

Évaporation du liquide des tissus.   15

Propriétés chimiques des organes.   16

*Éléments qui entrent dans la composition chimique des
    organes.*   17

Éléments solides, gazeux, incoërcibles.   id.

Principes immédiat du corps de l'homme.   18

Principes azotés, non azotés.   id.

Composition chimique des principes immédiats.   id.

Tendance à la décomposition.   19

DES FLUIDES ET DES HUMEURS.   id.

Des fluides du corps de l'homme.   20

Liste des liquides ou humeurs du corps de l'homme.   id.

Fluides propres à l'homme.   21

Fluides propres à la femme.   22

Diverses classifications des fluides.   id.

Fluides exhalés.   23

Fluides folliculaires.   id.

Fluides des glandes.   24

Fluides de la digestion.   id.

Propriétés physiques des fluides.   id.

Viscosité.   id.

Transparence.   25

Couleur des fluides.   id.

Odeurs.   id.

Globules.	pag.	25
Animalcules.		id.
Propriétés chimiques des fluides.		26
Propriétés vitales.		27
Prétendue lutte entre les corps vivants et les lois phy-		
siques.		28
Propriétés vitales.		id.
Roman des propriétés vitales.		30
Propriétés vitales des fluides.		31
CAUSES DES PHÉNOMÈNES VITAUX.		32
Il n'existe aucune analogie entre la force vitale et l'at-		
traction.		33
Remarques générales sur les phénomènes de la vie.		34
Idée générale sur la nutrition.		id.
Action vitale.		36
Influence réciproque de l'action vitale et de la nutrition.		id.
Mécanisme de l'action vitale.		id.
Des fonctions et de leur classification.		37
Méthode qu'il faut suivre pour étudier chaque fonction.		38
DES FONCTIONS DE RELATION.		id.
DES SENSATIONS.		39
DE LA VISION.		id.
Lumière.		id.
Des rayons lumineux.		40
Intensité de la lumière.		41
Réflexion de la lumière.		id.
Réfraction de la lumière.		id.
Lois de la réfraction.		42
Influence de la forme des corps réfringents.		43
Composition de la lumière.		id.
Coloration des corps.		5
Coloration par réfraction.		id.
Instruments d'optique.		46

Diffraction.   pag.   46

Appareil de la vision.   id.

Parties protectrices de l'œil.   47

Sourcils.   id.

Usage des sourcils.   id.

Paupières.   48

Marge des paupières.   49

Structure des paupières.   id.

Peau des paupières.   id.

Cartilage tarse.   id.

Ligament large des paupières.   50

Tissu cellulaire des paupières.   id.

Usage des paupières.   51

Clignement.   id.

Usages particuliers des cils.   52

Glandes de Méibomius.   id.

Usage de l'humeur des paupières.   53

Appareil lacrymal.   id.

Glande lacrymale.   54

Canaux excréteurs de la glande lacrymale.   55

Caroncule lacrymale.   id.

Points lacrymaux.   56

Conduits lacrymaux.   id.

Sac lacrymal et canal nasal.   57

Conjonctive.   id.

Usage de la conjonctive.   58

Sensibilité de la conjonctive.   id.

De la sécrétion des larmes et de leurs usages.   59

Prétendu canal où coulent les larmes.   60

Marche des larmes pendant le sommeil.   61

Marche des larmes pendant la veille.   id.

Usage de l'humeur de Méibomius relativement au cours
    des larmes.   62

Absorption des larmes par les conduits lacrymaux. pag. 62
Transport des larmes dans les fosses nasales. 63
Appareil de la vision. id.
Cornée transparente. 64
Humeur aqueuse. id.
Cristallin. id.
Le cristallin n'est point une lentille. 65
Composition chimique du cristallin. id.
Membrane de l'humeur aqueuse. 66
Capsule cristalline. id.
Canal goudronné. id.
Membrane hyaloïde. id.
Sclérotique. 67
Choroïde. id.
Iris. id.
Pupille. id.
Ligament ciliaire. id.
Procès ciliaire. 68
Couleur de l'iris. id.
Nature du tissu de l'iris. id.
Muscles de l'iris. 69
De la rétine. id.
Nerf optique. 70
Entrecroisement des nerfs optiques. id.
Structure du nerf optique. 71
Mécanisme de la vision. 72
Usages de la cornée. id.
Usages de l'humeur aqueuse. 73
Usages du cristallin. 74
Lumière réfléchie par le cristallin. 76
Usage de l'humeur vitrée. 77
Marche des rayons lumineux dans l'œil. id.
Images qui se forment au fond de l'œil. 78

Moyens de voir les images qui se forment au fond de l'œil.   pag. 79

Expériences sur les images du fond de l'œil.   *id.*

Mouvements de l'iris.   84

Usages des mouvements de la pupille.   88

Usage de la choroïde.   92

Usage des procès ciliaires.   93

Action de la rétine.   94

Instinct qui nous apprend la direction de la lumière.   96

La rétine est peu ou point sensible.   98

Influence de la cinquième paire dans la vue.   100

Action du nerf optique.   101

Action simultanée des deux yeux.   102

Cas où l'on se sert d'un seul œil.   103

Expériences pour prouver qu'un même objet peut être vu à la fois des deux yeux.   *id.*

Estimation de la distance des objets.   104

Action des deux yeux pour juger de la distance des objets.   105

Point de la vision distincte.   106

Estimation de la grandeur des corps.   107

Estimation du mouvement des corps.   *id.*

Des illusions d'optique.   109

L'histoire de l'aveugle de Cheselden.   112

Histoire d'un aveugle de naissance ayant acquis la vue par une opération.   115

Vision dans les différents âges.   119

Membrane pupillaire.   120

OEil de l'enfant.   *id.*

OEil du vieillard.   121

Vision chez l'enfant.   122

Les enfants ne voient point les objets doubles ni renversés.   123

Vision chez le vieillard.   *id.*

Audition.   pag. 125
Du son.   id.
Formation du son.   id.
Intensité du son.   id.
Du ton.   126
Des sons appréciables.   id.
Du bruit.   id.
Des sons fondamentaux et harmoniques.   126
Du timbre.   127
Propagation du son.   id.
Propriétés des membranes élastiques.   128
Expériences de M. Savart.   id.
Réflexion du son.   129
Appareil de l'audition.   id.
Oreille externe.   130
Pavillon.   id.
Conduit auditif.   131
Oreille moyenne.   132
Caisse du tympan.   id.
Oreille interne ou labyrinthe.   134
Limaçon.   id.
Canaux demi-circulaires.   135
Vestibule.   id.
Du nerf acoustique.   136
Limite de la vive sensibilité de l'oreille.   137
Mécanisme de l'audition.   138
Usages du Pavillon de l'oreille.   id.
Le pavillon n'est pas indispensable à l'audition. 139
Usages du conduit auditif.   id.
Usages de la membrane du tympan.   id.
Usages de la caisse et des osselets.   140
Usages des muscles du marteau.   141
Usages de la caisse du tympan.   142

Usages de la trompe d'Eustache.   pag.   143

Usages des cellules mastoïdiennes.   id.

Usages de l'oreille interne.   144

Action du nerf acoustique.   146

Musique.   id.

Sons agréables.   id.

Sons désagréables.   147

Histoire d'Honoré Trézel, sourd-muet de naissance,
   rendu à l'ouïe et à la parole.   id.

Action simultanée des deux appareils de l'ouïe.   149

Comment nous estimons la direction du son.   150

Manière dont nous jugeons de la distance des corps sonores.   id.

Erreurs d'acoustique.   151

Modifications de l'audition par l'âge.   id.

Oreille de l'enfant.   id.

Oreille du vieillard.   152

Audition à la naissance.   id.

Audition chez l'enfant.   id.

Audition chez le vieillard.   153

Odorat.

Manière dont se développent les odeurs.   id.

Classifications des odeurs.   154

Propagations des odeurs.   155

Appareil de l'odorat.   id.

Membrane pituitaire.   156

Routes que l'air parcourt pour traverser les fosses nasales.   id.

Des sinus.   157

Du mucus nasal.   id.

Nerf olfactif.   158

Mécanisme de l'odorat.   159

Sensibilité générale et sensibilité spéciale de la pituitaire. pag. 159

La sensibilité de la pituitaire dépend de la cinquième
paire. *id.*

Expériences sur l'odorat. 160

Cas pathologiques relatifs aux fonctions des nerfs olfactifs. *id.*

Faits pathologiques relatifs aux nerfs de l'odorat. 161

Mécanisme de l'odorat. *id.*

Usage du nez. 163

Usages des sinus. *id.*

Action des vapeurs et des gaz sur la pituitaire. 164

Modifications de l'odorat par l'âge. *id.*

Usages de l'odorat. 165

Goût. 166

Des saveurs. *id.*

La sapidité des corps n'est point en rapport avec leur
solubilité. *id.*

Classification des saveurs. *id.*

Appareil du goût. 167

Organe du goût. *id.*

Nerfs du goût. *id.*

On ne peut suivre aucun nerf jusqu'au papilles de la
langue. 168

Mécanisme du goût. *id.*

Action chimique des corps sapides sur les organes du
goût. 169

Imbibition des dents. *id.*

Expériences sur le goût. 170

Durée des impressions sapides. 174

Arrière-goût. *id.*

Intensité des saveurs. *id.*

Perfection du goût par l'expérience. 175

Quel nerf préside au goût. *id.*

Expériences sur les nerfs du goût.　　　　　pag.　175

Modifications du goût par l'âge.　　176

Goût chez l'enfant.　　*id.*

Goût du vieillard.　　*id.*

Du toucher.　　177

Distinction du tact et du toucher.　　*id.*

Propriétés physiques des corps qui mettent en jeu le toucher.　178

Appareil du toucher.　　*id.*

De la peau comme organe du toucher.　　*id.*

Derme ou chorion.　　179

Épiderme.　　*id.*

Propriétés de l'épiderme.　　*id.*

Couche située entre le derme et l'épiderme.　　180

Papilles de peau.　　*id.*

Conditions qui favorisent le toucher.　　181

Mécanisme du tact.　　*id.*

Utilité du tact.　　182

Erreurs du tact sur la température des corps.　　*id.*

Sensations produites par les corps très-chauds et très-froids.　　*id.*

Actions des corps qui dissolvent l'épiderme.　　183

Tact des muqueuses.　　*id.*

Analogie du tact et de l'odorat.　　*id.*

Dispositions avantageuses de la main pour le toucher.　　184

Comment la main exerce le toucher.　　*id.*

Comment la pulpe des doigts sert au toucher.　　185

Le toucher n'a pas de prééminence sur les autres sens.　　186

État du toucher selon l'âge.　　*id.*

Effet de l'exercice sur le toucher.　　187

Tact interne.　　*id.*

Parties insensibles.　　*id.*

Expériences de Haller sur les parties insensibles.　　189

Sensations spontanées.　　190

Besoins, désirs. pag. 190

Sensations qui accompagnent l'action des organes. id.

Fatigue. id.

Sensations spontanées durant les maladies. 191

Du sixième sens. id.

Considérations générales sur les sensations. 192

Causes des sensations. 193

Ce qu'on nomme origine et terminaison des nerfs. 194

Extrémité cérébrale des nerfs. id.

Extrémité organique des nerfs. 195

Organisation des nerfs. id.

Ganglion de la branche sensible des nerfs spinaux. 197

Conjectures et hypothèses sur le mécanisme des sensations. 198

Expériences sur les nerfs. 200

Nerfs sensibles. id.

Nerfs insensibles. 201

De la sensation. 202

Nous rapportons les sensations à leurs causes. id.

Analyse métaphysique d'une sensation. 203

Notre instinct nous conduit à trouver les caractères de la cause des sensations. 204

Nous pouvons rendre nos sensations plus vives et plus nettes. 205

Relations réciproques des sensations. 206

Les sensations sont d'autant plus vives qu'elles sont moins nombreuses. id.

Histoire de J. Mitchel, sourd et aveugle de naissance. 207

Sourds de naissance rendus à l'ouïe. 211

Douleur et plaisir. id.

Caractère des sensations externes. 212

Caractère des sensations internes. id.

Illusions causées par les sensations internes. 213

Le grand sympatique est-il l'agent des sensations internes ? pag. 214

Causes qui modifient les sensations. 215

Sensations chez le fœtus. id.

Sensations à la naissance. 216

Éducation des sens. id.

Sensations chez le vieillard. 217

DES FONCTIONS DU CERVEAU. id.

De l'âme. 218

Du cerveau. id.

Usages des cheveux. 219

Du crâne. id.

Changements de forme du crâne par les chocs. 221

Moyens protecteurs de la moelle épinière. 222

Fluide céphalo-spinal. 223

Cavité sous-arachnoïdienne. 224

Usage du fluide céphalo-spinal. id.

Pie-mère. id.

Remarques sur le cerveau. 225

Composition du cerveau de l'homme. id.

L'homme a le cerveau plus volumineux que les animaux. 227

Lobes ou hémisphères du cerveau. 228

Circonvolutions, anfractuosités. id.

Formes des lobes du cerveau. id.

Poids du cervelet. id.

Lamelles du cervelet. 229

Comment les ventricules communiquent entre eux. 230

Entrée des cavités du cerveau. id.

Deux substances dans le cerveau, la blanche et la grise. id.

Globules du cerveau. 232

Composition chimique du cerveau. id.

Artères du cerveau. 233

Le cerveau reçoit beaucoup de sang.   pag. 233
Nerfs des artères cérébrales.   id.
Veines cérébrales.   234
Observations faites sur le cerveau de l'homme et sur celui des animaux vivants.   id.
Pression que supporte le cerveau.   235
Le cerveau est peu ou point sensible.   236
Sensibilité de la moelle épinière.   237
Sensibilité du quatrième ventricule.   id.
Usages du cerveau.   id.
De l'intelligence.   238
Analogie des facultés intellectuelles avec les autres fonctions.   id.
Étude des facultés intellectuelles.   239
L'idéologie est une science distincte.   240
De la sensibilité.   241
Deux modes, avec ou sans conscience.   id.
Sensibilité.   242
Ses degrés.   id.
Siége de la sensibilité.   id.
Nerfs de la sensibilité.   243
Cordons postérieurs de la moelle épinière.   id.
Le siége de la sensibilité n'est pas dans le cerveau.   id.
Triple siége de la vue dans le cerveau.   244
De la mémoire.   245
Mémoire, souvenir, réminiscence.   246
Mémoire selon les âges: id.
Diverses sortes de mémoire.   id.
Influence des maladies sur la mémoire.   247
Du jugement.   248
Importance des jugements justes.   249
Logique.   id.
Esprit, génie.   250

Du désir ou de la volonté.   pag. 250

Morale.   251

Faculté de généraliser et d'abstraire.   id.

Importance de l'emploi des signes et des abstractions.   252

Influence du bien-être sur le développement de l'intelligence.   id.

Les hommes naissent inégaux en capacités intellectuelles.   253

Idiot, homme de génie.   id.

Hommes incomplets.   id.

Hommes complets.   254

L'intelligence diffère selon les races humaines.   id.

Usages des facultés intellectuelles.   id.

Savoir, ou science individuelle.   255

Croyances.   id.

Croire c'est ignorer.   id.

Esprit positif.   256

Esprit ami du vague et du merveilleux.   id.

DE L'INSTINCT DES PASSIONS.   257

Deux espèces d'instinct.   id.

Double but de l'instinct.   258

Instinct animal.   id.

Instinct social.   259

Besoin de sentir vivement.   id.

Inconstance, ennui.   260

Instinct du repos, ou paresse.   id.

Des passions.   261

But des passions.   id.

Passions animales.   262

Passions sociales.   id.

Les passions font naître le bonheur ou le malheur.   263

Prétendu siége des passions.   id.

DE LA VOIX ET DES MOUVEMENTS.   264

De la contraction musculaire. pag. 265

Appareil de la contraction musculaire. id.

*Parties du cerveau qui paraissent plus particulière-
ment destinées aux mouvements.* id.

Nerfs du mouvement. 266

Structure des nerfs musculaires. 267

Des muscles. 268

Fibres musculaires. id.

Terminaison des vaisseaux et des nerfs dans les muscles. 269

Phénomènes de la contraction musculaire. 270

Les muscles ne changent pas de volume en se contractant. 271

Expérience de Barzoletti. 272

Phénomène de la contraction d'un muscle. id.

Influence du cerveau et des nerfs sur la contraction. 273

Intensité des contractions. 274

Durée de la contraction. 275

Nécessité du repos. id.

Vitesse des contractions. id.

Étendue des contractions. 276

Modifications de la contraction musculaire par l'âge. 277

Muscles chez l'embryon et l'enfant. id.

Muscles chez l'adolescent et l'adulte. id.

Muscles du vieillard. 278

DE LA VOIX. 279

Instruments à vent. id.

Instruments à bouche. id.

Instruments à anche. 280

Anche libre. 281

Tuyaux porte-voix. 282

Appareil de la voix. 283

Du larynx. 284

Anatomie du larynx. id.

Cartilages du larynx.   pag.   285

Muscles du larynx.   286

Membranes et ligaments du larynx.   287

Nerfs du larynx.   288

Glotte sur le cadavre.   289

Glotte vocale.   *id.*

Lèvres de la glotte.   *id.*

Anche vocale.   *id.*

Ventricules du larynx.   290

Ligaments supérieurs de la glotte.   *id.*

Mouvements de la glotte.   *id.*

Mécanisme de la production de la voix.   291

Théorie de la voix.   *id.*

Expériences sur la voix.   294

Larynx artificiel.   293

Théorie de la voix.   *id.*

Expériences sur la voix.   *id.*

Théorie de M. Savart.   296

Intensité ou volume de la voix.   299

Timbre de la voix.   300

Des différents tons, ou de l'étendue de la voix.   *id.*

Divers tons de la voix.   301

Glotte dans les sons graves.   *id.*

Sons aigus.   302

Sons très-aigus.   *id.*

Influence des nerfs laryngés sur la voix.   *id.*

Expériences sur la voix.   303

Influence du tuyau porte-vent.   304

Tuyau porte-voix.   305

Mouvements du larynx.   306

Usage de la glande épiglottique.   307

Usage des ventricules.   *id.*

Usage de l'épiglotte.   308

Influence du tuyau vocal sur l'intensité de la voix. pag. 309

Son vocal, le nez et la bouche fermés. 310

Voile du palais, pharynx, langue pendant la production de la voix. *id.*

Influence du tuyau vocal sur le timbre de la voix. 311

Résonnance de la voix. *id.*

Diverses sortes de voix. 312

Du cri ou voix native. 313

Usages du cri. 314

De la voix proprement dite ou acquise. *id.*

Voix sociale. 315

Les sourds-muets, les idiots n'ont pas la voix sociale. *id.*

Sons et articulations. 316

Lettres vocales. *id.*

Lettres articulées instantanées. *id.*

Lettres articulées prolongées. 317

Influence du tuyau vocal sur la prononciation. 318

Parler à voix basse. *id.*

Paroles simultanées. *id.*

Parole d'un forçat indépendante de la voix. 319

Les idiots ne parlent point. 320

Du chant. *id.*

Étendue de la voix du chant. 321

Deux sortes de voix. *id.*

Voix de poitrine, voix du gosier. 322

Caractères physiques du fausset. 323

Durée ou portée d'un son vocal. 324

Usage du chant. 325

Voix inspiratoire. 326

Parole et chant inspiratoires. *id.*

Art des ventriloques. 327

Modifications de la voix dans les ages. 329

Vagitus. 331

Voix chez les enfants. pag. 331

Prononciation et chant chez les enfants. 332

Voix à la puberté ; mue de la voix. id.

Voix chez l'adulte. 333

Voix du vieillard. id.

Rapports de l'ouïe et de la voix. 334

Histoire du sourd-muet de Chartres. 335

Sourd-muet de M. Itard. 336

Fin de l'histoire d'Honoré Trézel. 337

Des sons indépendants de la voix. 342

Du sifflet. 343

Frottements intermittents. id.

Théorie du sifflet. 344

Sifflet des dents. id.

Sifflet du larynx. id.

Des attitudes et des mouvements. 345

*Principes de mécanique nécessaires pour l'intelligence
des mouvements et des attitudes.* id.

Forces. id.

Rapports des forces entre elles. 346

Résultantes et composantes. id.

Centre de gravité. 348

Base de sustentation. 349

Équilibre stable ou instantané. id.

Résistance des colonnes. id.

Résistance des ressorts courbes. 350

Des leviers. id.

Levier du premier genre. id.

Levier du troisième genre. 351

Bras du levier. id.

Influence de la longueur du bras du levier. id.

Insertion de la puissance sur le levier. 352

Force motrice. 353

Inertie. pag. 353

Causes qui influent sur le mouvement. id.

Mouvement uniforme. 354

— accéléré. id.

— retardé. id.

Vitesse. id.

Frottement. 356

Adhésion. id.

Des os. 357

Organe des attitudes et des mouvements. id.

Forme des os. 358

Structure des os. 359

Articulations des os. id.

Des différentes espèces d'articulations. id.

Articulations mobiles. 360

Synovie. id.

Cartilages et fibro-cartilages articulaires. 361

Ligaments. id.

Attitudes de l'homme. id.

Station debout. id.

Station sur un seul pied. 371

Station à genoux. 372

Attitude assise. 373

Du coucher. 375

Des mouvements. 376

Des mouvements partiels. id.

Mouvements partiels de la face. id.

Mouvements des paupières. 377

Clignement. id.

Expérience sur le clignement. id.

Influence de la cinquième paire sur le clignement. id.

Influence de la cinquième paire sur la septième. 378

Mouvements de l'œil. id.

Expériences sur les muscles obliques de l'œil.   pag.   379

Influence des pédoncules, du cervelet et du pont sur les
    mouvements de l'œil.   380

Effet de la section de la quatrième paire.   381

Mouvements partiels de la tête.   id.

Expression du visage.   382

Influence du nerf facial sur la physionomie.   383

Mouvements de la tête sur la colonne vertébrale.   id.

Mouvements du tronc.   384

Mouvements de la colonne vertébrale.   385

Mouvements partiels du tronc.   386

Mouvements des membres supérieurs.   387

Des gestes.   388

Mouvements des membres inférieurs.   389

Mouvements de locomotion.   390

De la marche.   id.

Du pas.   id.

Marche en arrière.   393

Marche latérale.   id.

Marche sur un plan ascendant.   394

Marche sur un plan descendant.   id.

Du saut.   395

Saut vertical.   id.

Saut en avant et en arrière.   397

Usage des membres supérieurs dans le saut.   398

Saut sur un seul membre inférieur.   id.

De la course.   399

De la natation.   00

Du vol.   402

Influence du cerveau sur les mouvements.   id.

Influence des hémisphères sur les mouvements.   403

Influence des lobes cérébraux sur les mouvements.   404

Influence des corps striés sur les mouvements.   id.

Chevaux immobiles. pag. 406

Force intérieure qui nous pousse à marcher en avant. 407

Influence du cervelet sur les mouvements généraux. id.

Opinion de Rolando sur le cervelet. 408

Expériences sur les fonctions du cervelet. id.

Force intérieure qui nous porte à reculer. 409

Influence des pédoncules du cervelet sur les mouvements. 410

Influence du pont de varole sur les mouvements. 412

Quatre impulsions principales dans le cerveau. 413

Impulsions intérieures pour le mouvement du cercle ou du manége. 414

Jeune fille privée de cervelet et de pont de varole. id.

Influence des pyramides sur le mouvement. 415

Des attitudes et des mouvements dans les différents âges. 416

Attitudes du fœtus. 417

Mouvements du fœtus. id.

Attitudes de l'enfant. 418

Mouvements de l'enfant. id.

Pourquoi l'enfant ne peut se tenir debout. 419

Jeux des enfants. 420

Attitudes et mouvements dans l'âge adulte et dans la jeunesse. 421

Attitudes et mouvements du vieillard. id.

Rapports des sensations avec les attitudes et les mouvements. 422

Rapports de la vue avec les attitudes et les mouvements. id.

Distinction importante relative aux gestes. 423

Gestes innés ou instinctifs. 424

Gestes acquis ou sociaux. id.

Rapports de l'ouïe avec les mouvements. id.

Rapports de l'odorat et du goût avec les attitudes et les mouvements. 425

Rapports des sensations internes avec les attitudes et les
mouvements.   pag. 425

Rapports des attitudes et des mouvements avec la volonté. 426

La volonté est l'occasion des mouvements, mais ne les
produit pas directement. 427

Perte de l'influence de la volonté sur les mouvements. 428

Influence du cerveau et de la moelle épinière sur la
production des mouvements. 431

*Rapports des attitudes et des mouvements avec l'instinct
et les passions.* 432

Rapports des mouvements avec la voix. 433

FIN DE LA TABLE DU PREMIER VOLUME.

5
6

7
8

1

2
3

ANIMAUX.

VERTÉBRÉS.	MOLLUSQUES.	ARTICULÉS.	RADIAIRES OU ZOOPHYTES.
Système cérébro-spinal renfermé dans un étui osseux, dont l'extrémité antérieure présente les organes des sens, et l'orifice du tube intestinal. Sexes séparés sur des individus différents. Tête distincte du corps, jamais plus de quatre membres ou appendices latéraux.	Point de système cérébro-spinal, point d'axe osseux partageant symétriquement l'animal; masses nerveuses non symétriques, dispersées dans divers points du corps, d'où partent les nerfs des sens, des muscles et des viscères. Peau nue et muqueuse, ou incrustée de sels formant les valves simples, doubles ou multiples des conchifères. Sexes séparés sur des individus différents, d'autres hermaphrodites avec nécessité de fécondation réciproque, d'autres sans sexes apparents, se reproduisant d'eux-mêmes. Les uns respirent l'air, d'autres respirent l'eau. Sang blanc, organes digestifs constamment pourvus de foie. Tête non distincte; point d'appendices divergentes ou de membres pour se mouvoir.	Résultant d'anneaux articulés symétriquement sur un seul axe. Corps vermiforme. Chaque anneau pouvant porter une paire de pieds dont le nombre va quelquefois au-delà de 500 (les annelides), et n'est jamais moindre de six (les insectes). Deux cordons longitudinaux; formant un anneau au commencement de l'intestin, offrent d'espace en espace de doubles nœuds ou renflements d'où naissent des nerfs distribués à tous les organes. Mâchoires toujours latérales. Respiration aquatique, ou aérienne, celle-ci par des trachées. Tête distincte dans tous les insectes.	1° *Échinodermes*, à peau fibreuse, souvent endurcie, avec une cavité intérieure où flottent des viscères. Quelquefois des épines articulées à leur base et mobile. 2° *Intestinaux*, dont quelques uns ont des sexes séparés, quoique manquant de tout organe respiratoire ou circulatoire et de nerfs. 3° *Acalephes*, à masse charnue, dans le parenchyme de laquelle les intestins sont creusés, et contractile en tous sens. Sans nerfs. 4° *Polypes*; corps entièrement gélatineux; n'ayant souvent qu'une seule cavité à orifice unique, se reproduisant par des œufs, et susceptibles aussi de se multiplier par division. 5° *Infusoires*, à corps gélatineux et transparent comme les méduses; quelquefois d'une extrême simplicité et sans aucun orifice apparent, mais souvent aussi très-compliqués et offrant un canal intestinal, des ovaires, et même un système nerveux distinct (1).

(1) C'est ce que nous ont appris pour plusieurs d'entre eux, les observations de M. le baron Ehrenberg.

MAMMIFÈRES.	OISEAUX.	REPTILES.	POISSONS.
Les *hémisphères cérébraux* et les *lobes du cervelet* réunis par une commissure; *lobes optiques* toujours solides.	*Un ventricule* à la partie lombaire de la moelle. *Lobes optiques* creux.	*Lobes cérébraux* creusés d'un ventricule.	Encéphale offrant souvent des *lobes surnuméraires* derrière *le cervelet*. *Moelle épinière* sans aucun renflement sur sa longueur, bornée quelquefois au 3e de la longueur du canal vertébral.
Une ou plusieurs paires de mamelles.	*Lobes olfactifs* rudimentaires. *Lobes cérébraux* creux.	*Cervelet* rudimentaire. *Lobes optiques* ordinairement creux.	*Lobes cérébraux* solides, et réduits à la couche optique; ou même nuls; d'ailleurs moins développés que les lobes *optiques*, *olfactifs*, et souvent même que le *cervelet*; quelquefois aussi les *lobes surnuméraires* sont les plus gros de l'encéphale.
Sept vertèbres cervicales, excepté une espèce de bradype.	*Moelle épinière* étendue dans un canal aussi long que la colonne vertébrale.	Suivant les ordres, *dents* au *vomer*, aux *ptérigoidiens*, et aux *palatins*, outre celles qui sont situées comme chez les mammifères.	
Dents seulement aux maxillaires supérieures, inter-maxillaires et maxillaire inférieur.	Un seul *ovaire* chez les adultes; les œufs fécondés doivent subir une incubation extérieure.	Jamais de *poils* ni de *plumes*; peau nue ou écailleuse.	Organe de l'ouïe ayant des canaux demi-circulaires membraneux non adhérents au crâne, et baignant dans un liquide.
Un *diaphragme* musculaire et mobile séparant la poitrine du ventre.	*Poumons* communiquant avec le squelette.	*Poumon double* ou unique, mais toujours vésiculeux.	L'*inter-maxillaire* constamment plus développé que le maxillaire, et mobiles l'un sur l'autre.
Sang à globules circulaires.	*Sang* à globules elliptiques.	*Œufs* ordinairement pondus, mais éclosant sans incubation, d'autres éclosant dans l'oviducte.	Respiration par *branchies libres* ou *adhérentes* sur le pourtour extérieur de leur circonférence.
Embryon développé et devenant fœtus dans une matrice, ou bien passant à l'état parfait sans forme intermédiaire, sur la tétine de la mamelle.	Couverts de *plumes*; les deux membres antérieurs ne servent jamais à la marche.	En général des *dents* aiguës et alongées incapables de broyer la proie; point de glandes parotides, maxillaires.	Ceux dont les *branchies* sont libres les ont recouvertes de grands battants ou valves osseuses formées au plus de cinq pièces.
	Point *de dents*. Mâchoires enveloppées de cornes ou becs.	*Sang* à globules elliptiques.	*Sang* à globules elliptiques.
	Point de glandes parotides, linguales, maxillaires, etc.	Un ordre de cette classe subit une métamorphose avant l'état parfait, la respiration est alors aquatique.	Les seuls cyprins, les scares et quelques autres ont une mastication.
	Jamais plus de quatre doigts aux pieds, jamais moins de deux.		Deux ovaires; œufs éclosant sans incubation après la ponte, ou bien éclosant dans l'oviducte.

Nota. On divise aussi les vertébrés en vivipares, comprenant les mammifères, et en ovipares, comprenant les trois autres classes. Le caractère général des ovipares est de n'avoir jamais de commissures au cerveau ni au cervelet; point de diaphragme; leurs vertèbres cervicales sont en nombre variable.

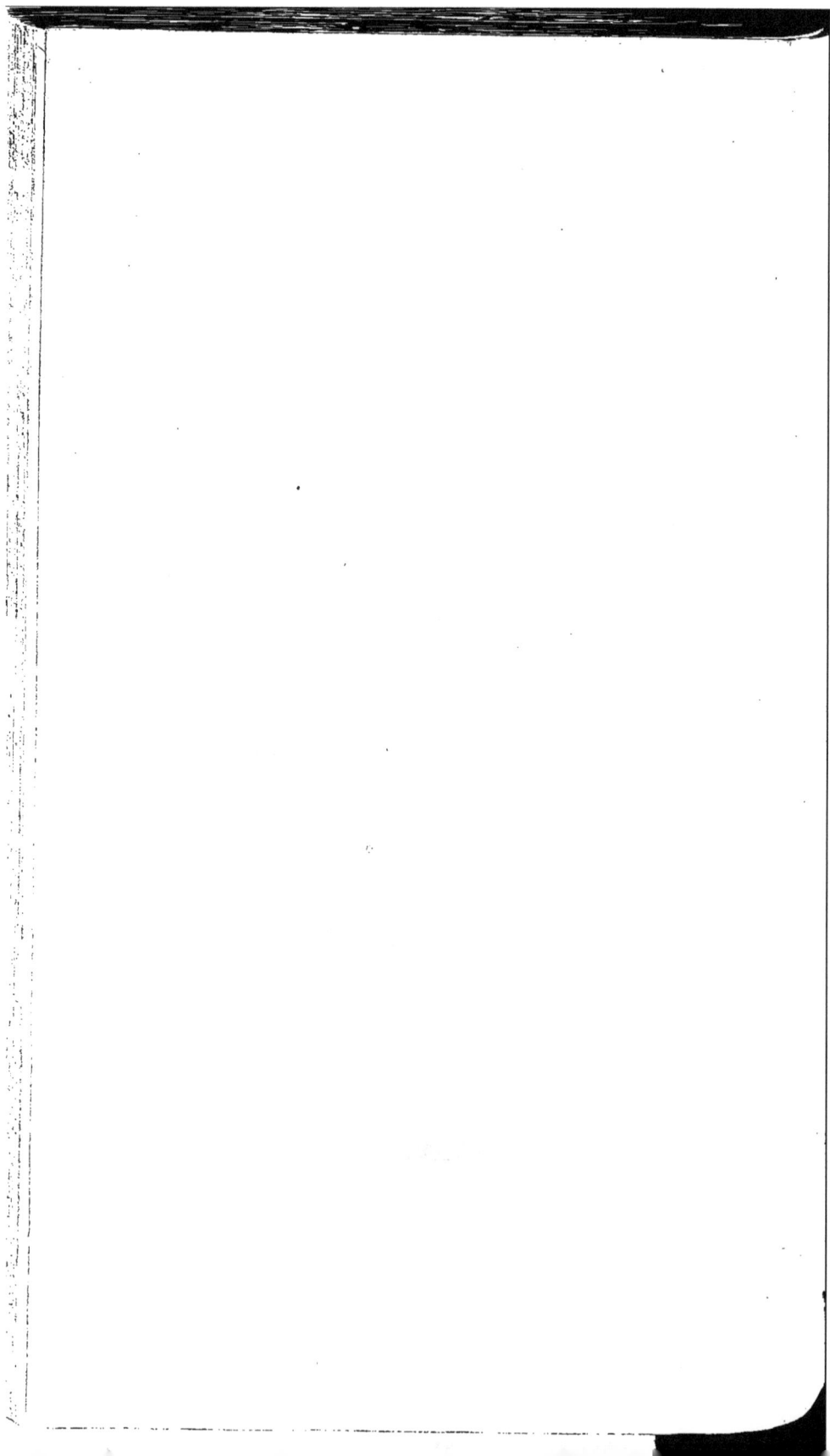

MAMMIFÈRES

FOETIPARES,

Voyez le Tableau IV.

1° SIMIENS.

2° QUADRUPÈDES.

3° CARNASSIERS.

4° RONGEURS.

5° ÉDENTÉS.

6° GRAVIGRADES.

7° SALIPÈDES.

8° CÉTACÉS.

MAMMIFÈRES

EMBRYOPARES,

ou

ACCOUCHANT

D'EMBRYONS.

MARSUPIAUX.

Ayant tous, mâles ou femelles, à bourse ou sans bourse, deux os surnuméraires articulés sur le pubis par une extrémité, et flottants par l'autre; ces os, quoique indépendants de la bourse, ont été nommés Marsupiaux, ainsi que les animaux qui en sont pourvus. Sans dilatation des oviductes en matrice, et sans rétrécissement ou col à la terminaison de l'oviducte au vagin, d'où suit que les embryons n'ont pas d'existence utérine, mais passent de suite aux mamelles, où se termine leur developpement.

1° CARNIVORES.

Longues canines, et six à dix petites incisives aux deux mâchoires, toujours plus nombreuses à celle d'en haut, les arrière-molaires seulement hérissées de pointes, mâchelières tranchantes, cerveau lisse.

2° FRUGIVORES.

Deux longues incisives plates et proclives en bas, six en haut, canines supérieures longues, inférieures, rudimentaires et caduques, pouce presque dirigé comme aux oiseaux et sans ongle; les deux doigts suivants réunis par la peau.

3° HERBIVORES.

Jambes postérieures trois ou quatre fois plus longues que les antérieures; manquent de pouce, et ont les deux premiers doigts réunis jusqu'à l'ongle; la queue énorme, formant un troisième levier pour la marche à laquelle les deux membres antérieurs sont étrangers, cinq mâchelières partout couronnées de tubercules ou de collines transverses; deux incisives supérieures proclives, et six en haut.

4° RONGEURS.

Deux grandes incisives croissantes à chaque mâchoire, molaires à deux collines transverses; cinq ongles aux pieds de devant, quatre à ceux de derrière, où un tubercule remplace le pouce.

5° ÉDENTÉS.

Ayant, outre la clavicule ordinaire. une clavicule impaire commune aux deux épaules, comme les lézards; outre les cinq doigts des quatre pieds, les mâles ont à ceux de derrière un ergot fixé sur l'astragale.

Ces caractères, s'il est bien constaté que ces animaux n'ont pas de mamelles et qu'ils pondent des œufs éclosant par ou sans incubation, devront faire de cet ordre une cinquième classe de vertébrés.

1° *Sarigues* ou *Didelphes*. Cinquante dents en tout, pouces des pieds de derrière opposables et-à ongle plat, langue hérissée sur les bords, queue nue et prenante.

2° *Dasyures*, *Tylacines*. Huit incisives supérieures, six inférieures, en tout quarante-deux dents, queue partout velue, non prenante, pouce postérieur rudimentaire, et non opposable.

3° *Peramèles*. Dix incisives supérieures, six inférieures, en tout quarante-huit dents; trois doigts seulement aux pieds de derrière, dont les deux extérieurs réunis par la peau; cinq doigts aux pieds de devant, dont les intermediaires sont armés de grands ongles.

1° *Phalangers* à queue toujours prenante, quelquefois en partie écailleuse.

2° *Phalangers volants*, à peau des flancs étendue entre les jambes, queue non prenante et velue.

3° *Koala*. Deux incisives inférieures sans canines, six en haut, dont les moyennes plus longues, et deux petites canines. Doigts des quatre pieds divisés en deux groupes, pour saisir, comme dans les Perroquets; le pouce manque aux pieds de derrière.

1° *Kanguroos-Rats*, ayant de plus deux canines en haut, et la première molaire longue et dentelée.

2° *Kanguroos*, sans canines, et à molaires uniformément pareilles.

Phascolomes.

1° *Echidnés* à langue extensible comme aux Fourmiliers, point de dents.

2° *Ornithorinques*, à mâchoires cornées et denticulées comme celle des canards, une dent de chaque côté au fond de la bouche.

IV. TABLEAU.

HOMMES.

	Caractères	Localisation et subdivisions
1° CELTO-SCYTH-ARABES.	Cheveux lisses, soyeux, bien fournis; angle facial ouvert; dents incisives verticales; pommettes peu saillantes et peu larges; peau et cheveux variant du noir au blanc, suivant le climat. Habitent toute l'Europe, moins les contrées polaires, l'Asie, jusqu'au Gauge, et jusqu'aux sources de l'Irtisch, la région Atlantique de l'Afrique, l'Egypte et l'Abyssinie.	1° *Celtes*, cheveux noirs. Habitants primitifs de l'Europe à l'ouest du Rhin et des Alpes jusqu'à l'Océan et ses îles. 2° *Scythes*, cheveux blonds. L'Europe centrale, et l'Asie jusqu'aux sources de l'Irtisch, les monts de Belur et l'Himalaya. 3° *Arabes*, cheveux toujours noirs. L'Afrique Atlantique, et l'Asie au sud du Caucase jusqu'au Gauge. 4° *Atlantiques*. Fosse olécrane de l'humérus percée comme dans les Austro-Africains; cheveux noirs, châtains et blonds. Guanches, ancien peuple des Canaries. Le Groënland, les côtes polaires de l'Europe et de l'Amérique, sous les noms de Lapons, Samoïèdes, Esquimaux, etc.; toute l'Asie à l'est du Gauge, les monts de Belur et de l'Irtisch.
2° MONGOLES.	Cheveux lisses, mais raides et rares; barbe grêle; yeux étroits, relevés obliquement en dehors; pommettes saillantes, incisives verticales; peau jaune et cheveux noirs, couleur invariable sous tous les climats; nubilité précoce.	
3° ÉTHIOPIENS.	Cheveux laineux; crâne comprimé et front déprimé; nez écrasé; partie faciale de l'inter-maxillaire et menton obliquement inclinés l'un sur l'autre, ainsi que les incisives; peau et cheveux noirs, sous tous les climats.	L'Afrique, depuis le Sénégal, le Niger et le Bahr-el-Azrek, jusqu'à un peu au-delà du tropique austral. Séparés des Euro-Africains par une chaîne de hautes montagnes courant parallèlement au rivage de la mer des Indes.
4° EURO-AFRICAINS.	Cheveux laineux, peau noire, crâne moins comprimé qu'aux Éthiopiens, et front presque aussi saillant qu'aux Européens; incisives verticales; nez peu déprimé. Vulgairement, Nègre de Mozambique.	La côte orientale d'Afrique sur l'océan Indien.
5° AUSTRO-AFRICAINS.	Cheveux laineux, et os du nez soudés ordinairement en une seule lame osseuse comme aux Macaques, et beaucoup plus épaté et large que dans les autres Africains; cavité olécranienne de l'humérus percée d'un trou; incisives et menton beaucoup plus obliques qu'aux Éthiopiens. Peau d'un jaune bistre.	L'Afrique au-delà du tropique austral, moins la partie correspondante de la côte orientale. 1° *Hottentots*, *Boschimans*, *Houzouanas*, etc. 2° *Malgaches* de la côte orientale de Madagascar; cheveux courts et laineux; peau de couleur cuivre foncée; orbites écartés plus qu'à aucuns Nègres.
6° MALAIS OU OCÉANIQUES.	Crânes conformés comme ceux des Européens; pommettes un peu plus larges, dents tout-à-fait semblables, cheveux lisses et noirs; peau olivâtre ou brune, dans le même climat où l'Arabe indien est noir comme le nègre. Le littoral de l'Indo-Chine, tout l'archipel asiatique et l'Océanie jusqu'à Madagascar.	1° *Caroliniens*, formes régulièrement belles, taille plus svelte et plus élevée que la moyenne d'Europe; caractère doux, conception facile. 2° *Dayaks* et *Béadjus* de Bornéo, et plusieurs des *Haraforas* des Moluques: les plus blancs des Malais. 3° *Javans*, *Sumatriens*, *Timoriens* et *Malais* du reste de l'archipel indien: lèvres généralement grosses, nez épaté; pommettes saillantes; taille plus petite que la moyenne d'Europe; caractère perfide et féroce. 4° *Polynésiens* proprement dits : taille généralement grande comme celle des Caroliniens, mais forme du visage comme aux Javans, Sumatriens, etc. 5° *Ovas* de Madagascar, habitant la zône intermédiaire au rivage oriental et aux montagnes : taille ordinaire de 5 pieds 6 à 7 pouces, couleur olivâtre claire; orbites grandes et carrées; menton d'un ovale très-long transversalement; nez presque européen.
7° PAPOUS.	A peau de nègre; cheveux noirs, demi-laineux, très-touffus, frisant naturellement; barbe noire et rare; physionomie tenant du nègre et du malais, mais à dents déjà un peu proclives; ouverture nasale plus évasée encore qu'aux Guinéens.	Habitent les petites îles autour de la nouvelle Guinée, Waigiou, et la nouvelle Guinée.
8° NÈGRES OCÉANIENS.	Couleur tout-à-fait noire; crâne comprimé et déprimé; cheveux courts très-laineux, et recoquillés; nez écrasé à la racine et très-épaté; lèvres grosses; angle facial très-aigu; en tout très-rapprochés des nègres de Guinée. La nouvelle Guinée, l'archipel du Saint-Esprit, îles Andaman, Formose.	Ont peuplé ou peuplent encore le nord de l'Océanie occidentale, quelques petits archipels de la Polynésie, une grande partie de l'archipel indien, et quelques contrées de l'Indo-Chine et ses îles adjacentes. 1° *Moys* ou *Moyes* des montagnes de la Cochinchine; *Samang*, *Dayak*, etc., des montagnes de Malaca; peuplant aussi l'intérieur de Formose, l'archipel d'Andaman et anciennement le midi de l'île de Niphon, d'après l'Histoire japonaise. 2° L'intérieur de Bornéo et de quelques-unes des îles Philippines, l'intérieur des Célèbes, et quelques-unes des Moluques (anciennement l'intérieur de l'île de Java, *Hist. japonaise*). 3° Ils peuplent exclusivement dans l'Australasie, la Nouvelle-Calédonie, l'archipel du Saint-Esprit, et la terre de Diemen ; où ils ont une longueur et une maigreur de membres disproportionnées aux corps, comme chez les *semno-pithèques* dans le genre des guenons. 4° Les *Vinzimbers* des montagnes de Madagascar, lilc que ses populations d'animaux rattachent également au système d'organisation de l'Océanie.
9° AUSTRALASIENS.	Cheveux lisses, noirs; barbe à poils rares; peau noire; membres grêles et de longueur disproportionnée au corps; dents verticales; nez très-élargi; front déprimé et comprimé.	Nouvelle Hollande.
10° COLOMBIENS.	Tête alongée ; nez long, saillant et fortement aquilin; front comprimé et aplati; hauteur des mâchoires; teint rouge de cuivre, sous tous les climats; cheveux noirs ne grisonnant jamais et barbe rare; front plus déprimé qu'aux Mongols; nubilité précoce; imagination vive et forte; caractère moral énergique. Ces caractères appartiennent surtout aux peuples de l'Amérique du Nord, et des plateaux des Cordillères, jusqu'à Cumana.	*Tchuktis*, de la pointe nord-est de l'Asie; les *Colombiens* occupent toute l'Amérique septentrionale, tous les plateaux et pentes des Cordillères depuis le Chili jusqu'à Cumana et l'archipel caraïbe inclusivement.
11° AMÉRICAINS.	Tête généralement sphérique, front large mais déprimé comme aux Mongols; arcades sourcilières relevées en dehors; pommettes saillantes; nez aplati et déprimé à la racine; cheveux longs, gros, raides, droits; peau ni noire ni jaune, ni cuivrée; lèvres très-grosses; intelligence généralement obtuse et caractère moral extrêmement brut.	1° *Omaguas*, *Guaranis*, *Coroados*, *Puris*, *Aturés*, *Otomaques*, etc., ventre gros, poitrine velue et barbe fournie; taille au-dessous de la moyenne des Espagnols; peau d'un bistre terne fort obscur; moral indolent, imprévoyant; sommet enfoncé entre les épaules; toute l'Amérique méridionale au sud de l'Amazone et de l'Orénoque, à l'est des Andes et de la Plata. Les *Guaranis* et les *Coroados* sont sans barbe et sans poils sur la poitrine. 2° *Botocudos*, peau brun clair, quelquefois presque blanche; *Gouicas*, à taille très-petite, à peau très-blanche, habitant près des sources de l'Orénoque sous l'équateur. 3° *Méyas*, *Charruas*, etc., peau d'un brun presque noir, sans nuance de rouge; front et physionomie ouverts; nez étroit déprimé à la racine; yeux petits et bridés; dents verticales, cheveux noirs et raides; pieds et mains plus petits à proportion et mieux faits qu'aux Espagnols; taille supérieure à l'espagnole. Habitent le Paraguay. 4° Les *Puelches* et les *Tehuelhets* ou *Patagons* au sud de la Plata jusqu'au détroit de Magellan; taille au-dessus de 5 pieds 6 pouces; cheveux longs, constitution analogue avec celles d'aucune des espèces précédentes.

*Colomb ayant découvert les Lucayos, et Amérie la côte de Cuman, nous croyons pouvoir sur ces motifs établir ces deux noms, qui d'ailleurs ne sont que provinc, comme l'a été celui d'Africains pour les Nègres. Il n'est pas douteux que les Colombiens et les Américains, ne soient divisibles chacun en plusieurs espèces aussi différentes entre elles que d'Afrique.

N. B. Les peuples Mongols du nord de l'Amérique et du Groënland, c'est-à-dire les Eskis..., les Tchougatchas, les Konias, etc., parlent des langues dont les formes grammaticales sont semblables à celles des Mexicains, des Péruviens, des Araucans, etc.; ces mêmes formes... se trouvent dans la Basque en Europe; et dans le Congo en Afrique.
De ces faits, et d'autres analogues, il résulte que les ressemblances et les différences des langues... décident toujours de l'identité et de la différence des peuples, ne peuvent caractériser les espèces.
Voyez l'Atlas Ethnographique du globe, par M. Adrien Balbi.

www.ingramcontent.com/pod-product-compliance
Lightning Source LLC
Chambersburg PA
CBHW060515220326
41599CB00022B/3329